高等学校人工智能教育丛书

机器学习从入门到精通

陈怡然　廖　宁　杨　倩　谢东亮　编著

陈　欣　主审

西安电子科技大学出版社

内 容 简 介

随着人工智能时代的到来，它对机器学习发展的影响日益剧增。从基于符号主义的机器学习发展到基于数据统计的机器学习，反映了机器学习从纯粹的理论研究和模型研究发展到以解决现实生活中实际问题为目的的应用研究，这是科学研究的一种进步。目前市面上有机器学习的纯理论书籍，也有具体操作实践的书籍，然而理论与实践相结合的书籍却少之又少。本书从理论入门到实际操练，全面而详细地介绍了机器学习的各个分支以及其实现，实现了机器学习从理论到实践的完美结合。

本书共分三篇，分别为铸刀篇、招式篇和实战篇。其中，铸刀篇主要介绍机器学习的基础知识及前期准备工作，为后面的学习打下良好的基础；招式篇以基础应用为支撑，主要介绍相关机器学习的主要应用招式；实战篇通过房价预测与人脸识别两个实际案例，覆盖了典型的回归与分类、结构化数据与非结构化数据的机器学习，进行机器学习的再次升华。此外，附录中简要介绍了 TensorFlow 框架的主要函数，便于读者随时查找。

本书可作为高校机器学习、数据挖掘及相关课程的教材或教学参考书，也可作为人工智能、大数据领域从业者的自学参考书。

图书在版编目(CIP)数据

机器学习从入门到精通 / 陈怡然等编著. —西安：西安电子科技大学出版社，2020.8

ISBN 978-7-5606-5639-7

I. ①机… II. ① 陈… III. ①机器学习 IV. ①TP181

中国版本图书馆 CIP 数据核字(2020)第 075855 号

策划编辑　李惠萍
责任编辑　王　艳　雷鸿俊
出版发行　西安电子科技大学出版社(西安市太白南路 2 号)
电　　话　(029)88242885　88201467　　邮　　编　710071
网　　址　www.xduph.com　　电子邮箱　xdupfxb001@163.com
经　　销　新华书店
印刷单位　陕西天意印务有限责任公司
版　　次　2020 年 8 月第 1 版　2020 年 8 月第 1 次印刷
开　　本　787 毫米×960 毫米　1/16　　印　　张　21.5
字　　数　427 千字
印　　数　1～3000 册
定　　价　45.00 元
ISBN 978-7-5606-5639-7 / TP

XDUP 5941001-1

前　言

➢ **为什么要写这本书？**

人工智能现在已经融入了人们的日常学习、工作和生活之中，成为人们不可或缺的助手和伙伴。人工智能的飞速发展改变着人们的学习、工作和生活方式。智能化是计算机研究与开发的一个主要目标。近几年的实践表明，机器学习是人工智能的一个重要分支，是实现智能化这一目标最有效的手段之一，尽管它还存在着一定的局限性。

作者一直从事利用机器学习方法进行各种智能性处理的研究、实践工作，包括数据挖掘、图像识别和自然语言处理。近几年来，这些领域发展之快、应用之广，令人叹为观止，而机器学习是这些领域的核心技术，在这些领域内的发展及应用中起到了决定性的作用。

在作者的日常研究和教学工作中，指导学生是一项重要的任务，同时也在国内外一些大学及校外培训班上多次做过关于机器学习的报告和演讲。机器学习发展之快、应用之广，以及学生们高涨的热情，都促使作者产生了将授课内容提炼形成书稿的想法。

➢ **这本书的特点是什么？**

本书力求通过实用、简单的方式，使读者在理解基本原理的同时，也能够展开对应的实践操作。本书分三篇，共 13 章内容，每章中都会有一个贯穿本章主要内容的实际案例、辅助操作和相关讲解。从整体上来看，本书的特点如下：

(1) 理论辅助实践。机器学习主要讲述算法，所以本书涉及了一些必要的理论知识，特别是在分类、回归、支持向量机等这些具体的算法中。同时在每个算法中都包含了大量的可操作的代码，目的是增加读者动手实践的趣味性。

(2) 知识全面、系统。本书是按照机器学习的基本流程进行编排的，包括数据的收集、导入及数据分析、处理的相关内容，内容由浅至深、循序渐进，非常适合读者的阅读规律。

(3) 案例丰富。本书中既有传统的结构性数据集的案例，也有图像等非结构性数据集的案例，使读者可以更多地了解到针对不同类型数据集的机器学习模型的训练方式。

(4) 问答与案例试做。除个别章外，多数章的结尾都配有“新手问答”和“牛刀小试”模块。建议读者学完每一章后，根据题目回顾每个小节的内容，思考后给出答案，再与书中的解答进行对照，以加强对本章基础问题的理解。对于每一个案例项目，我们希望读者按照书中的步骤亲自动手进行实践，以便举一反三、学以致用。

➢ 这本书写了些什么？

本书力求系统而详细地展示机器学习的算法原理及应用。在内容上，重点选取了机器学习中最重要、最常用的方法，特别是关于回归、分类、聚类与支持向量机的方法，对其他问题及方法，例如深度学习神经网络等，也进行了简明介绍。本书按照层层递进的方式展开讲述，前 5 章介绍了机器学习需要准备的工作，从第 6 章开始每一章讲述一种机器学习方法，各章内容相对独立、完整；同时力图用统一的框架来解决实际问题，使全书整体不失系统性。读者可以从头到尾通读，也可以选择单个章节细读。本书对每一种机器学习方法的讲述力求深入浅出，除给出必要的推导证明外，还通过案例的方式用当下流行的 Python 语言完成机器学习方法的实现和使用，从而使初学者轻松掌握机器学习方法的基本内容，领会机器学习方法的本质，并能够准确地使用所述方法。在每章后面给出了试做案例，以满足读者实践练习的需求。此外，附录中简要介绍了 TensorFlow 框架的常用函数，便于读者查找。

➢ 通过这本书能学到什么？

(1) 机器学习基础：了解机器学习的概念，了解机器学习的开发流程以及机器学习的目标确立。

(2) 三个主要工具包：掌握 TensorFlow 工具包、Numpy 工具包和 Pandas 工具包，并借助这些工具包展开机器学习的模型训练。

(3) 数据处理及分析：能对数据进行常规的探索、处理以及可视化分析。

(4) 机器学习模型训练：根据数据以及数据特点，开发机器学习模型的训练，掌握训练过程，并了解训练原理与特点，可以调节训练参数进行训练。

(5) 机器学习模型评估：根据训练出来的模型，展开评估检测，从而改进模型。

➢ 核心组件版本

Python：Anaconda 3 Python 3.7 版本(出稿时最新版本)；

TensorFlow：1.14.0(出稿时最新版本)；

Numpy：1.16.2(出稿时最新版本)；

Matplotlib：3.0.3(出稿时最新版本)；

OpenCV：3.4.1(出稿时最新版本)；

Pandas：0.24.2(出稿时最新版本)。

➢ 这本书的读者对象是什么？

本书可以作为高校机器学习、数据挖掘及相关课程的教材或教学参考书，也可作为人工智能、大数据领域从业者的自学参考书。

➢ 本书分工

本书案例与重庆中链融公司合作而成，中链融公司提供有效在实际数据集用于分析。本书由陈怡然、廖宁、杨倩、谢东亮负责编写，陈怡然负责审核。其中，陈怡然负责 1、2、3、4、5、10、11 章的编写，廖宁负责第 6、7、8、9 章的编写，杨倩负责第 12 章的编写，谢东亮负责第 13 章的编写。

作　者

2019 年 12 月

作 者 简 介

陈怡然，女，高级工程师，研究生毕业于重庆，目前在大学担任人工智能方向专业教师，同时在重庆大学攻读博士学位。具有多年的企业实践开发经验和学校理论教学经验。主持了多项人工智能相关的纵向研究课题，参与管理了多个关于人工智能方面的实践开发项目，发表了多篇高质量的人工智能相关论文。

目录 CONTENTS

第一篇　铸　　刀

第二篇 招 式

第三篇 实 战

第一篇

铸　　刀

第1章 初识机器学习

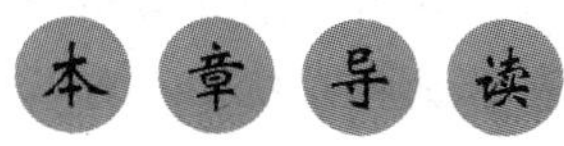

人类凭借过往的经验可以对当前生活中的事物作出一些判断，由此人们也期望机器可以根据其“经验”来进行行为或者事物的判断，形成机器的智能。本章将通过发生在生活中真实的情景，介绍机器学习的概念和机器学习的工作流程，从而引入机器学习中的一些基本常见术语，为后期的学习奠定基础。然后介绍假设空间和归纳偏好的概念，说明假设空间和归纳偏好在机器学习中的作用。最后简单介绍了常见机器学习算法的历史，结合当前最新的应用，让读者了解机器学习的发展历程。

通过本章内容的学习，读者应了解和掌握以下知识：

- 机器学习的基本概念；
- 机器学习相关基本术语；
- 机器学习的基本工作流程；
- 机器学习中假设空间和归纳偏好的作用；
- 机器学习的发展历史。

春天，一提到要下雨，人们就下意识地想到连绵的春雨不知要持续多久，这几天都要记得带雨伞了；而夏天提到下雨，人们往往觉得等我下班的时候可能雨已经停了，伞忘了带就算了吧。这是人们根据以往的经验总结从而做出的判断。人类可以根据天气、空气、温度等的情况做出自己的判断，那么计算机可不可以呢？

我们期望计算机也可以做出这样的思考，即计算机能够根据以往数据的规律“学习”到其中具有代表性的模型，再通过“学习”出来的模型生成对将来情况的预测和判断。然后通过对预测和判断的结果进行评估，反向回来对模型进行修正，从而增加模型自身的判断能力和判断效率。

机器学习就是这样一门学科，它希望通过数值计算的手段，利用机器过往的“经验”来改善模型自身的性能。在计算机系统中，经验通常以“数据”的形式存在。所以机器学习研究的主要内容就是从数据中产生“模型”的算法，即“学习算法”。我们将过往的数据提供给这个算法，算法就能基于这些数据产生模型，在面对一个全新的情况时，模型就可以给我们提供相应的判断和预测。

在大数据和人工智能的时代，机器学习被称为数据科学家们的专属工具，因为使用机器学习这一工具要求使用者要有相当的数学功底，所以本书也要求读者应具备高等数学、概率论与数理统计等基础理论知识。

1.1 什么是机器学习

所谓机器学习，其实就是让机器仿照人类的学习行为，学着去获取新的知识，进而在自己已获取的知识经验的基础上进行总结判断从而不断地改善自我。

机器学习是当前流行的人工智能的核心内容，它是一门多领域交叉学科，涉及概率论、数理统计、统计学、算法等学科。

当前比较认同的机器学习的定义有：

(1) 机器学习是人工智能领域的学科，在这个领域内它的主要任务是通过算法学习新的知识，通过所学知识经验，进而让自己在已学知识的基础上不断地改进自我。(Machine learning is a science of the artificial. The field’s main objects of study are artifacts, specifically algorithms that improve their performance with experience. (1996，Langley))

(2) 机器学习是指计算机通过经验可以自我改进的学习算法。(Machine Learning is the study of computer algorithms that improve automatically through experience. (1997，Tom Mitchell))

(3) 机器学习是一个程序，是通过案例数据和以前的经验数据，可以自我改进算法性能规范的程序。(Machine learning is programming computers to optimize a performance criterion using example data or past experience. (2004，Alpaydin))

通过定义，可以将机器学习的概念升华为如图 1-1 所示的内容。图 1-1 中，把模型用一个黑盒子(即图中的矩形框)来代替，它是通过输入数据(Data)，并利用以前的算法模型(Algorithm)、以前的知识(Knowledge)在黑盒子里通过计算(Compute)形成模型，再根据所形成的模型来解决新问题，即进行预测，从而形成一个全新的知识的学习过程。

图 1-1　机器学习的基本构成

机器学习算法可以提炼为三个部分：

(1) 表现、模型：规则、状态、例子，逻辑、KNN、SVM、DNN…

(2) 评估、性能：精确度、性能、能量函数、熵…

(3) 参数、优化：组合优化、顶点优化、约束优化。

1.2　机器学习的工作流程

从 1.1 节中可以得知，机器学习就是通过数据、以前的算法模型、以前的知识训练出全新的模型的过程。在这一节中，我们将重点讨论这个过程具体应该包含哪些流程。

1.2.1　准备数据集

从 1.1 节中了解到机器学习是从数据中自动归纳逻辑或规则，并根据这个归纳的结果与新数据来进行算法预测。所以机器学习的目标是：学得的模型不仅要在训练样本上工作得很好，还应很好地适用于“新样本”。所以，在准备创建这个模型之前，要准备一个“好”的数据集。那么，什么是数据集，数据集的相关概念有哪些，什么样的数据集是好的数据集，该怎么准备数据集，这些问题将在下文中介绍。

1. 数据集

数据集又称为资料集、数据集合或资料集合，是一种由数据所组成的集合。数据集(Data Set，或 Dataset)通常以表格形式出现，如本书第 6 章中提到的汽车油耗数据集中有 405 辆不同的汽车，每辆车有 9 个不同的特征(Feature，也称为属性)，如排量、油耗、品牌等。这样一个数据集就可以视为 405 行、9 列的一个表格。这个表格的每一行表示一辆特定的汽车，称为样本(Sample)。每一列表示样本的一种特征，比如样本的油耗特征(也称为油耗属性)，或者样本的品牌特征(也称为品牌属性)。

将数据集中所有样本泛化成空间，称为样本空间 $\boldsymbol{X}=\{X_1, X_2, X_3, \cdots, X_n\}$，空间中的每一个点即为一个样本点，汽车油耗数据集的所有汽车样本就组成这个样本空间中 405 个元素的集合。每个样本一般都有多个特征，假设样本的特征数为 d，则我们可以用一个 d 维的向量来表示一个样本 $\boldsymbol{X}_i=(X_{i1}, X_{i2}, \cdots, X_{id})$。在汽车油耗数据集中，每个汽车样本都具有 9 个特征，因此我们可以用一个 9 维的向量来表示一个汽车样本。将数据集中所有样本汇集出的特征泛化成空间，则称为特征空间（也称为属性空间，或者输入空间，因为它就是机器学习的输入），每个样本的特征数量即为特征空间的维度。

2. 定义“好”的数据集

机器学习的定义决定了其最终训练出来的模型所预测结果的好坏与前面的数据输入有着非常大的关系，不仅要准备数据集，而且要准备“好的”数据集。

“好的”数据集的标准如下：

(1) 要准备的数据集不能过于混乱；应减少缺失内容的数据的出现以及逻辑相关度不高的数据的出现。

(2) 数据集尽量不要有太多列。找出相关系数比较高的列，减少冗余列的出现。

(3) 数据集越“干净”越好。这里的“干净”是指清除一些重复的数据、缺失的数据及异常的数据。

这个过程的工作所花费的时间往往占据了现实工作中的绝大部分时间，但这份时间上的花费是绝对有效的。这个过程在机器学习中也被称为“数据处理”。

3. “准备”数据集

当“好的”数据集准备完成后，需要把整个数据集分为训练集和测试集，如图 1-2 所示。训练集中的数据是在训练模型的过程中使用的，通过训练集中的数据发掘数据之间潜在的规律而得到模型，这一过程称为“假设”。这个过程就是一个验证“假设”真实度的过程，在这个反复寻找的过程中找出或接近真相。对于训练集中的数据选择来说，数据只占据了样本空间的一个很小部分。测试是将训练集训练出来的模型进行测试检验的过程，这个被用来测试的数据集称为“测试集”。

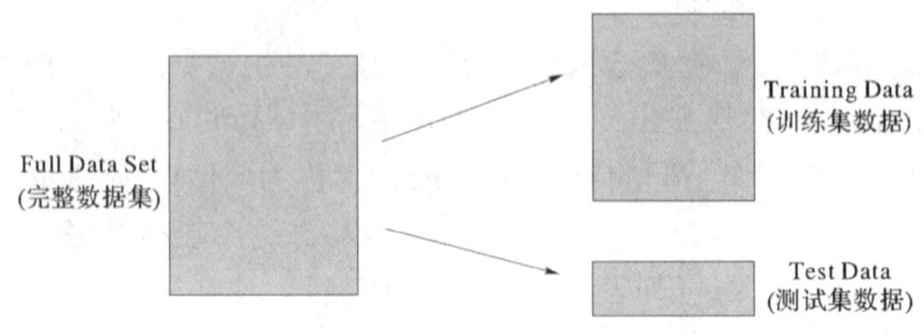

图 1-2　数据集的分类

1.2.2 进行模型训练

使用训练集训练模型算法的过程称为学习，这个过程通过执行某个学习算法来完成，而学习算法可以看作给定数据集合参数空间的实例化，即模型。

学习可分为有监督式学习、无监督式学习、半监督式学习，以及现在比较新的强化学习等。

1. 有监督式学习

有监督式学习（Supervise Learning）是指训练的数据是有标签的数据，算法依据标签和预测之间的差异对模型进行修正的学习过程，如图 1-3 所示。

Train Data (训练数据)

Test Data
(测试数据)

F(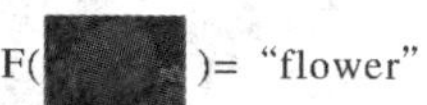)= “flower”

F(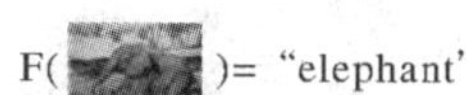)= “elephant”

图 1-3 带标签的数据集

图 1-3 的训练集中每一个样本都已经打好了标签，学习过程中程序知道哪些样本是花朵，哪些样本是大象，哪些样本是恐龙，哪些样本是巴士。在学习完成以后，得到的模型可以将测试集中的图像分出类别来，这种学习就称为有监督式学习。有监督式学习通过训练数据可以学习到一个模型，通过该模型可以对新的数据进行预测。这种学习要求训练的

数据包含预测结果，即含有标签的数据。

对于有监督式学习，通常将数据集按照“留出法”的方式，对数据集进行划分，将一部分数据（训练集）用于训练模型，一部分数据（测试集）用于测试模型的准确性。使用训练得到的模型对测试集数据进行预测，并将预测值与其标签给出的真实值进行对比，核查预测结果是否正确，以此来判断模型的正确性。有监督式学习常见的应用场景包括有标签的数据集的分类和预测。

小贴士

“留出法”是数据集划分的一种方法，数据集划分有多种方法，这只是其中的一种，在第 3 章中会进行详细的讲解。

2. 无监督式学习

无监督式学习(Unsupervised Learning)和有监督式学习非常相似，不同之处在于有监督式学习使用的数据集是含有标签数据的，而无监督式学习使用的数据集是没有标签数据的，因此无监督式学习得到的模型预测出来的结果没有办法衡量对与错。无监督式学习的特点是模型会自动地从数据集中找出其潜在的类别规则，如图 1-4 所示。

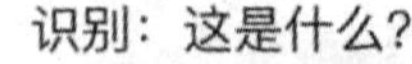

图 1-4　无监督式学习的数据集

在图 1-4 中，数据集中并未给出标签表明哪些是摩托车，模型需要通过自己的学习了解摩托车的特点，从而在测试的过程中判断出测试图片到底是什么。无监督式学习常见的应用场景包括无标签数据集的分析、分类及预测。

3. 半监督式学习

介于有监督式学习与无监督式学习之间的一种机器学习的方式，称为半监督式学习。在半监督式学习中，主要考虑的是如何利用少量的有标签样本和大量的无标签样本进行训练和分类的问题。算法通过学习无标签样本和其他有标签样本的相似性来确定无标签样本的类别（即标签）。半监督式学习常见的应用场景包括少标签数据系统的分析、分类及预测。

4. 强化学习

强化学习是机器学习的一个单独的分类，它通过动作的反馈来完成学习动作，每个动作都会对环境有所影响，学习对象根据观察到的周围环境的反馈来做出判断。将动作导致的反馈重新输入模型以修正此模型的学习即为强化学习。强化学习常见的应用场景包括动态系统以及机器人控制等。

机器学习算法在学习过程中对某种类型假设的偏好称为归纳偏好。假设全体样本服从一个未知分布 D，所获得的样本都是独立分布，而有了归纳偏好的设置后，学习算法本身将会有自己的“判断”，样本的分布也会根据归纳偏好来重新分布，这样学习到的模型会更好。在具体的现实问题中，这个假设是否成立，即算法的归纳偏好是否与问题本身匹配，这往往直接决定了算法能否取得好的性能。

1.2.3 模型评估

模型评估是整个机器学习流程中的最后一步，也是非常关键的一步。在此之前，通过已有的数据、已有的模型、已有的知识将模型训练出来了，在训练的过程中，要防止什么样的情况出现，判断模型优劣的评价标准是什么，这是本小节重点要讨论的问题。

1. 模型的训练过程评估

在模型的训练过程中，首先要防止的是出现过拟合和欠拟合的现象。拟合就是把平面上一系列的点用一条光滑的曲线连接起来，这条光滑的曲线就是之前训练出来的模型曲线。

如图 1-5 所示，其中图 1-5(b)是理想的算法模型，尽可能地寻找到数据反映的真实规律；图 1-5(a)展示的是欠拟合的模型，该模型并没有将每个数据都覆盖完全，找到的规律不够准确；图 1-5(c)则是过拟合模型，该模型在拟合过程中因参数设置过细过多，找出的规律不具有普遍性（也称为泛化能力不足），可以看到图上的模型曲线发生了扭曲。

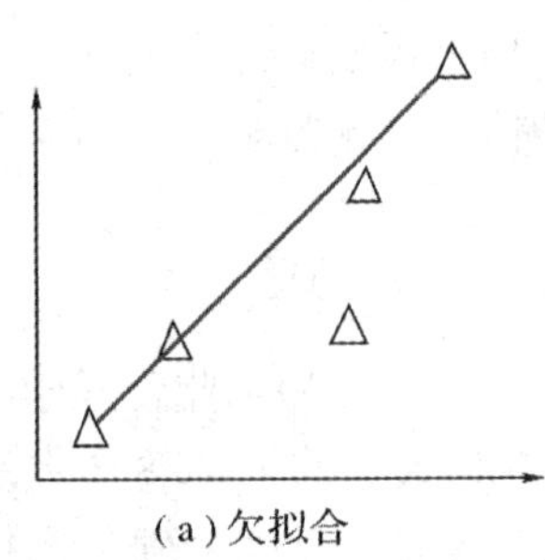

(a)欠拟合

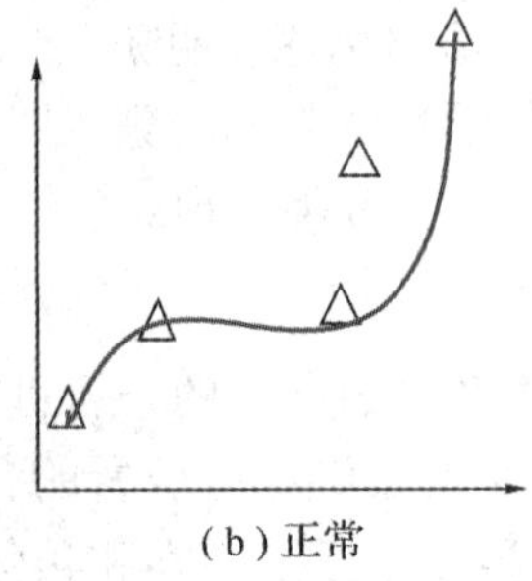

(b)正常

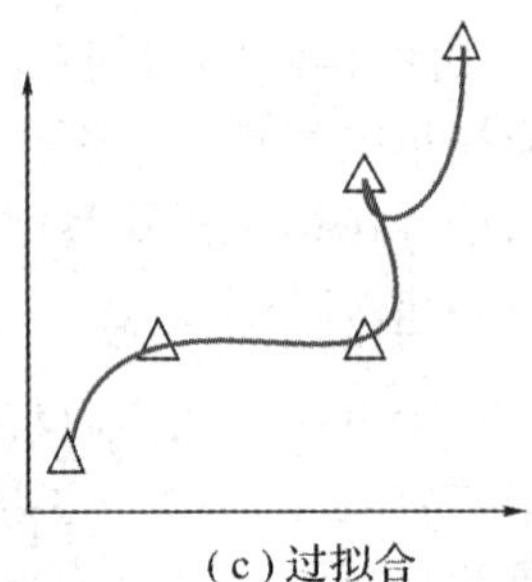

(c)过拟合

图 1-5　过拟合和欠拟合数据示意图

2. 模型的训练结果评价

训练完模型后，需要评价其好坏程度。通常会通过模型的灵敏度、准确度等综合考虑，当然，不同类型的模型其评价方式是不同的，第 3 章中会有更加详细的介绍。

综合 1.2.1、1.2.2、1.2.3 小节的内容，可将机器学习的工作流程汇总为如图 1-6 所示的形式。

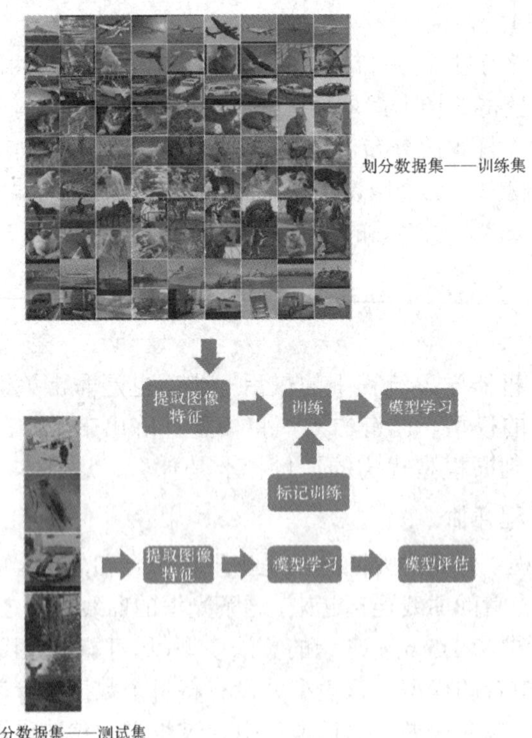

图 1-6　机器学习的工作流程

1.3 假设空间和归纳偏好

归纳(Induction)与演绎(Deduction)作为认识世界、寻求客观规律的方法存在于日常生活的方方面面。归纳是从个别出发以达到一般性，是从一系列特定的观察中发现一种模式，它在一定程度上代表所有给定事件的规律。而演绎则恰恰相反，它是从一般性推广到个别性，从逻辑或理论上预期的模式到观察或检验预期的结果是否确实存在。归纳和演绎的关系如图 1-7 所示。

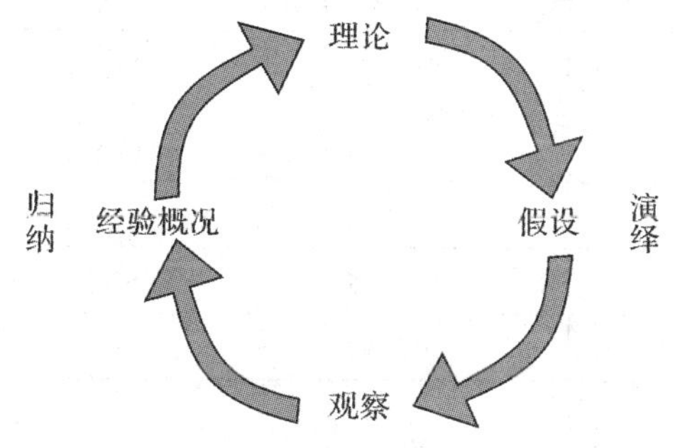

图 1-7　归纳和演绎的关系

从上面的定义中可以看出，“从样本中学习”是一个归纳的过程，因此也将其称为“归纳学习”。归纳学习是符号学习中使用最为广泛的一种方法，它的一般操作是泛化和特化。泛化用来扩展一些假设的语义，使其包含一些更多的正例，应用于更多的情况。在机器学习中，我们期望学习到的模型适用于新样本的能力越强越好，越强则代表它的泛化能力越强。归纳学习方法可以分为单概念学习和多概念学习两类。这里的概念指的是用某种描述语言表示的谓词，应用于概念的正实例时谓词为真；应用于概念的负实例时谓词为假。因此，概念谓词将实例空间划分为正、反两个子集。

- 对于单概念学习，学习的目的是从概念空间（即规则空间）中寻找某个与实例空间一致的概念；
- 对于多概念学习，学习的目的是从概念空间（即规则空间）中找出若干概念描述，对于每个概念描述，实例空间中均有相应的空间与之进行对应。

从概念学习的定义中可以看出，概念学习的本质是对布尔概念的学习，即对“是”或者“不是”这种可表示为布尔值 0/1 的目标概念的学习。对于单概念的学习，就是对某一个规则，从中找出与之对应的某个实例，从而判断出实例目标的“是”或者“不是”。而对于多概念的学习，就是对多个规则，从中找出与之对应的实例，从而判断出实例目标的“是”或者“不是”。在多概念的学习中，可以把学习任务划分成多个单概念学习任务来完成，同时还需要考虑多个单概念学习之间相互冲突问题。例如表 1-1 所示数据集中有 4 条规则，分别为作业提交；课堂出勤；回答问题；期末考试情况。所以它应该是归纳学习中的多概念的学习，每一个规则都可以通过实例目标回答“是”或者“不是”，如“作业提交”规则，可以回答为“是：作业按时提交”和“否：作业未按时提交”两种。除此以外，我们还需要考虑规则与规则之间的“冲突”，如“课堂出勤”和“回答问题”这两条规则在有些条件下其实是相互冲突的，如果课堂没有按时出勤，就不存在回答问题是否积极这个问题了。最后将这个表格中所有的数据集进行整理，这就是典型的概念学习的表现形式。这些取值的组合就是下面即将重点讨论的假设空间，而解决冲突的规则会在后面几章详细讲解。

表 1-1　期末考试预测数据集

序号	作业提交	课堂出勤	回答问题	期末考试情况
1	按时提交	按时出勤	积极回答	好
2	按时提交	未按时出勤	—	好
3	未按时提交	按时出勤	不积极回答	不好
4	未按时提交	未按时出勤	—	不好

1.3.1　假设空间

所谓的假设空间，即为特征属性的所有可能取值组合成的假设集合。以表 1-1 为例，这里要学习的目标是“好”的期末考试成绩。对于一个学生，他的期末考试情况推测是否好(排除一些影响结果的主观因素，例如考试时生病、不在状态等)，要有一个判定条件，这个判定条件就是一个假设。如假设：平时能够按时提交作业、按时出勤、上课能够积极回答问题，满足这些条件期末考试就能考好。或者也可以假设：只要平时能够按时提交作业，上课时能积极回答问题，无论课堂能否按时出勤，期末考试都能考好。极端情况下，也可以假设没有人能够在期末考试上考好，即无论学生作业能否按时提交，课堂能否按时出勤，上课能否积极回答问题，他们期末考试均考不好，这种情况可用空集来代替。

由表 1-1 展示的数据集可以看出，这里的假设空间是由形如“期末考试情况 = (作业提交 = ？)∧(课堂出勤 =？) ∧(回答问题 =？)”的可能取值所形成的假设组成的。这里“∧”为数学符号中集合“交”的运算符，“？”表示尚未确定的取值。任务就是通过对表 1-1 的训练集进行学习，把“？”确定下来。

读者可能会发现，表 1-1 的数据已经可以说明期末考试的情况，但这是一个已经见过的情况，而学习的目的是“泛化”，即通过对训练集中期末考试情况的学习以获得对未见过的情况进行判断的能力。如果只是记住训练集中的平时表现情况，则在遇到一模一样的情况时当然是可以进行判断的，但是对于没有见过的情况，应如何处理呢？

可以把学习过程看做一个在假设组成的空间中进行搜索的过程。搜索过程中可以不断删除与正例不一致的假设和(或)与反例一致的假设。最终会获得与训练集一致(即对所有训练样本能够进行正确判断)的假设，这就是学得的结果。图 1-8 直观地展示了假设空间。

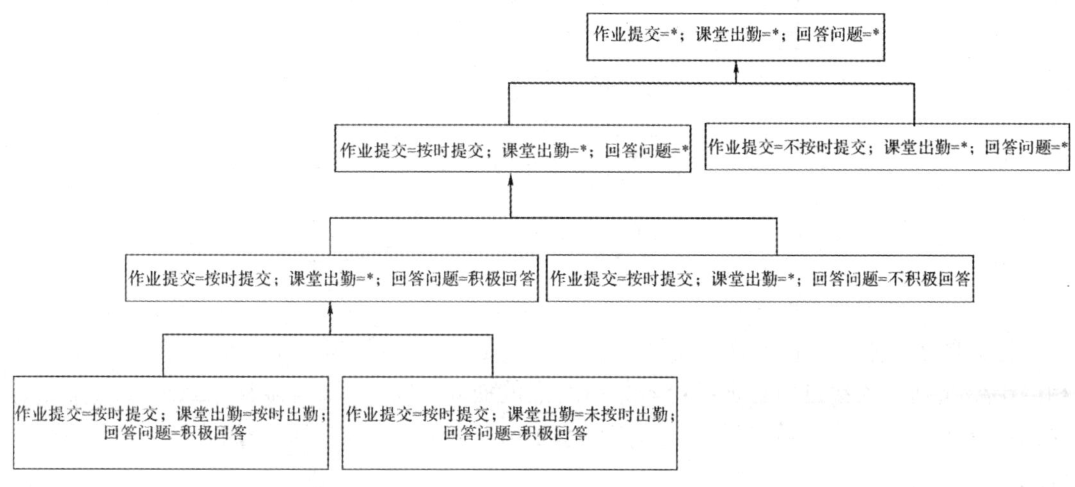

图 1-8　构建的假设空间

图中的“*”代表了这条规则两个可能的结果都可以。例如，“作业提交=*”代表的含义是无论作业是否按时提交都可以。

1.3.2　归纳偏好

归纳偏好是机器学习算法在学习过程中对某种类型假设的偏好，换句话说，就是什么样的模型是最好的。

1.3.1 节中已经通过训练样本训练出了很多有可能会留下的多种假设，例如对假设空间的遍历，留下了以下三种假设情况：

(1) 期末考试情况的好与坏 = 按时提交作业 + 课堂考勤任意 + 回答问题积极。

(2) 期末考试情况的好与坏 = 按时提交作业 + 课堂考勤任意 + 回答问题任意。

(3) 期末考试情况的好与坏 = 提交作业任意 + 课堂考勤积极 + 回答问题任意。

从某种程度上来说，这些“假设”的权重未必都是等效的，都需要通过算法进行仔细衡量并设定权重，这时对于某种类型假设的偏好就被称为归纳偏好。

归纳偏好在回归学习中的表现尤为明显，如图 1-9 所示。

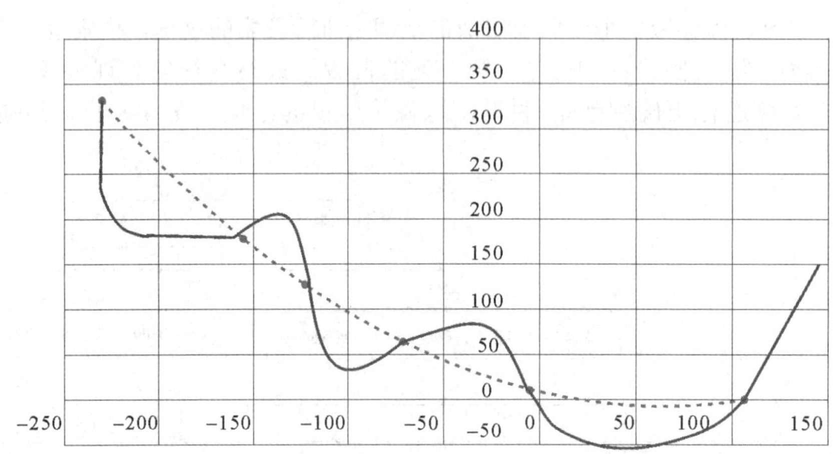

图 1-9　多条曲线与有限样本集的一致

假设图 1-9 中每个训练样本是图中的一个点(x, y)，要学得一个与训练集一致的模型，相当于要找到一条穿过所有训练样本集所有点的曲线。显然，对有限样本点组成的训练集，存在着很多条曲线能将其穿过。学习算法必须有某种偏好，才能产生出它认为“正确”的模型。

1.4 发展历程

机器学习是人工智能应用研究比较重要的分支，它的发展依赖于早期数学贝叶斯定理，即根据以前的信息寻找最可能发生的事件。机器学习的发展过程大体上可以分为 5 个阶段。

第一个阶段是从 20 世纪 50 年代中期到 20 世纪 60 年代中期，属于热烈时期。这个时期计算机被发明出来，可以帮助人们做很多事情，从而极大地提升了人们的工作效率。但人们期望它们可以做出和自己一样的思考和判断，因此很多人都投身于对计算机探究的浪潮中。在此期间，著名的科学家 Alan Turing 发明了图灵测试，即计算机必须通过文字对话一个人，让人以为他/她在和另一个人说话。图灵认为，只有通过这个测试的机器才是“智能的”，于是人们开始期望计算机能够向着“智能化”的方向发展，并为了这个目标努力奋斗着。1949 年，Hebb 开启了机器学习的第一步，他创建的基于神经心理学的学习机制，后人将其称为 Hebbian 学习理论。1952 年，IBM 科学家 Arthur Samuel 创建了第一个真正的机器学习程序——一个简单的棋盘游戏，计算机在这款游戏中可以从以前的游戏中学习策略，并提高未来的性能。1957 年，Rosenblatt 基于神经感知科学背景提出了第二模型，这款模型非常类似于今天的机器学习模型。1960 年，Widrow 首次将 Delta 学习规则用于感知器的训练步骤，这种方法后来被称为最小二乘法，这两者的结合创造了一个良好的线性分类器。1969 年，Minsky 将感知器推到顶峰。他提出了著名的 XOR 问题，并发现了感知器数据线性不可分的情形。1963 年，Donald Michie 推出了强化学习的 tic-tac-toe 程序。

第二个阶段是在 20 世纪 60 年代中期到 20 世纪 70 年代中期，人们对机器学习的期望越来越大，但机器学习因为缺少大量的数据，其计算能力受限，并没有产生较大的作为，从而渐渐磨灭了人们的热情，这段时间被称为机器学习的冷静时期。同时，由于没有较多的数据从而使得机器学习停留在一个瓶颈期，没有较大的突破。

第三个阶段也是第二次发展期，从 20 世纪 70 年代中期到 20 世纪 80 年代中期，称为复兴时期。1986 年，J.R.Quinlan 提出了非常著名的机器学习算法——决策树算法，该算法的提出又一次点燃了主流机器学习的火花。1995 年，Vapnik 和 Cortes 提出了支持向量机(Support Vector Machine，SVM)，以及 1970 年 BP 神经网络的出现突破了之前很长一段时间机器学习发展的瓶颈期，虽然 BP 神经网络可以有效地解决识别问题，但是由于其计算效率不高，因此并未引起足够的关注。

第四个阶段是低迷期。1981 年，多层感知(Multilayer Perceptron，MLP)神经网络的提出给机器学习的研究提供了关键因素，对神经网络的研究又一次加快了机器学习前进的步伐。但是由于知识表达和推理受限的影响，机器学习在发展了一段时间后又迅速转向低迷。

第五阶段是当前阶段。伴随着大数据的到来，结合之前的多层感知神经网络的出现，慢慢地人们对机器学习的认知，从教机器怎么做，变成了现在的通过数据的方式来告诉机器怎么做，有机遇的同时也带来了更多的挑战。

机器学习的研究从此就分为了两大领域：新型的可以解决非结构化数据的神经网络领域和传统的只能解决结构化数据的决策树领域。

1.4.1 决策树的命运变迁

决策树是机器学习中一项重要的分支，它和现在的人工神经网络构成了两个不同的方向，主要用于处理结构化数据，如帮助分析通过哪些条件会导致最终结果的产生，相同条件下的不同条件组合又有哪些等。决策树是工业领域目前相对来说比较流行的解决方案之一。它又分为不同的算法，这些算法的核心区别在于分类结果的评价标准不同。

1986 年，Quinlan 提出了著名的 ID3 算法。在 ID3 算法的基础上，1993 年他又提出了 C4.5 算法以克服 ID3 算法的不足。1996 年，M.Mehta 和 R.Agrawal 等人提出了一种高速可伸缩的有监督的寻找学习分类方法(Supervised Learning In Quest，SLIQ)。同年，J.Shafer 和 R.Agrawal 等人提出了可伸缩并行归纳决策树分类方法(Scalable PaRallelizable Induction of Decision Trees，SPRINT)。1998 年，R.Rastogi 等人提出了一种将建树和修剪相结合的分类算法(A Decision Tree that Integrates Building and Pruning，PUBLIC)。

1.4.2 神经网络的众多名称和命运变迁

在神经网络的发展过程中，随着历史的发展和变迁，神经网络的种类多种多样，大体可以分为基础神经网络、进阶神经网络和深度神经网络。其中，基础神经网络包含单层感知器、线性神经网络、BP 神经网络、Hopfield 神经网络等；进阶神经网络包含玻尔兹曼机、受限玻尔兹曼机(Restricted Boltzmann Machine，RBM)、递归神经网络等；深度神经网络包含深度置信网络(Deep Boltzmann Machine + Deep Neural Network，即 DBN+DNN)、卷积神经网络、深度残差神经网络、循环神经网络(Recurrent Neural Network，RNN)、长短期记忆网络(Long Short-Term Memory，LSTM)等。各种类型也有交织。图 1-10 为神经网络发展过程示意。

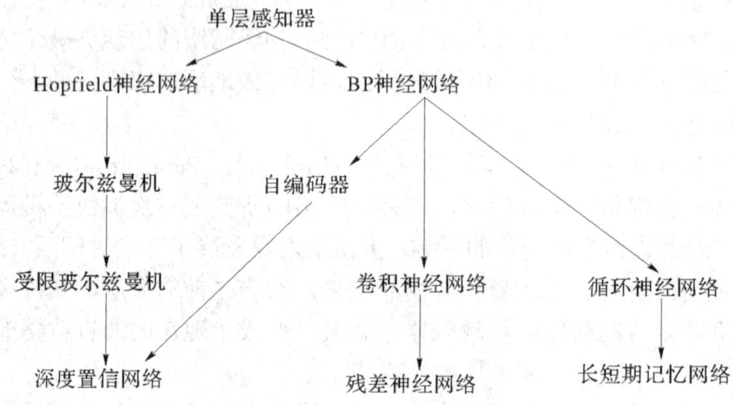

图 1-10 神经网络的发展过程

1890 年，William James 发表了《Principles of Psychology》(心理学原理)，这是第一部详细描述人脑活动模式的著作，首次从生物的角度上阐述了一个神经细胞受到刺激而激活后可以把刺激传播到另一个神经细胞，并且指明了神经细胞所有输入的叠加会导致这个神经细胞的激活这一理论，该理论为现在的神经网络奠定了基础。

1943 年，Warren McCulloch 和 Walter Pitts 尝试着通过数学的方式描述和构建神经元，并使这些神经元互相连接，他们的模型一直被沿用到今天，被认为是人工神经网络的起点。这些神经元模型主要分为两个部分：输入信号的加权叠加和叠加后的输出函数。在他们的数学模型中，认为神经元只有两种状态：兴奋或者抑制。本书后面讲到的单层感知器就是模仿这个特性，因单层感知器的输出不是 0 就是 1。Warren McCulloch 和 Walter Pitts 开创了人工神经网络这个研究方向，为今天神经网络的发展奠定了基础。

1949 年，Donald Hebb 在《Organization of Behavior》(行为组织学)一书中描述了一种神经元突触学习法则。他指出，在神经网络中，神经元的突触中保存着连接权值，并提出了假设神经元 A 到神经元 B 的连接权值与从神经元 B 到神经元 A 的连接权值是相同的。

这是迄今为止最为简单和直接的神经网络学习法则。目前，我们仍然通过调节神经元之间连接的权值来得到不同的神经网络模型，实现不同的应用。

1951 年，Marvin Minsky 在普林斯顿大学读博士期间创建了第一个随机连接神经模拟计算器(Spatial-Numerical Association of Response，SNARC)，这个计算器采纳了 Donald Hebb 的神经元突触学习法则，采用真空管构建，是历史上第一台可以人工智能自学习的机器。

1957 年，Frank Rosenblatt 在康奈尔航天实验室的 IBM 704 计算机上设计了一种具有单神经元的“感知器”，可以解决简单的线性分类问题。这个只有一个神经元的神经“网络”被公认为是第一代的人工神经网络。

1969 年，已经获得了图灵奖的 Marvin Minsky 和 Seymour Papert 合著了《Perceptrons》(感知器)一书，书中指出单层神经网络只能运用于线性问题的求解，不能解决哪怕最简单的异或(XOR)等线性不可分问题。由于 Marvin Minsky 在学术界的地位和影响，其悲观论点极大地影响了当时人工神经网络的研究，为人工神经网络泼了一大瓢冷水。这导致了人工智能发展的长年停滞不前以及研究人员的大幅度减少。直到人们慢慢认识到多层神经网络可以弥补这一缺陷，用于解决非线性问题。及至 20 世纪 80 年代反向传播算法的提出才使得神经网络重新得到科学家们的认可，进入第二个高速发展期。1987 年，《Perceptrons》这部书中的错误得到了校正，并更名再版为《Perceptrons—Expanded Edition》(感知器——扩展版)。

1982 年，加州理工的 John Hopfield 发明了 Hopfield 神经网络，这是一个单层循环神经网络。同年，Doug Reilly、Leon Cooper 和 Charles Elbaum 发表了多层神经网络的论文。

1985 年，卡耐基梅隆大学的 Geoffrey Hinton、David Ackley 和 Terry Sejnowski 借助统计物理学的概念和方法提出了一种随机神经网络模型——玻尔兹曼机。一年后他们又改进了该模型，提出了受限玻尔兹曼机。

1986 年，加州大学圣地亚哥分校的 David Rumelhart，卡耐基梅隆大学的 Geoffrey Hinton 和东北大学的 Ronald J. Williams 合作发表了神经网络研究中里程碑一般的 BP 算法——多层感知器的误差反向传播算法。截至今天，这种多层感知器的误差反向传播算法还是非常基础的算法，要学习神经网络，必然要学习 BP 算法。BP 算法的发表直接触发了神经网络领域的再次兴旺发展。

1986 年之后，神经网络就蓬勃发展起来了，特别是近几年，神经网络已呈现出一种爆发趋势，神经网络开始应用于各行各业，各种新的神经网络模型不断被提出，各种图像识别、语音识别的记录不断被刷新。神经网络如今已经成为一个热门话题。

1.5 应用现状

机器学习已不再是美国电影大片中的科幻场景。机器学习可以使机器从大量的数据中找出规律，训练出对应的模型，从而可以预测未来的发展方向。下面将从 5 个方面来介绍机器学习在不同场景中的应用。

(1) 机器学习可以使营销特性化，使推广个性化。以电子商务为例：作为一个参与者来说，“双十一”的变化是有目共睹的。单从接收物流的快慢上来说，早期的“双十一”，买一样东西要等上差不多半个月的时间，有些甚至要等到“双十二”才能到来，但是近几年在“双十一”期间购买的货品，有些甚至第二天就可以送到消费者的手上，这大大节省了等待成本，使消费者的购买欲望再次提升。能达到这样的结果，一部分原因来自于物流行业的发展给力，另外一部分原因是由于在进行预购过程中，计算机会根据以往该地区的购买力以及购买习惯等数据进行推算，预测出在今年的“双十一”中，这个地区预计会买什么东西，并提前将货品备到该地区的本地仓库中。以上只是电子商务应用场景嵌入机器学习的案例之一，由于电子商务的数据较为集中，数据量足够大，数据种类比较多，因此可以从看似没有太多联系的数据中学习到里面的规律，从而可以预测流行趋势、消费趋势、地域消费特点、客户消费习惯，以及各种消费行为的相关度、消费热点、影响消费的重要因素等。

(2) 机器学习使交通更智能。出门前，只需要通过手机提前了解出行路线的基本情况，方便对出行安排提出合理的规划。机器学习在交通数据的基础上，可以让机器根据以往的经验进行学习，了解公路车辆通行密度，合理进行道路规划；利用以往的信号使用灯的相关数据来实现即时信号灯调度，提高已有线路的运行能力；在铁路上可以有效安排客运和货运列车，提高效率，降低成本；各航空公司也可以根据以往经验数据预测座位使用情况，从而提高上座率。机器学习可以使智能交通的潜在价值得到有效的挖掘，其对交通信息的感知和收集，对各管理系统中海量数据的共享运用、有效分析，对交通态势的研究预测等，都有利于提高交通的智能化。

(3) 机器学习可以帮助政府宏观调控，工作“对症”下药。未来的机器学习将会从各个方面来帮助政府实施高效和精细化的管理。通过大数据平台，可以在各地区的经济发展情况，包括各产业发展情况、各地区消费支出、产品销售情况等，以及各地区国土资源、水资源、矿产资源、能源等具体数据基础上进行分析，帮助政府部门进行科学决策、精细管理，确保财政支出合理透明，资源利用有效，从而大大提升政府运作效率，提升国家整体实力，提升国家竞争优势。

(4) 在体育竞技方面，机器学习重塑竞技世界。运动员可以通过穿戴设备收集的数据更进一步了解运动员的身体状况，而教练则可通过机器学习来辅助制定比赛方案和战术，更能清楚地了解对手的特点；对于体育解说员来说，通过机器学习可以更好地解说和分析比赛。机器学习中的分析是一场比赛的关键部分。对于那些拥护并利用数据分析进行决策的选手而言，可以赢得足够的竞争优势。

(5) 有了机器学习的参与，看病更靠谱。通过参考病人的个人数据库，对病人基因序列特点，包括疾病特征、化验报告、检测报告等个人病情特点进行分析；调取相似基因、年龄、人种、身体情况相同的有效治疗方案，得出合适病人的治疗方案。所以机器学习不仅可协助医生更快捷准确地制订治疗方案，也间接地帮助更多人及时进行治疗，同时也有利于医药行业开发出更加有效的药物和医疗器械。

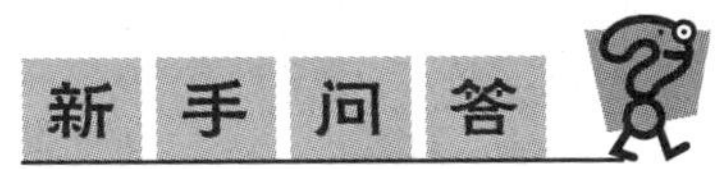

1. 机器学习的主要目的是什么？

机器学习就是从大量的数据中获取、学习或训练出对应的模型，通过这个模型可以检验、预测未来的数据产生，从而帮助解决更多问题，提高问题的解决效率。

2. 机器学习主要的分类和它们的区别是什么？

机器学习分为有监督式学习、无监督式学习、半监督式学习和强化学习。有监督式学习顾名思义，就是对于数据集是有监督的。这里所谓的监督是指数据有标签以帮助判断预测的对错，而无监督式学习则没有严格意义的“对错”。半监督式学习是指一些数据集上是有标签的，一些数据集上是没有标签的。强化学习则是将环境的变化加入到模型的训练过程中，使得训练过程考虑环境这个可变因素，保证模型的训练过程是一个动态发展的过程。

本章小结

本章从生活例子着手，介绍了机器学习的概念，讲解了机器学习的工作流程以及所包含的基本相关术语、假设空间、归纳偏好。这些知识都是机器学习的基础，应熟练掌握。除此以外，还介绍了机器学习的经典历史及其典型应用，方便读者加深对机器学习的初步理解。

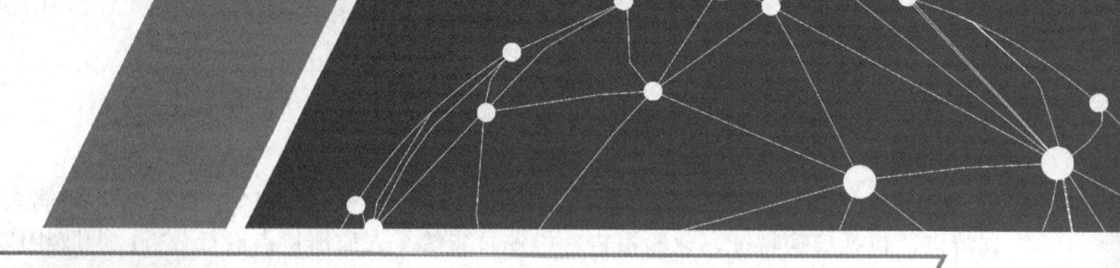

第2章 机器学习之刃TensorFlow

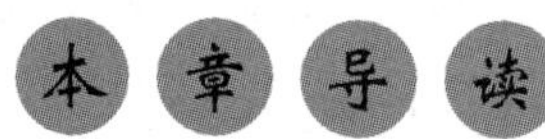

无论从事学术研究还是模型应用，TensorFlow 对于机器学习都是非常适用的一套工具。它由 Google 公司开发和维护，是一个基于数据流编程的符号数学系统。本章将会介绍 TensorFlow 的环境部署及 TensorFlow 的基本操作和使用，并利用 TensorFlow 解决实际应用问题。

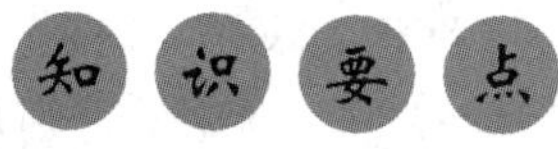

通过本章内容的学习，读者应了解和掌握以下知识技能：

- 搭建 TensorFlow 环境；
- TensorFlow 的基本工作原理；
- TensorFlow 的常量、变量和占位符；
- TensorFlow 的矩阵操作；
- TensorFlow 的激活函数。

神经网络是学习机器学习的一个重点，也是学习机器学习过程中一个非常好用的工具。在本书的第 10 章将会详细讲解神经网络的相关概念和具体内容，本章只是利用 TensorFlow 工具构造一个简单的神经网络，主要是通过构造的过程让读者理解和掌握 TensorFlow。因此，本章的重点是如何使用 TensorFlow 构造神经网络。

2.1　认识 TensorFlow

Google 于 2015 年 11 月对外发布了一个全新的机器学习系统，名为 TensorFlow，它主要在图像识别等多项机器领域内展开应用。TensorFlow 系统是在 Google 2011 年开发的深度学习基础框架 DistBelief 的基础上进行了各方面的改进而成的，它可以分布式部署，具有良好的缩放性。如今，TensorFlow 既可以在一台笔记本上单独运行，也可以在数百个图形处理器(Graphic Processing Unit, GPU)上并行学习。

2016 年 4 月 14 日，Google 发布了 TensorFlow 0.8 版本，在此版本中进行图像分类的算法，在 100 个 GPU 和不到 65 小时的训练时间下，达到了 78%的正确率。在激烈的商业竞争中，TensorFlow 以更快的训练速度，真正大规模地切入人工智能产业中，并产生了实质影响。

2016 年 6 月，Google 又发布了 TensorFlow 0.9 版本，该版本增加了对移动平台 iOS 的支持。

2017 年 1 月初，Google 正式公布了 TensorFlow 1.0 版本。TensorFlow 1.0 版本继承了之前所有版本的功能，并对功能函数库进行了多重升级，降低了 Python 和 Java 用户使用 TensorFlow 进行开发的难度。

2019 年，Google 发布了 TensorFlow 2.0 版本的一些特性。如今，TensorFlow 2.0 版本还处在 alpha 测试阶段，新功能尚未完全定性，但是它将保持与 TensorFlow 1.0 版的兼容。

2.2　TensorFlow 的安装与工作原理

TensorFlow 由两个单词组成，Tensor 的意思是张量，Flow 的意思是流动。TensorFlow 这个名字即包含了它的基本工作原理：张量的流动。在 Google 的语境中，张量即多维数组，多维数组中的数据在计算图中从图的一端流动到另一端进行计算，即为 TensorFlow。通过预设定的计算图，TensorFlow 可以对算法的表征和实现进行有效的分割，既易于实现对算法的设计，又能高效地对算法进行实现。

2.2.1　TensorFlow 安装图解

TensorFlow 是在 Python 的基础上安装的，Python 的安装过程本书中不做过多的说明。

这里 TensorFlow 是在 Windows 的 Anaconda 集成环境下安装的，安装环境为：Windows 操作系统，Python 3.6.6 环境，Anaconda 3 64 位。

安装 TensorFlow 的具体操作步骤如下：

(1) 环境准备。由于 Anaconda 的网站从国内访问较慢，可以如图 2-1 所示，单击“开始”→“Anaconda Prompt”菜单，输入如下命令设置，使用清华大学镜像服务器进行访问。

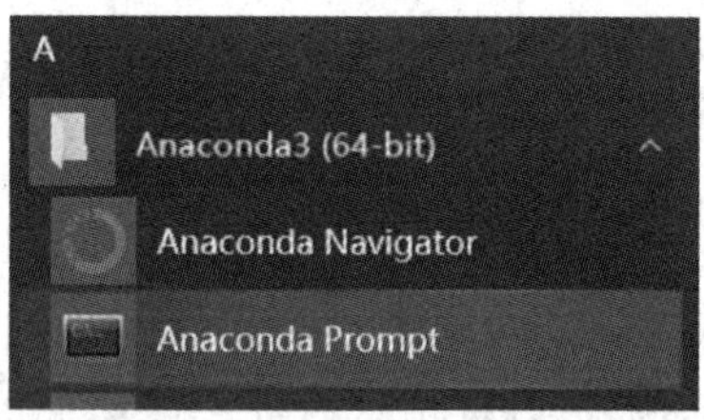

图 2-1 “开始”菜单中的 Anaconda Prompt 快捷方式

```
conda config --add channels https://mirrors.tuna.tsinghua.edu.cn/anaconda/pkgs/free/
conda config --add channels https://mirrors.tuna.tsinghua.edu.cn/anaconda/pkgs/main/
conda config --set show_channel_urls yes
```

(2) 环境选择。可以通过 Anaconda 环境进行 TensorFlow 的安装，可在图 2-1 中单击“开始”→“Anaconda Navigator”菜单，弹出界面如图 2-2 所示。首先单击“Environments”选项，然后选择“Not installed”选项，即尚未安装的软件包，再在搜索框中输入“tensorflow”，下面的列表框中就会列出所有尚未安装的与 TensorFlow 有关的软件包。这里只需要选中“tensorflow”复选框即可，再单击“Apply”按钮进行安装。

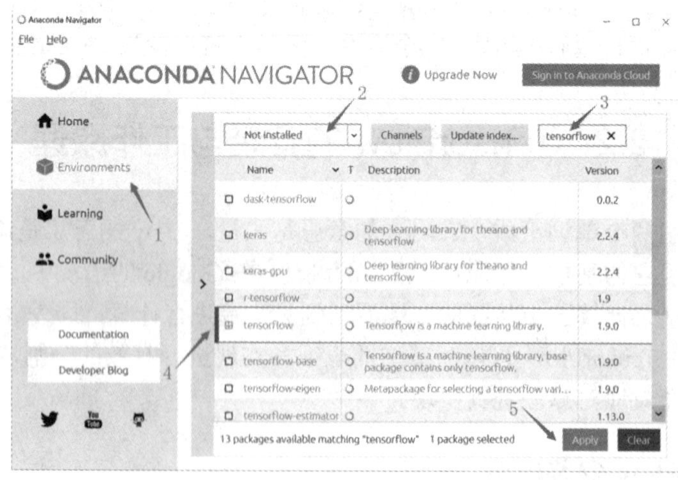

图 2-2 Anaconda Navigator 图形界面

(3) 环境安装。稍等片刻，就会弹出如图 2-3 所示的软件包安装对话框，单击“Apply”按钮就会进入真正的安装流程。由于软件包较大，需要耐心等候安装完成。

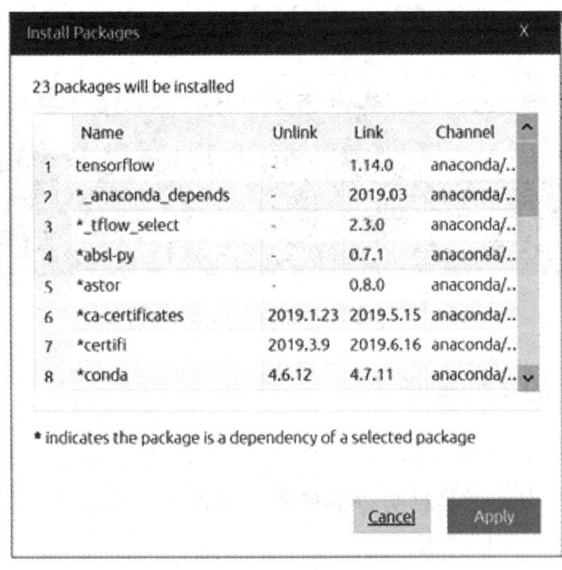

图 2-3 TensorFlow 安装对话框

(4) TensorFlow 安装过程。图形界面显示安装完成后，可以检测一下 TensorFlow 是否安装成功。在图 2-1 中单击“Anaconda Prompt”菜单，在弹出命令行中输入“ipython”，进入 Python 开发环境，在 Python 开发环境下输入“import tensorflow”。在输入过程中，如图 2-4 所示，如果系统自动产生 tensorflow 包的补全提示，则说明 TensorFlow 已经安装成功。

```
(base) C:\Users\sunda>ipython
Python 3.6.6 |Anaconda, Inc.| (default, Jun 28 2018, 11:27:44) [MSC v.1900 64 bit (AMD6
4)]
Type 'copyright', 'credits' or 'license' for more information
IPython 7.0.1 -- An enhanced Interactive Python. Type '?' for help.

In [1]: import tensorflow
                  tensorboard
                  tensorflow
                  <unknown>
```

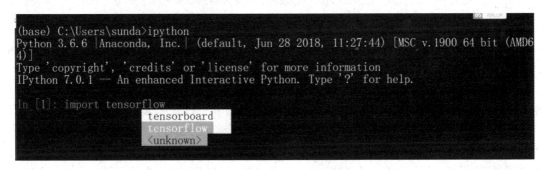

图 2-4 检验 TensorFlow 是否在 Python 环境下安装成功

(5) 安装检查。检查安装版本号，在 TensorFlow 库导入成功后，输入：

```
tensorflow.__version__
```

小贴士

注意："version"前后是两个下划线，如图 2-5 所示，在此即可查看安装好的 tensorflow 包的版本号。

```
In [1]: import tensorflow

In [2]: tensorflow.__version__
Out[2]: '1.14.0'

In [3]:
```

图 2-5　检验 TensorFlow 的版本号

2.2.2　TensorFlow 的工作原理

TensorFlow 使用一种计算图模型，即通过图的形式来表示计算过程的一种模型。在 TensorFlow 中，通过节点表示某种数据的操作，通过张量表示节点操作的数据；通过连接节点间的连线表示操作之间的依赖关系。

小贴士

节点：TensorFlow 节点的含义与图的节点的含义相似。每个节点都是一种计算，赋值是一种计算，相乘是一种计算，调用函数也是一种计算。

张量：张量是一个来源于物理学的术语，用于表述弹性介质的物理状态。TensorFlow 借用这个术语在数学中的解释，因此可以理解为张量即数据，0 阶张量即 0 维数组，也就是标量，1 阶张量即矢量(Vector)，也就是 1 维数组，2 阶张量即 2 维矩阵(Matrix)，3 阶张量即 3 维矩阵，以此类推。

TensorFlow 的数据计算一般分为两个阶段：首先是计算图的构建阶段，又被称为计算图的定义阶段，这个阶段会在计算图模型中定义所需的运算。在 TensorFlow 中，将每次运算的输入以及输出数据定义为节点(也叫操作，即 Operation，缩写为 op)。一个节点的输出会成为另外一个节点的输入。通过输入输出将不同的节点联系起来，就构成了完整的计算图。第二个阶段称为计算图的执行阶段，即在一个会话(Session)中按照计算图模型依次执行在第一个阶段中定义好的运算。在这个过程中使用张量(Tensor)来装载数据和更新数据。这些数据在节点之间按照定义好的顺序计算和流动，最终产生整个计算图的输出。这个过程就称为 TensorFlow。

类似于炒菜，在开火之前，需要先将配菜和佐料准备好，明确炒菜步骤，在开火时将配菜和佐料根据实际情况进行组合，按照菜谱的步骤进行加工，最终可完成一盘完美的菜看。TensorFlow 也是这样的过程，先将网络构建出来，然后使用会话开启一个运行程序将网络放进去，就可以得到想要的结果。这种就是声明式的编程方式。

小贴士

TensorFlow 不是一个普通的 Python 库。Python 的大多数库是作为 Python 的一个自然扩展形式存在的，目的是扩充 Python 库，而 TensorFlow 和这些库从理解和认知上来看有很大的不同。使用 Python 在操作 TensorFlow 时，用 Python 做的第一件事情是组装计算图；第二件事情就是与所创建出来的计算图进行交互(会话)。Python 只是像胶水一样将 TensorFlow 的组件粘合在一起。

2.2.3 什么是计算图

在 TensorFlow 中计算图相当于一个全局数据结构，这个数据结构是一个有向图，用于捕获有关计算方法的指令。下面我们从一个构建图的实例中来了解计算图。

首先，需要导包。在 Python 环境下将 TensorFlow 导入到代码中，代码如下：

```
import    tensorflow as tf        # 导入 TensorFlow，并起一个别名，即 tf
```

这时构建的图如图 2-6 所示。

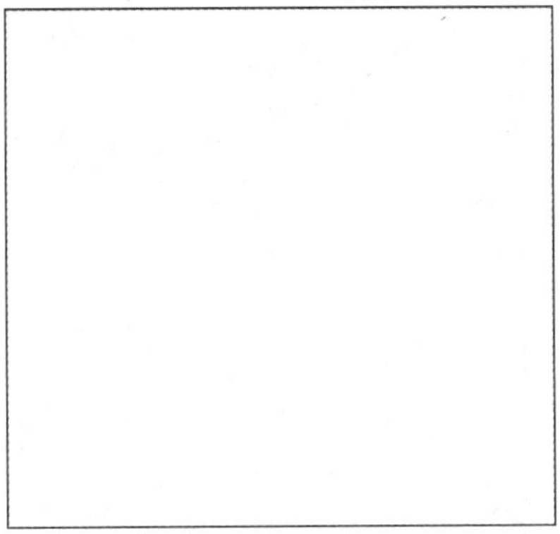

图 2-6　初始化构建一张图

1. 创建一个节点

只导入 TensorFlow 并不会生成一个计算图，它只是一个空白的全局变量。此时需要调用一个 TensorFlow 操作，创建一个节点，计算图就会发生变化。代码如下：

```
import tensorflow as tf
a=tf.constant([1, 2], name='A')
print(a)
```

输出结果如下：

```
Tensor("A_6:0", shape=(2, ), dtype=int32)
```

这时构建出来的图有了自己的第一个节点，这个节点的名字是“A”，将它存放在变量 a 中，如图 2-7 所示。

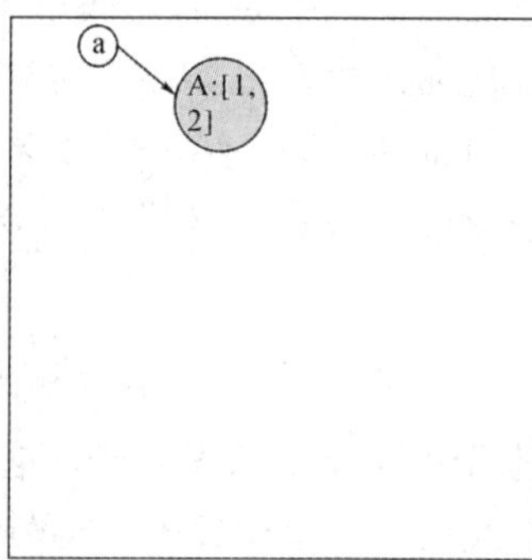

图 2-7　在图中构建的一个节点

2. 创建两个节点

创建两个节点的计算图如图 2-8 所示。

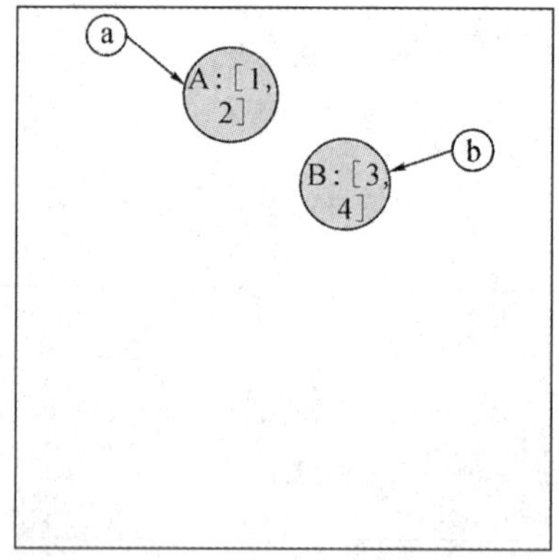

图 2-8　在图中构建的两个节点

创建节点代码如下：

```
import tensorflow as tf
a=tf.constant([1, 2], name='A')
b=tf.constant([3, 4], name='B')
print(a)
print(b)
```

输出结果如下：

```
Tensor("A_7:0", shape=(2, ), dtype=int32)
Tensor("B_3:0", shape=(2, ), dtype=int32)
```

3. 创建相同名字的节点

调用 tf.constant 时，如果每次使用不同的“name”，则会在计算图中创建一个新的节点。相反，如果创建一个新变量并将其“name”设置为与现有节点的“name”相同，则只会将新变量指针指向现有节点，并不会向该计算图添加新的节点。

代码如下：

```
import tensorflow as tf
a=tf.constant([1.0, 2.0], name='A')
b=tf.constant([3.0, 4.0], name='B')
c=tf.constant([3.0, 4.0], name='B')
print(a)
print(b)
print(c)
```

输出结果如下：

```
Tensor("A_2:0", shape=(2, ), dtype=float32)
Tensor("B_4:0", shape=(2, ), dtype=float32)
Tensor("B_5:0", shape=(2, ), dtype=float32)
```

此时的节点图如图 2-9 所示。

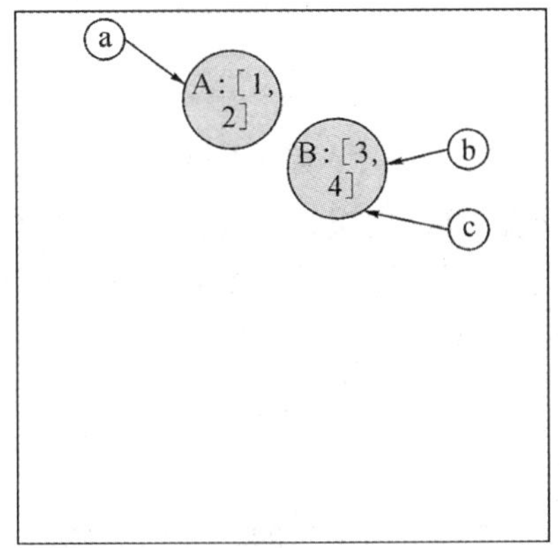

图 2-9　一个节点赋值给两个变量

4. 节点之间的运算

前面介绍了创建单个节点，现在介绍节点运算。代码如下：

```
import tensorflow as tf
a=tf.constant([1.0, 2.0], name='A')
b=tf.constant([3.0, 4.0], name='B')
sum_node=a+b
print(sum_node)
```

a 是一个常量节点，值为一维数组[1, 2]，b 也是一个常量节点，值为[3, 4]。这两个变量加起来的输出结果如下：

```
Tensor("add_1:0", shape=(2, ), dtype=float32)
```

可以看到，sum_node 只是一个新的节点，这个节点负责了一个加法运算。计算图如图 2-10 所示，新节点与两个老节点各有一条边相连，也就是说这个加法节点依赖于原来的两个赋值节点。

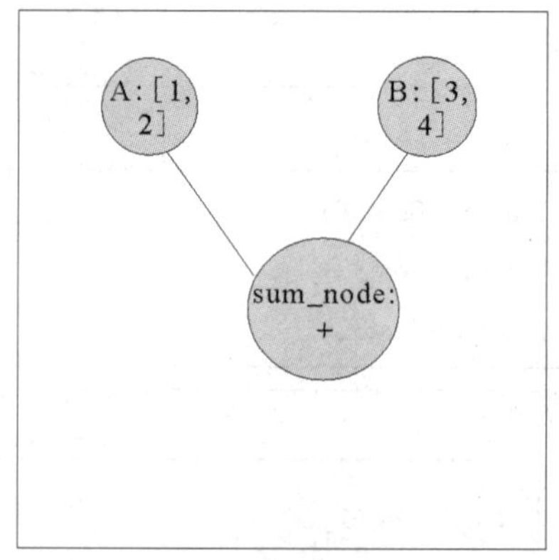

图 2-10　两个节点运算得到另一个节点

通过上面的操作和图的构建可以看出，计算图的构建阶段只涉及确定计算步骤，并不会获得计算结果。若要获得结果，则必须进入 TensorFlow 计算的第二个阶段——执行阶段，这个阶段的关键词是会话(session)。

2.2.4　什么是会话

会话在计算图中是处理内存分配和优化的，以此能够实际执行由计算图指定的计算。如节点之间的运算例子所示，如果要实际运行“+”的操作，则需要通过会话的方式来实现。

读者可以将计算图想象为需要执行的计算的“模板”，因为它列出了所有的步骤，所以使用TensorFlow进行各种计算，既需要计算图，也需要会话。示例代码如下：

```
import tensorflow as tf
a=tf.constant(2, name='a')
b=tf.constant(3, name='b')
sum_node=a+b
sess=tf.Session()
print(sess.run(sum_node))
sess.close()
```

输出结果如下：

```
5
```

会话包含一个指向全局图的指针，用以访问计算图的各个节点。在创建了节点之后，使用sess.run(sum_node)返回想要计算的节点的值，并且TensorFlow将执行计算该值所需的所有的计算，即这个节点所依赖的所有节点都会被计算。在sess.run( )中可以传递一个节点名称作为参数(如上述代码所示)，也可以传递多个节点名称作为参数，这些节点的计算结果都会被计算。如下代码所示：

```
print(sess.run([a,sum_node]))
```

输出结果如下：

```
[2, 5]
```

在会话执行完成后，应调用close函数将其关闭，以释放资源。注意，会话关闭后就不能再进行任何计算了。

在之前的代码中，几乎均使用tf.constant函数来提供计算所需的数据，tf.constant函数是用来定义常量的，所以其值是不变的。但是如果要使用变量，则需要用到tf.placeholder函数和sess.run函数的feed_dict参数。tf.placeholder函数表示一个占位符，其类型可自定义；占位符没有初始值，它只会分配必要的内存。feed_dict则将对应的值传入变量中。具体可参看如下代码：

```
import tensorflow as tf
placeholder=tf.placeholder(tf.int32)。    #设定占位符的变量类型为int32
sess=tf.Session()
print (sess.run(placeholder, feed_dict={placeholder:2}))   #向占位符传入值2
```

输出结果如下：

```
2
```

上述代码展示了在 feed_dict 中设置一个张量(Tensor)的方法，同样的，在 feed_dict 中也可以设置多个张量。参考代码如下：

```
x=tf.placeholder(tf.int32)
y=tf.placeholder(tf.string)
z=tf.placeholder(tf.float32)

with tf.Session() as sess:
    print (sess.run((x,y,z), feed_dict={x:999, y:'chenyr', z:3.14}))
```

输出结果为如下：

```
(array(999), array('chenyr', dtype=object), array(3.14, dtype=float32))
```

小贴士

使用 with tf.Session() as sess:语句，可以在其下层语句块中调用会话对象 sess，然后在语句块的末尾自动关闭这个会话对象。

2.2.5 什么是张量

张量(Tensor)是 TensorFlow 中一种重要的数据结构，TensorFlow 中所有的数据都可以用张量来表示，如一个整型常量可以用 0 阶张量来表示，一个一维数组可以用 1 阶张量来表示，而一个 3 维数组可以用 3 阶张量来表示。计算图中的每一个节点都意味着对一个或者多个张量的计算。TensorFlow 首先构建一个类型为 tf.Tensor 对象的计算图，用于说明如何基于其他已知张量来计算每个节点的未知张量，然后运行该计算图的某些节点以获得期望的计算结果。

tf.Tensor 包含如下属性：

- 数据类型(如 float32、int32 或 string)。
- 张量的阶，即数组的维度。
- 在张量这种数据结构中，数组中的每一个元素都应该拥有相同的数据类型，且该数据类型必须在计算图中事先定义好，即是已知的。张量的形状(Shape)，即张量的维度和每个维度的大小，在计算时是可以发生改变的。如果输入的形状已知，则大多数计算的结果会是一个已知类型的张量。

1. 阶

在张量中，阶就是它的维度，有时也将其称为秩、级或维。TensorFlow 中的阶与数学中矩阵的阶并不完全等同。如表 2-1 所示，TensorFlow 中的每个阶都对应一个不同的数学实例。

表 2-1　阶与数学实例之间的对应

阶	数 学 实 例
0	标量(只有大小)
1	矢量(大小和方向)
2	矩阵(数据表)
3	3 阶张量(立体数据)
4	*N* 阶张量

以下代码展示了创建 0 阶、1 阶以及 2 阶张量的过程：

```
import tensorflow as tf
tensor0=tf.constant(1, tf.int32)
tensor1=tf.constant([2, 3, 4, 5], tf.int32)
tensor2=tf.constant([ [4, 9], [16, 25] ], tf.int32)
with tf.Session() as sess:
    print (sess.run(tensor0))
    print (sess.run(tensor1))
    print (sess.run(tensor2))
```

输出展示结果如下：

```
1
[2 3 4 5]
[[ 4   9]
[16 25]]
```

通过 shape()可以看到所创建的张量的形状。如果要获取 tf.Tensor 对象的阶，则可以通过 tf.rank()方法进行操作。代码如下：

```
with tf.Session() as sess:
    print(sess.run(tf.shape(tensor0)))          #获取张量的形状
    print(sess.run(tf.shape(tensor1)))
    print(sess.run(tf.shape(tensor2)))
```

```
    print(sess.run(tf.rank(tensor0)))        #获取张量的阶
    print(sess.run(tf.rank(tensor1)))
    print(sess.run(tf.rank(tensor2)))
```

输出结果如下：

```
[]
[4]
[2 2]
0
1
2
```

2. 切片

由于张量是一个 n 维数组，因此和 Python 的其他方式一样，如果要对它展开某个单元的访问，则只需要通过指定索引位置来进行。示例代码如下：

```
import tensorflow as tf
tensor1=tf.constant([1, 2, 3])
tensor2=tf.constant([[1, 2, 3], [4, 5, 6], [7, 8, 9]])
with tf.Session() as sess:
    print(sess.run(tensor1[2]))          # 1 阶矩阵索引访问某个元素
    print(sess.run(tensor2[1, 2]))       # 2 阶矩阵索引访问多个元素
```

输出结果如下：

```
3
6
```

如果希望结果是一个矩阵的子矢量，则可以通过对该矩阵采取如下的结构来获取，如[: , :]，其中“,”代表了每个维度，如果没有“,”，则默认表示只在第一维上切片；“:”是 Python 中切片的语法。通常每个维度通过“:”分割成三个部分，前面的两部分分别代表了切片从哪里开始到哪里结束。(注意：该切片方式是一个半包围区间，包括开头的部分，不包括结尾的位置。)而第三部分则代表了切片选择的步长。示例代码如下：

```
with tf.Session() as sess:
    print(sess.run(tensor1[:3:2]))
    print(sess.run(tensor2[:3:2, :2]))
```

输出结果如下：

```
[1 3]
[[1 2]
[7 8]]
```

3. 形状

张量的形状是每个维度中元素的数量，它可以通过整型 Python 列表或者元组或者 tf.TensorShape 表示。张量中是通过阶、形状和维数来约定描述张量的维度，如表 2-2 所示(表中 D 表示维度)。

表 2-2　阶、形状和维数对应的关系

阶	形状	维数	示　例
0	[]	0	0 维张量，标量
1	[D0]	1	形状为 [5] 的 1 维张量
2	[D0, D1]	2	形状为 [3, 4] 的 2 维张量
3	[D0, D1, D2]	3	形状为 [1, 4, 3] 的 3 维张量
n	[D0, D1, …, Dn-1]	n 维	形状为 [D0, D1, …, Dn-1] 的张量

在构建计算图时，并不是所有形状都完全已知，此时可以通过查看 tf.shape 属性获取这些信息。示例代码如下：

```
print(tensor1.shape)
print(tensor2.shape)
```

输出结果如下：

```
(3,)
(3, 3)
```

除此以外，有时还可以在元素不变的时候改变张量的形状，即通过调用 tf.reshape 函数改变其形状，如将 2 阶张量改为 1 阶张量：

```
with tf.Session() as sess:
    print(sess.run(tf.reshape(tensor2, (9, ))))
```

输出如下：

```
[1 2 3 4 5 6 7 8 9]
```

4. 数据类型

在 tf.Tensor 中，所有元素的数据类型只能有一种，可以通过 tensor.dtype 查阅张量元素的数据类型，也可以通过 tf.cast 将一种数据类型转型成另一种数据类型。示例代码如下：

```
tensor1s=tf.cast(tensor1, dtype=tf.float32)
with tf.Session() as sess:
    print(sess.run(tensor1))
    print(sess.run(tensor1s))
```

输出为如下：

```
[1 2 3]
[1. 2. 3.]
```

5. 张量常用的函数方法

TensorFlow 下有很多关于操作张量的方法，汇总如表 2-3 和表 2-4 所示。

表 2-3　张量操作中的数据类型转换函数

操　作	描　述
tf.string_to_number(string_tensor, out_type=None, name=None)	字符串转为数字
tf.to_double(x, name='ToDouble')	转为 64 位浮点类型，即 float64
tf.to_float(x, name='ToFloat')	转为 32 位浮点类型，即 float32
tf.to_int32(x, name='ToInt32')	转为 32 位整型，即 int32
tf.to_int64(x, name='ToInt64')	转为 64 位整型，即 int64
tf.cast(x, dtype, name=None)	将 x 或者 x.values 转换为 dtype

表 2-4　张量的形状操作

操　作	描　述
tf.shape(input, name=None)	返回张量的行列数值
tf.size(input, name=None)	返回张量的元素个数
tf.rank(input, name=None)	返回张量拥有的基底向量的数量，也就是它的方向数量
tf.reshape(tensor, shape, name=None)	改变张量的行列形状
tf.expand_dims(input, dim, name=None)	插入维度 1 进入一个张量中

2.3　常量、变量和占位符

TensorFlow 提供了很多支持张量运算的数学函数，通过 2.2 节的学习，我们知道可以把张量理解为一个 n 维矩阵。TensorFlow 中支持三种类型的张量：常量、变量和占位符，本节将介绍这三种张量以及它们的运算。

2.3.1 基本概念

1. 常量

常量是其值已经被定义好了、不能再进行更改的张量。根据 TensorFlow 中常量的创建方法，可以设置常量为字符串类型，也可以设置常量为 float 或者 int 类型。有各种阶的常量，如 0 阶、1 阶或者多阶常量。示例代码如下：

```
import tensorflow as tf
hello=tf.constant('Hello, world!', dtype=tf.string)
with tf.Session() as sess:
    print(sess.run(hello))
```

输出结果如下：

```
'Hello,world!'
```

除了上述代码所显示的可以自定义具体数据以外，还可以通过一些 TensorFlow 的内置函数，在一定范围内根据相关规则，自动生成序列。示例代码如下：

```
range_t=tf.linspace(2.0, 5.0, 5)   #创建一个从 2.0 开始到 5.0(包括 5.0)，每隔 0.5 生成的数字序列
range_t=tf.range(10)               #生成一个 0~9 的连续数字序列
```

2. 变量

变量相对来说比较灵活。在会话过程中，当会话的值需要更新时，就用变量来表示。TensorFlow 中变量的创建方法如以下代码所示：

```
a=tf.Variable(10, name='a')
b=a*10
with tf.Session() as sess:
    print(sess.run(b))
```

上述代码中是利用常量 10 来初始化变量 a，也可以指定一个变量来初始化另一个变量。

需要特别注意的是，TensorFlow 中变量的定义和初始化是分开的，这点与常量不一样。如果要使用变量，则必须先初始化。因此，上面的代码在运行时会报错，因为缺少了变量初始化的步骤。

正确的代码如下：

```
import tensorflow as tf
```

```
a=tf.Variable(10, name='a')
b=a*10

intial=tf.global_variables_initializer()  #将计算图中所有的变量进行集体初始化

with tf.Session() as sess:
    sess.run(intial)
    print(sess.run(b))
```

输出结果如下：

```
100
```

TensorFlow 中主要包含了如表 2-5 所示的几种数据类型。

表 2-5　TensorFlow 中包含的数据类型

数据类型	含　义	数据类型	含　义
tf.int8	8 位整数	tf.float32	32 位浮点数
tf.int16	16 位整数	tf.float64	64 位浮点数
tf.int32	32 位整数	tf.double	等同于 tf.float64
tf.int64	64 位整数	tf.string	字符串
tf.uint8	8 位无符号整数	tf.bool	布尔型
tf.uint16	16 位无符号整数	tf.complex64	64 位复数
tf.float16	16 位浮点数	tf.complex128	128 位复数

3. 占位符

除了常量和变量，TensorFlow 还有另一个重要的元素——占位符，它的作用是在运行时，将变量的值输入 TensorFlow 计算图中。占位符没有初始值，它只会分配必要的内存，也就是说在会话中，无论为占位符输送多少个值，占位符在计算图中只会占据一个节点的位置。在会话中，占位符可以使用 feed_dict 输送数据。定义占位符的示例代码如下：

```
x=tf.placeholder("float")
y=2*x
data=tf.random_uniform([4, 5], 10)
with tf.Session() as sess:
    x_data=sess.run(data)
    print(sess.run(y, feed_dict={x:x_data}))
```

占位符通常和 feed_dict 一起使用来向计算图输入数据。在机器学习中，占位符通常用于提供训练样本。在构建计算图时不需要知道样本的具体值，只需要在会话中运行计算图时，再为占位符赋值。需要注意的是，占位符不包含任何数据，因此不需要初始化它们。

2.3.2 基本运算

在 TensorFlow 中，可以通过函数的调用来进行相关的计算，表 2-6 和表 2-7 汇总了相关操作函数及其详解。

表 2-6 TensorFlow 中关于计算的相关函数汇总

操作组)	函 数 名
数学操作(Maths)	Add, Sub, Mul, Div, Exp, Log, Greater, Less, Equal
序列操作(Array)	Concat, Slice, Split, Constant, Rank, Shape, Shuffle
矩阵操作(Matrix)	MatMul, MatrixInverse, MatrixDeterminant
神经网络操作(Neural Network)	SoftMax, Sigmoid, Relu, Convolution2D, MaxPool
检查点操作(Checkpointing)	Save, Restore
序列与同步操作(SeQueues and synchronization)	Enqueue, Dequeue, MutexAcquire, MutexRelease
流控制操作(Flow control)	Merge, Switch, Enter, Leave, NextIteration

表 2-7 TensorFlow 中关于计算的相关函数描述

操 作	描 述
tf.add(x, y, name=None)	求和
tf.sub(x, y, name=None)	减法
tf.mul(x, y, name=None)	乘法
tf.div(x, y, name=None)	除法
tf.mod(x, y, name=None)	取模
tf.abs(x, name=None)	求绝对值
tf.neg(x, name=None)	取负 ($y = -x$)
tf.sign(x, name=None)	返回符号。如果输入参数 x 小于 0，则返回−1；如果输入参数 x 为 0，则返回 0；如果输入参数 x 大于 0，则返回 1
tf.inv(x, name=None)	取反
tf.square(x, name=None)	计算平方 (y = x * x = x^2)

续表

操　作	描　　述
tf.round(x, name=None)	舍入最接近的整数，按照四舍五入的原则进行取整
tf.sqrt(x, name=None)	开根号，对输入参数 x 进行开根号求解
tf.pow(x, y, name=None)	幂次方，计算输入参数 x 的 y 次幂
tf.exp(x, name=None)	计算 e 的 x 次方
tf.log(x, name=None)	计算 x 的自然对数
tf.maximum(x, y, name=None)	返回最大值 (x > y ? x : y)
tf.minimum(x, y, name=None)	返回最小值 (x < y ? x : y)
tf.cos(x, name=None)	三角函数 cosine
tf.sin(x, name=None)	三角函数 sine
tf.tan(x, name=None)	三角函数 tan
tf.atan(x, name=None)	三角函数 ctan

2.4 操作矩阵

TensorFlow 中大量的张量都是以矩阵的形式存在的，也就是 2 阶以上的张量，这是为了适应机器学习中大量数学计算的需要。因此，在 TensorFlow 中熟悉对矩阵的操作也就显得非常重要。

2.4.1 矩阵的创建

对于学过高等数学的读者来说，矩阵的概念应该不陌生。在计算机中，很多事物都被抽象为矩阵，学习矩阵的操作是 TensorFlow 的基础要求。首先，在 TensorFlow 下创建矩阵，示例代码如下：

```
import numpy as np
x=np.array([[1, 4, 3],                                          #将 list 转换为 array
            [1, 6, 3],
            [1, 2, 3]])
x1=tf.constant(value=x, dtype=tf.float32, shape=[3, 3])        #将 array 转换为 tf.constant
y=np.array([[1, 2],
```

```
                [2, 3],
                [4, 5]])
x2=tf.constant(value=y, dtype=tf.float32, shape=[3, 2])
with tf.Session() as sess:
    print(sess.run( x1 ))
    print(sess.run( x2))
    sess.close()
```

输出结果如下：

```
[[1. 4. 3.]
 [1. 6. 3.]
 [1. 2. 3.]]
[[1. 2.]
 [2. 3.]
 [4. 5.]]
```

这样就通过两个 numpy 下的 array 类型创建了两个 Tensor 常量。

2.4.2 矩阵的运算

运算是矩阵最基本的操作，TensorFlow 中有些函数可以直接进行矩阵计算，如表 2-8 所示。

表 2-8 TensorFlow 中矩阵计算的相关函数

操 作	描 述
tf.diag(diagonal,name=None)	生成对角矩阵。示例代码如下： import TensorFlowas tf; diagonal=[1,1,1,1] with tf.Session() as sess: print(sess.run(tf.diag(diagonal))) 输出结果如下： [[1 0 0 0] [0 1 0 0] [0 0 1 0] [0 0 0 1]]
tf.diag_part(input,name=None)	其功能与 tf.diag 的功能相反

续表

操　作	描　　述
tf.trace(x,name=None)	计算参数 x 的对角数之和。示例代码如下： import TensorFlow as tf diagonal=tf.constant([[1,0,0,3],[0,1,2,0],[0,1,1,0],[1,0,0,1]]) with tf.Session() as sess: print(sess.run(tf.trace(diagonal))) 输出结果如下： 4
tf.transpose(a, perm=None, name='transpose')	按照列表 perm 的维度排列调换张量的维度顺序。示例代码如下： import TensorFlow as tf diagonal=tf.constant([[1,0,0,3],[0,1,2,0],[0,1,1,0],[1,0,0,1]]) with tf.Session() as sess: print(sess.run(tf.transpose(diagonal))) 输出结果如下： [[1 0 0 1] [0 1 1 0] [0 2 1 0] [3 0 0 1]]
tf.matmul(a, b, transpose_a=False, transpose_b=False,a_is_sparse=False, b_is_sparse=False, name=None)	matmul 是矩阵相乘的函数。 transpose_a=False,transpose_b=False，表示运算前是否需要将矩阵进行转置； a_is_sparse=False,b_is_sparse=False，表示 a、b 是否当作矩阵的系数进行运算

2.4.3　矩阵的分解和特征值

在线性代数中，设 $\boldsymbol{A} \in F_n \times n$ 是 n 阶矩阵。如果存在非零向量 $\boldsymbol{X} \in F_n \times 1$ 使 $\boldsymbol{AX} = \lambda \boldsymbol{X}$，对某个常数 λ 成立，则常数 λ 被称为 $\boldsymbol{A}$ 的特征值(eigenvalue)，$\boldsymbol{X}$ 是特征值 λ 的特征向量。

寻找 λ 和 $\boldsymbol{X}$ 的任务可以交给 TensorFlow 来做，在 TensorFlow 中通过 tf.self_adjoint_eigvals 可以求得矩阵的特征值。示例代码如下：

```
A1 = tf.constant([[3, 2, 1], [0, -1, -2], [0, 0, 3]], dtype=tf.float64)
sess=tf.Session()
print(sess.run(A1))
```

```
print(sess.run(tf.self_adjoint_eigvals(A1)))
```

输出结果如下：

```
[[ 3.   2.   1.]
 [ 0. -1. -2.]
 [ 0.   0.   3.]]
[-1.   3.   3.]
```

将解出来的每个特征向量组成一个矩阵，即为特征矩阵，这里假设为 $\boldsymbol{V}$。根据数学公式：$\boldsymbol{A} = \boldsymbol{V}\mathrm{diag}(\lambda)\boldsymbol{V} - 1$，可得到一个全新的矩阵 $\boldsymbol{A}$，这一系列的操作称为 $\boldsymbol{A}$ 的特征分解。

2.5 使用激活函数

在使用 TensorFlow 进行机器学习时，不仅要将样本的属性矩阵与参数矩阵进行线性代数运算，还需要激活函数的帮助将线性变换转换为非线性变换。因此，TensorFlow 提供了常见的几种激活函数。下面先解释什么是激活函数，再对几种激活函数进行介绍(详细的关于激活函数的理论，可参考本书第 10 章的相关内容，本节只涉及关于激活函数在 TensorFlow 中的实现问题)。

2.5.1 什么是激活函数

激活函数往往存在于神经网络中，它可以通过翻转特征空间，在其中寻找出线性的边界。

2.5.2 Sigmoid 函数

Sigmoid 是最常见的激活函数，该函数在定义域内处处可导。在数学上 Sigmoid 函数可以被称作 Logistic 函数，其表达公式为

$$S(x) = \frac{1}{1+\mathrm{e}^{-x}} \quad (\mathrm{e}^{-x}\text{ 也可写成 } \exp(-x))$$

在 TensorFlow 中可以直接调用 Sigmoid 函数进行计算。参考代码如下：

```
import tensorflow as tf
sess=tf.Session()
print(sess.run(tf.nn.sigmoid([-2., 0., 2.])))
```

输出结果如下：

```
[0.11920292      0.5       0.880797    ]
```

通过 Sigmoid 函数将一个值域在[-∞, +∞]区间的数组映射到了[0, 1]区间。

2.5.3 Tanh 函数

Tanh 函数是 Sigmoid 函数的一个变体，取值范围为[-1, 1]。通过 Tanh 函数对数据进行的改变是为了解决 Sigmoid 函数零中心的情况。其数学表达式为

$$\mathrm{Tanh}(x)=\frac{\mathrm{e}^{x}-\mathrm{e}^{-x}}{\mathrm{e}^{x}+\mathrm{e}^{-x}}$$

在 TensorFlow 中可以直接调用 Tanh 函数进行计算。参考代码如下：

```
import tensorflow as tf
sess=tf.Session()
print(sess.run(tf.nn.tan([-2., 0., 2.])))
```

输出结果如下：

```
[-0.9640276         0.        0.9640276]
```

通过 Tanh 函数将一个值域在[-∞, +∞]区间的数组映射到了[-1, 1]区间。

2.5.4 Relu 函数

Relu 函数用来和 0 比大小，如果 x 比 0 大，则输出 x；如果 x 比 0 小，则输出 0。Relu 函数方法的出现大大简化了计算，对加速网络计算具有巨大的作用。它的数学表达式为

$$f(x)=\max(0,\ x)$$

在 TensorFlow 中可直接调用 Relu 函数来进行计算，参考代码如下：

```
import tensorflow as tf
sess=tf.Session()
print(sess.run(tf.nn.relu([-2., 0., 2.])))
```

输出结果如下：

```
[0. 0. 2.]
```

通过 Relu 函数将一个值域在[-∞, +∞]区间的数组映射到了[0, +∞]区间。

2.5.5 Softplus 函数

Softplus 函数是一个平滑后的 Relu 函数，其数学表达式为

$$S(x)=\log(\mathrm{e}^{x}+1)$$

在 TensorFlow 中可直接调用 Softplus 函数。参考代码如下：

```
import tensorflow as tf
sess = tf.Session()
print(sess.run(tf.nn.softplus([-2., 0., 2.])))
```

输出结果如下：

```
[0.12692805    0.6931472    2.126928    ]
```

通过 Softplus 函数将一个值域在[-∞，+∞]区间的数组映射到了[0，+∞]区间，同时它的输出结果不像 Relu 函数那样突变，要比 Relu 函数更为平滑。

2.6 读取数据源

机器学习需要依赖前面的数据集来进行训练，本书中也会使用样本数据集来训练机器学习算法模型，本节将主要介绍如何通过 TensorFlow 和 Python 访问各种数据集。

2.6.1 通过 Excel 表导入数据集

通常情况下，原始数据已经整理到了 Excel 文件中，只需要将 Excel 表格中的数据直接导入到系统中来，再进行后续的工作。参考代码如下：

```
import pandas as pd
df=pd.read_excel("catering_sale.xls") #读取 Excel 文件，这里 catering_sale.xls 文件和程序存
                                       放在一个文件路径下，如果不在同一个文件路径下，
                                       则需将文件的相对路径写出来
```

2.6.2 通过 CSV 文件导入数据集

有些时候原始数据是整理到 CSV 文件中的，这时需要将 CSV 文件中的数据导入到系统中来，再进行后续的工作。参考代码如下：

```
import pandas as pd
df=pd.read_csv ("catering_sale.csv")    #读取 CSV 文件，这里 catering_sale.csv 文件和程序存
                                        #放在一个文件路径下，如果不在同一个文件路径下，
                                        #则需将文件的相对路径写出来
```

2.6.3 通过库中自带的数据集导入数据集

当然有些数据集是库中自带的，如鸢尾花中的数据集就是 sklearn 库中自带的，只需要对系统中的数据集进行整理即可。参考代码如下：

```
from sklearn.datasets import load_iris
import pandas as pd

iris=load_iris()
data=pd.DataFrame(iris.data,columns=['花瓣长度', '花瓣宽度', '花萼长度', '花萼宽度'])
data['类别']=iris.target
data.head()
```

2.6.4 导入图片数据集

有些数据集是以图片这种非结构型数据的方式存储的，其处理方式和之前的文件导入有所不同，可以参考 mnist 手写数字识别中的数据进行导入。参考代码如下：

```
from __future__ import division, print_function, absolute_import
import tensorflow as tf

#声明两个 placeholder，用于存储神经网络的输入，输入包括 image 和 label。这里加载的
 image 是(784,)的 shape
mnist=input_data.read_data_sets('MNIST_data/', one_hot=True)      #导入数据源
x=tf.placeholder(tf.float32, [None, 784])
y_=tf.placeholder(tf.float32, [None, 10])
```

2.6.5 将数据集通过 URL 自动进行下载

有些数据集是存放在某些链接中的，如果一条一条地下载速度太慢，可以通过一些脚本设置，使其从对应的 URL 中自动进行下载。参考代码如下：

```
import pandas as pd
import urllib.request
from hashlib import md5
#csv 代表逗号分隔视图，sep 代表遇 tab 分隔，conment 代表忽略“#”
data=pd.read_csv('http://www.cs.columbia.edu/CAVE/databases/pubfig/download/dev_urls.txt',
```

```
names=['person', 'imagenum', 'url', 'rect', 'md5sum'], sep='\t', comment='#')
    #指定对于 URL，使其自动进行下载
    data.head()

    '''for i, url in enumerate(data.url):
        filename='images/'+data.person[i]+'_'+str(data.imagenum[i])+'.jpg'
        print(filename)
        urllib.request.urlretrieve(url, filename)
        break'''

    for i, url in enumerate(data.url):
        filename='images/'+data.person[i]+'_'+str(data.imagenum[i])+'.jpg'
        #print(filename)

        try:
            resp=urllib.request.urlopen(url)
        except urllib.request.HTTPError as e:
            print(filename,' download error, code:', e.code)
            continue

        except urllib.request.URLError as e:
            print(filename,' connection refused')
            continue

        else:
            # 200
            file=resp.read()

            if md5(file).hexdigest()==data.md5sum[i]:
                with open(filename, 'wb') as output:
                  output.write(file)
                print('=======', filename,'saved !!')
            else:
                print(filename, 'md5 check failed, did not save the file')
```

新手问答

1. 如何选择激活函数？

激活函数的作用是帮助神经网络将一些噪音进行隔离，激活有用的信息，抑制无关的信息。用于分类器时，Sigmoid 函数或者 Tanh 函数通常效果比较好。而对于梯度消失问题，有时要避免使用 Sigmoid 函数和 Tanh 函数。Relu 函数是当前比较通用的激活函数，目前大多数情况下都使用的是这种函数，但仅限于在隐藏层中使用。

2. TensorFlow 中的变量和 Python 中的变量有何不同之处？

TensorFlow 中的变量是需要初始化和定义分开进行，而 Python 中的变量在定义的时候就直接初始化了。

牛刀小试

1. 案例任务

TensorFlow 在机器学习中主要应用于各种神经网络的搭建和训练。下面我们来尝试搭建一个最简单的神经网络。

2. 技术解析

(1) 一个基本的、完整的神经网络应该包含输入层、隐藏层和输出层，如图 2-11 所示。

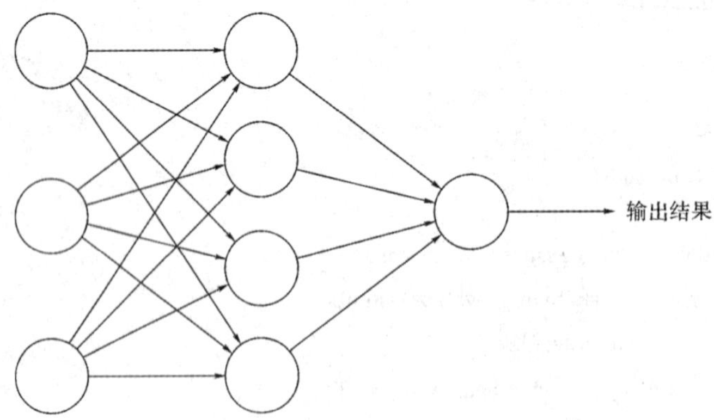

图 2-11　神经网络

(2) 注意要点：在创建神经网络时，需要构造一个通用的神经网络层。

操作步骤如下：

(1) 添加神经网络层。参考代码如下：

```
import tensorflow as tf
#构建一个神经网络层函数
def add_layer(input,in_size, out_size,activation_function=None):
    '''
    :param input:输入的个数
    :param in_size:输入的大小(上一层神经元的个数)
    :param out_size:输出的大小(本层神经元的个数)
    :param activation_function:激活函数(默认是没有的)
    :return:
    '''
    weight=tf.Variable(tf.random_normal([in_size,out_size]))    #权值的一个初始化，大小为
                                                                 in_size*out_size 的一个矩阵
    biases=tf.Variable(tf.zeros([1,out_size])+0.1)    #偏置初始化：大小与 out_size 一致(即本层
                                                       神经元的个数)
    W_mul_x_plus_b=tf.matmul(input,weight)+biases

    if activation_function==None:
        output=W_mul_x_plus_b
    else:
        output=activation_function(W_mul_x_plus_b)
    return output
```

(2) 导入数据。当神经网络函数构建完成后，就需要将输入的数据创建好，以便将该数据传入到神经网络中。参考代码如下：

```
#准备训练所需的数据
import numpy as np
x_data=np.linspace(-1,1,300)[:,np.newaxis]  # 创建一个数据的输入(从 －1 开始到 1，中间均匀取
                                              300 个数，而 np.newaxis 的作用是增加一列，即由
                                              原来的一维增加到二维)
noise=np.random.normal(0, 0.5, x_data.shape)
y_data=np.square(x_data)+1+noise            #创建输入数据对应的输出
```

(3) 搭建网络。准备好数据后，需要构建一个具体的网络，这里会涉及神经网络中所

包含的隐藏层和输出层。参考代码如下：

```
#定义占位符的数据格式
xs=tf.placeholder(tf.float32, [None, 1])
ys=tf.placeholder(tf.float32, [None, 1])
#定义一个隐藏层，含有 10 个单元
hidden_layer1=add_layer(xs, 1, 10, activation_function=tf.nn.relu)
#定义一个输出层，含有 1 个单元
prediction=add_layer(hidden_layer1,10,1,activation_function=None)
```

(4) 训练神经网络。对已经构建的网络和数据开始进行训练，并进行相关的初始化。参考代码如下：

```
#定义一个损失函数，该损失函数为输出层和输入层的加权平均
loss=tf.reduce_mean(tf.reduce_sum(tf.square(ys-prediction), reduction_indices=[1]))
#定义训练过程，按照梯度下降法使误差最小
train_step=tf.train.GradientDescentOptimizer(0.1).minimize(loss)

init=tf.global_variables_initializer()          #进行全局变量的初始化
sess=tf.Session()
sess.run(init)

for i in range(1000):
    sess.run(train_step,feed_dict={xs:x_data,ys:y_data})
    if i%100==0:
        print(sess.run(loss,feed_dict={xs:x_data,ys:y_data}))
sess.close()
```

输出结果如下：

```
0.68767875
0.24169579
0.23903479
0.23801778
0.23703985
0.23660365
0.23647667
```

```
0.23641202
0.23636444
0.2363162
```

(5) 结果可视化。上面的结果是通过数据的方式显示出来的，并不直观，如果需要更直观地得到结果，就需要借助于 matplotlib.pyplot 以图像的方式来展现程序结果。参考代码如下：

```
import matplotlib.pyplot as plt

fig = plt.figure()
ax = fig.add_subplot(1, 1, 1)
ax.scatter(x_data, y_data)
plt.ion()                                    #打开交互模式
plt.show()                                   #显示图片

#定义一个损失函数，该损失函数为输出层和输入层的加权平均
loss=tf.reduce_mean(tf.reduce_sum(tf.square(ys-prediction),reduction_indices=[1]))
#定义训练过程，按照梯度下降法使误差最小
train_step=tf.train.GradientDescentOptimizer(0.1).minimize(loss)

init=tf.global_variables_initializer()       #进行全局变量的初始化
sess=tf.Session()
sess.run(init)

for i in range(1000):
    sess.run(train_step,feed_dict={xs:x_data,ys:y_data})
    if i%100==0:
        try:
            ax.lines.remove(lines[0])
        except Exception:
            pass
        print(sess.run(loss,feed_dict={xs:x_data,ys:y_data}))
        #计算预测值
        prediction_value=sess.run(prediction,feed_dict={xs:x_data})
```

```
            #绘制预测值
            lines=ax.plot(x_data,prediction_value,'r-',lw=5)
            plt.pause(0.1)

    sess.close()
```

输出结果如图 2-12 所示。

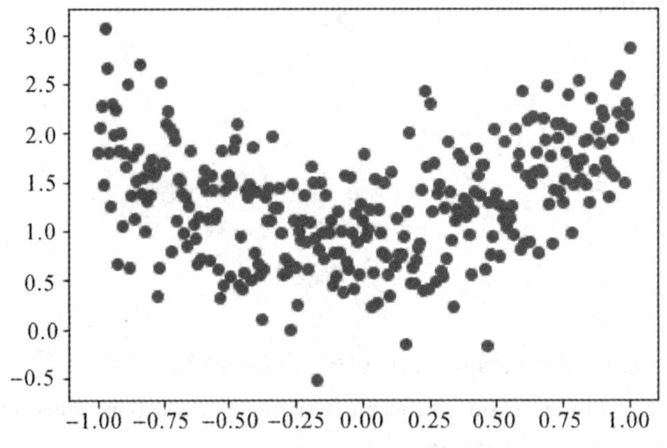

图 2-12 图形化数据显示

本章小结

本章主要介绍了机器学习的重要工具 TensorFlow，着重介绍了 TensorFlow 中计算图的基本概念，以及计算图的搭建和运算两个重要阶段；同时讲述了 TensorFlow 下常量、变量和占位符的使用以及常用矩阵的操作；介绍了在 TensorFlow 下如何使用机器学习中必不可少的激活函数。最后通过一个简单的神经网络的搭建，将所讲解的知识串联起来形成一套完整的解决方案。希望读者能将本章所学的内容应用起来。

第3章 数据分析基础

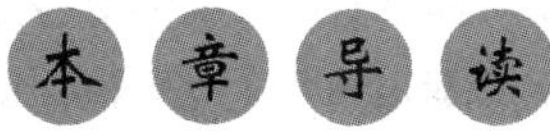

本章导读

机器学习是以数据为基础的，优良的数据是训练一个有效的机器学习模型的关键，而高效的数据处理工具则是构造一个有效数据集的关键。本章将讲述 Python 环境下目前比较流行的数据分析工具包 Numpy 和 Pandas 的基本使用，为后期的数据清洗和数据处理过程做准备。

知识要点

通过本章内容的学习，读者应了解和掌握以下知识技能：

- 什么是 Numpy 和 Pandas；
- Numpy 的数据结构 ndarray 的创建和运用；
- Pandas 的数据结构 Series 和 DataFrame 的创建和运用。

3.1 认识 Numpy 和 Pandas

Numpy 和 Pandas 是在 Python 语言环境下用以针对扩展数据分析及数据处理的工具包，是目前比较流行的数据分析和数据处理的工具包。下面介绍 Numpy 和 Pandas 这两个工具包的使用。

Numpy(Numerical Python)是 Python 环境下的数值计算工具包，它提供 ndarray 类用以支持多维数组对象的计算。它具有矢量运算能力，快速且能节省空间。Numpy 支持高维度大数组与矩阵运算，针对数组运算也提供了大量的数学函数库。

Pandas(Python Data Analysis Library)是基于 Numpy 的一种数据分析与处理工具。Pandas 纳入了大量的数据分析函数库和一些标准的数据模型，提供了高效的操作大型数据集所需的工具。除此之外，Pandas 还提供了大量的能快速、便捷地处理数据的函数和方法，这是 Python 成为强大而高效的数据分析环境的原因之一。

Pandas 这个名字的来源有很多种说法，作者比较认同的一种解释是，这个名字来源于 Pandas 中的三种主要的数据结构：Panel、DataFrame、Series。在这三种数据结构中，Series 定义了一维的数据；DataFrame 定义了二维的数据；Panel 是一个面板，定义的是 3D 容器。

从机器学习的定义中可以看出，机器学习和以往的模式识别不同，机器学习算法需要通过大量的数据来训练算法。但是，对于数据来说，数量并不是唯一重要的方面，数据质量也非常的重要。大型数据库中的数据一般不能直接馈送到学习算法中，这是因为原始的大型数据集中的数据容易出现缺失，且存在离群值、不正确的值等。在第 5 章中会讲到，如果数据出现大量的丢失值或很糟糕的值，训练出来的机器学习算法将无法达到很好的性能。因此，机器学习过程中首先应检查数据，通过一些基本的数据分析手段，确保这些数据适合后面的训练算法。Pandas 中的三种数据结构专门用于快速地进行数据分析和操作，使用起来也非常灵活、简单。也正是由于这些原因，Pandas 已经成为 Python 中最常用的数据分析工具。

3.2 Numpy 的基本使用

Numpy 提供了 Python 对多维数组对象的支持：通过 ndarray 数据结构存储多维数组。下面针对 ndarray 数据结构的创建和使用展开讲解。

3.2.1 创建 ndarray 数组

ndarray 数组是一个 N 维数组（矩阵）对象，它里面设置的所有元素必须是相同的类型。创建一个 ndarray 数组的示例代码如下：

```
import numpy as np


x=np.array([1, 2, 3, 4])


print(x)
print(type(x))
```

可以看出，上面的代码通过 x=np.array([1, 2, 3, 4])语句，定义了一个 ndarray 数组，数组中包含了 1，2，3，4 四个元素。最后通过 print 函数，可以看到变量 x 的实值和变量 x 的类型。输出结果如下：

```
[1 2 3 4]
<class 'numpy.ndarray'>
```

如果数组中的值为不相同的类型，则在 np.array 中将会按照某一种类型进行统一。参考代码如下：

```
import numpy as np
y=np.array([[1,2.,3],[4,5,6]])
print(y)
print(type(y))
```

可以看出，上面的代码段通过 y=np.array([[1, 2., 3], [4, 5, 6]])语句，定义了一个 ndarray 数组，数组中包含矩阵[1, 2., 3]和[4, 5, 6]，其中矩阵中有一个元素类型是“2.”浮点型。最后通过 print 函数，可以看到变量 y 的实值和变量 y 的类型。输出结果如下：

```
[[1. 2. 3.]
 [4. 5. 6.]]
<class 'numpy.ndarray'>
```

从结果可以看出，输入的元素只有一个为 float 型，其余为 int 型，所以输出元素的类型均为 float 型。也可以通过如下代码：

```
y.dtype
```

查阅参数 y 中所有元素的类型。结果如下所示：

```
dtype('float64')。
```

ndarray 所支持的系统自带元素类型如表 3-1 所示。

表 3-1 ndarray 所支持的系统自带元素类型

类 型	类型代码	说 明
int8、uint8	i1、u1	有符号和无符号的 8 位(1 个字节)整型
int16、uint16	i2、u2	有符号和无符号的 16 位(2 个字节)整型
int32、uint32	i4、u4	有符号和无符号的 32 位(4 个字节)整型
int64、uint64	i8、u8	有符号和无符号的 64 位(8 个字节)整型
float16	f2	半精度浮点数
float32	f4/f	标准的单精度浮点数
float64	f8/d	标准的双精度浮点数
float128	f16/g	扩展精度浮点数
complex64、complex128、complex256	c8、c16、c32	分别用 2 个 32 位、64 位或 128 位浮点数表示的复数
bool	?	存储值为 True 和 False 的布尔类型
object	O	Python 对象类型
string_	S	固定长度的字符串类型(每个字符 1 个字节)
unicode_	U	固定长度的 unicode 类型(字节数由平台决定)

Python 之所以受欢迎，一是因为它的语法比较简单，上手比较快，另一个原因是它比较灵活。Numpy 继承了 Python 语言的特点。除表 3-1 总结出来的系统自带的类型外，ndarray 还支持自定义的数据类型，类似于 C 语言的结构体，可以通过 numpy.dtype 函数自定义数据类型。参考代码如下：

```
import numpy as np
x=np.array([1, 2, 3, 4])
print(x)
print(type(x))
z=np.array(x, dtype='float16')
print(z)
```

从以上代码可以看到，参数 x 的数据类型是整型，经过自定义函数的改变后，新的参数 z 的数据类型变成了浮点型。结果显示如下：

```
[1 2 3 4]
<class 'numpy.ndarray'>
[1. 2. 3. 4.]
<class 'numpy.ndarray'>
```

3.2.2 运用 ndarray 数组

ndarray 数组是一个多维数组，多维数组中的维度称为“轴”(axis)，数组的 ndim 属性可以用来访问其维度，而 shape 属性可以用来访问维度以及每一个维度所对应的长度。例如，一个 2 维 2 行 4 列的矩阵，其 shape 属性的结果就是(2，2，4)。参考代码如下：

```
x=np.array([[[1, 2, 3, 4], [1, 2, 3, 4]], [[1, 2, 3, 4], [1, 2, 3, 4]]])


print(x.ndim)
print(x.shape)
```

上面的代码中，参数 x 是一个 2 维 2 行 4 列的数组，则其 ndim 属性值为 2。程序运行结果如下：

```
3
(2, 2, 4)
```

对于定义的经过初始化的多维数组，可以通过 reshape 函数改变它的维度。参考代码如下：

```
x=np.arange(15).reshape(3, 5)
print(x)
```

上面的代码是随机产生 15 个数字形成一维数组，并通过 reshape 函数，将这 15 个数字变成 3 行 5 列的多维矩阵。输出结果如下：

```
[[ 0  1  2  3  4]
 [ 5  6  7  8  9]
 [10 11 12 13 14]]
```

1. ndarray 的算术运算

ndarray 数组的使用非常灵活，不需要循环就可以对列表里的元素执行算术运算，其语法和对标量元素的操作一样。代码参考如下：

(1) 与常数相乘。

```
x=np.arange(10).reshape(2, 5)
```

```
print(x*2)
```

以上代码自动地对参数 x 中的每个元素都乘以 2，输出结果如下：

```
array([[ 0,  2,  4,  6,  8],
       [10, 12, 14, 16, 18]])
```

(2) 进行幂次运算。

```
print(x**.5)
```

以上代码自动地对参数 x 中的每个元素都乘以 0.5 次幂，输出结果如下：

```
array([[0.        , 1.        , 1.41421356, 1.73205081, 2.        ],
       [2.23606798, 2.44948974, 2.64575131, 2.82842712, 3.        ]])
```

(3) 与字符串进行运算。

```
print(x+169000901)
```

以上代码自动地对参数 x 中的每个元素都与字符串“169000901”相加，输出结果如下：

```
array([[169000901, 169000902, 169000903, 169000904, 169000905],
       [169000906, 169000907, 169000908, 169000909, 169000910]])
```

(4) 两个变量进行运算。

```
print(x+x)
print(x+=2*x)
```

以上代码自动地对两个变量的数据相加，输出结果如下：

```
array([[169000901, 169000902, 169000903, 169000904, 169000905],
       [169000906, 169000907, 169000908, 169000909, 169000910]])
array([[ 0,  3,  6,  9, 12],
       [15, 18, 21, 24, 27]])
```

小贴士

两个 ndarray 之间的算术运算需要这两个 ndarray 的 shape 相同，所以 x*x 不是矩阵运算，矩阵运算要使用 ndarray 的乘积函数。

2. ndarray 的切片

切片(slice)是指从数据的位置中找出符合对应位置的数据。在进行切片时，通常需要为数组的每个维度指定一个切片位置，每个维度之间用逗号分隔，如果没有逗号，则表示只在第一维上进行切片。可通过以下代码来理解切片的原理：

```
import numpy as np
arr2d=np.arange(1, 24, 2).reshape(3, 4)
print(arr2d[:2], '\n')
```

由于 arr2d[:2]中间没有“，”，因此只在一维上进行切片。又由于“：”前面没有值，因此默认从“0”开始。由于切片是个半包空间，不包含“2”，截至到“1”，因此切片应该是从 0 行开始到 1 行。结果显示如下：

```
[[ 1  3  5  7]
 [ 9 11 13 15]]
```

小贴士

注意：切片返回的数组只是原数组的一个“窗口”，修改切片会同时修改原数组，这是因为 Numpy 是为大数据处理而设计的，为了效率不能把切片的数据拷贝出来。

为了更好地巩固对 Numpy 的学习，现在通过一个案例来对 Numpy 进行一个综合的练习。利用随机数数组，生成抢红包的算法，假设在 49 个人的班级群里有人发了 100 元的红包，每个人可以抢到多少红包？

首先通过一个随机数数组生成 49 个随机数，可以通过 random.rand 函数来实现。代码如下：

```
import numpy as np
a=np.random.rand(49)
print(a)
```

由于要生成在 100 以内的 49 个随机数，因此需要将生成的随机数按照比例随机到 100 以内。参考代码如下：

```
redPocket[:-1]=100-sumcredpocket[:-1]
print(redPocket)
```

从随机数的比例来看，所有数加起来的总和有可能会大于 100 或者小于 100，所以需要对最后一位数进行修正，不管前面的数怎么分布，最后一位数总是等于 100 减去前面所有数据之和。代码如下：

```
redPocket[-1]=100-sum(redPocket[=-1])
print(redPocket)
```

结果显示如下：

```
[1.6   3.69 1.41 3.12 3.54 0.87 1.69 3.17 3.52 0.03 3.78 0.71 2.42 2.74
 0.    3.75 2.95 2.8   2.27 2.66 0.56 1.29 1.37 3.15 2.91 2.44 3.3   2.89
 1.48 0.27 1.34 3.88 0.03 0.28 2.73 1.34 3.05 1.69 0.06 2.64 0.96 3.76
 1.47 1.01 3.83 0.44 2.17 2.7   0.24]
```

这时，redPocket 里面存放的就是随机分布到 49 个总金额为 100 的随机数。但这种不是很直观，无法查询到随机数的具体分布数值。由于 Numpy 的 ndarray 没有定义索引，因此没有办法直接对数据进行访问，可以再生成一个数列与随机矩阵对应起来，参考代码如下：

```
IDs=np.arange(1,50)+169000700
IDs
```

结果显示如下：

```
array([169000701, 169000702, 169000703, 169000704, 169000705, 169000706,
       169000707, 169000708, 169000709, 169000710, 169000711, 169000712,
       169000713, 169000714, 169000715, 169000716, 169000717, 169000718,
       169000719, 169000720, 169000721, 169000722, 169000723, 169000724,
       169000725, 169000726, 169000727, 169000728, 169000729, 169000730,
       169000731, 169000732, 169000733, 169000734, 169000735, 169000736,
       169000737, 169000738, 169000739, 169000740, 169000741, 169000742,
       169000743, 169000744, 169000745, 169000746, 169000747, 169000748,
       169000749])
```

生成了一个与随机数列一一对应的学号数列，通过如下代码将两个数列对应起来：

```
redPocket[IDs==169000737]
```

则可以显示学号“169000737”对应的随机红包数量。结果显示如下：

```
array([3.05])
```

3.3 Pandas 的基本使用

Pandas 的三种数据结构分别是 Panel、Series、DataFrame，由于 Panel 的使用并不广泛，因此本书将不对此数据结构进行详细的讲解。下面介绍 Series 数据结构和 Data Frame 数据结构。

3.3.1 Series 数据结构

1. 创建 Series 数据结构

Pandas 中的 Series 数据结构是一个像数组一样的一维对象，可以存储很多类型的数据，如数字或字符串。同 ndarray 不一样，Series 可以为其元素分配索引标签，这个标签是自带的，而 ndarray 没有自带的标签属性。除此以外，它们之间还有一个比较明显的区别：Series 可以存储不同类型的数据，而 ndarray 只能存储相同类型的数据。可通过以下代码来具体了解一下 Series 的结构。

```
import pandas as pd
score=pd.Series([65, 77, 82, 48, 90])
score
```

以上代码定义了一个 Series 的结构并将数据存放在 score 参数中，其中存放的是数据列，从类型上来看，这个数据列中的元素都是 int 型。从运行结果可以看出，Series 数据列会自动地为每一个元素分配一个从“0”开始的索引。结果如下：

```
0    65
1    77
2    82
3    48
4    90
```

当然，如果认为自动生成的索引的识别度不高，则可以自定义索引标签，代码如下：

```
score=pd.Series([65, 77, 82, 48, 90], index=['张三', '李四', '王五', '赵六', '孙七'])
print(score)
```

在定义 Series 数据结构的同时，通过 index 来自定义索引。结果显示：

```
张三    65
李四    77
王五    82
赵六    48
孙七    90
```

这时，从结果上来看，Series 就像一个有序的字典。当然，也可以用一个字典来初始化一个 Series，代码如下：

```
sdata={'ohio':3500, 'Texas':7100, 'oregon':1600, 'utah':500}
```

```
pd.Series(sdata)
ohio        3500
Texas       7100
oregon      1600
utah         500
```

Series 数据结构下的值是一个 Numpy 的一维数组。Series 的标签是一个 index 对象，该对象可以转换成 list，或者 Numpy 的 ndarray。

2. 访问 Series 的元素

Series 可以同时使用下标和标签两种方式进行访问，可参考如下代码：

```
score=pd.Series([65, 77, 82, 48, 90], index=['张三', '李四', '王五', '赵六',' 孙七'])
for a in score:
    print(a)
```

上面的代码段分别定义了 Series 中的 index 和数值，与字典的定义不同，通过参数 a 进行访问时遍历的是 Series 中的一维数组的值，此时标签不起作用。结果显示如下：

```
65
77
82
48
90
```

从上面的代码可以看出，对于 Series 元素的访问仍然可以使用下标和切片。参考代码如下：

```
score[1]
score[1:]
```

代码结果显示如下：

```
77


李四    77
王五    82
赵六    48
孙七    90
dtype: int64
```

除此以外，还可以通过标签来进行访问，也可以进行切片式的访问，参考代码如下：

```
score['李四']
score['李四':]
```

代码结果显示如下：

```
77


李四      77
王五      82
赵六      48
孙七      90
dtype: int64
```

还可以使用下标数组和标签数组筛选需要的数据的方式来进行访问，参考代码如下：

```
score[[1, 3]]
score[['张三', '赵六']]
```

代码结果显示如下：

```
李四      77
赵六      48
dtype: int64


张三      65
赵六      48
dtype: int64
```

 小贴士

注意：Numpy 的 ndarray 也支持使用下标数组进行筛选。

回顾前面发红包的例子，使用 Series 的索引后，利用学号查看发了多少红包就变得非常容易了。参考代码如下：

```
Import numpy as np
a=np.random.rand(37)
redPocket=pd.Series(np.round(a/sum(a) * 100, 2), index=np.arange(169001101, 169001138))
```

```
redPocket[-1:]=100-sum(redPocket[:-1])
print("169001137 的红包是：{:.2f}".format(redPocket[169001137]))
```

从代码中可以看出，在进行 Series 定义时可以直接将学号和值定义出来。结果显示如下：

```
169001137 的红包是：2.47
```

3.3.2　DataFrame 数据结构

DataFrame 数据结构跟常见的 Excel 表格极为相似。其设计者的初衷是为了将 Series 的使用场景从一维的扩展到多维的。DataFrame 由按一定顺序排列的多列数据组成，各列的数据类型可以有所不同。

1. DataFrame 数据结构的创建

Series 对象的 index 数组存放有每一个元素的标签，而 DataFrame 对象则有所不同，它有两个索引数组，第一个数组与行相关，它与 Series 的索引数组极为相似，每个标签与标签所在行的所有元素相关联；第二个数组包含一系列列标签，每个标签与一列数据相关联。

DataFrame 数据结构可以理解为一个由 Series 组成的字典，其中每一列的名称为字典的键，形成 DataFrame 的列的 Series 作为字典的值。

创建 DataFrame 的方式有很多种，这里列举两种情况，参考代码如下：

```
import numpy as np
import padas as pd
df = pd.DataFrame(np.random.randn(4, 5), columns=['A', 'B', 'C', 'D', 'E'], index=range(1, 5))
df
```

上面的代码创建了一个 4 行 5 列的随机数 DataFrame，每一列分别以 'A', 'B', 'C', 'D', 'E' 进行命名，结果显示如图 3-1 所示。

	A	B	C	D	E
1	-0.775841	-0.310127	1.427687	-0.186459	-0.017099
2	-0.288149	0.586719	1.078658	-2.479132	-0.658603
3	-0.472159	-0.486247	-0.233878	-0.504850	-0.714607
4	-0.121236	1.309616	1.337993	0.191250	0.669612

图 3-1　4 行 5 列的随机数 DataFrame 结果显示

另一种是通过字典的方式来进行创建，参考代码如下：

```
import pandas as pd
student = {
    '名字':['张三', '李四', '王五', '赵六', '孙七'],
    '成绩':[60, 75, 82, 50, 90],
    'ID':['169001101', '169001102', '169001103', '169001104', '169001105']
}
df = pd.DataFrame(student)
df
```

上面代码通过字典的方式创建了一个 5 行 3 列的 DataFrame，每一列分别以 '名字'、'成绩'、'ID' 命名，结果显示如图 3-2 所示。

	名字	成绩	ID
0	张三	60	169001101
1	李四	75	169001102
2	王五	82	169001103
3	赵六	50	169001104
4	孙七	90	169001105

图 3-2　通过字典创建 DataFrame 的结果显示

2. DataFrame 数据结构的访问

要访问 DataFrame，需要先使用列的名称，类似图 3-2 所示通过名字、成绩和 ID，得到该列对应的 Series 对象，然后使用下标或者标签访问 Series 中的元素。参考代码如下：

```
df['名字']
```

在图 3-2 显示的所创建的 DataFrame 中，通过上述代码可以访问到列名为“名字”的所有 Series 对象。结果显示如下：

```
0    张三
1    李四
2    王五
3    赵六
4    孙七
```

如果希望更加准确地定位到某一行具体的数据，则可以在上述代码的基础上指定出下标，参考代码如下：

```
df['名字'][1]
```

结果显示如下：

```
'李四'
```

也可以进行多列或者多行的选择，具体见下。

1) 多列的选取

多列选取的参考代码如下：

```
df[['名字', '成绩']]
```

上述代码可以显示“名字”和“成绩”两列的所有数据，结果显示如图 3-3 所示。

	名字	成绩
0	张三	60
1	李四	75
2	王五	82
3	赵六	50
4	孙七	90

图 3-3　多列显示结果

2) 多行的选取

(1) 选取头几行的数据，参考代码如下：

```
df.head(2)    #前 2 行，若没有参数，则默认前 5 行
```

结果显示如图 3-4 所示。

(2) 选取后几行的数据，参考代码如下：

```
df.tail(2)    #最后 2 行，若没有参数，则默认最后 5 行
```

结果显示如图 3-5 所示。

	名字	成绩	ID
0	张三	60	169001101
1	李四	75	169001102

图 3-4　前 2 行数据的选取

	名字	成绩	ID
3	赵六	50	169001104
4	孙七	90	169001105

图 3-5　后 2 行数据的选取

(3) 随机选取几行的数据，参考代码如下：

```
df.sample(2)  #随机选取 2 行
```

结果显示如图 3-6 所示。

3) 切片选择行数

也可以通过切片的方式选择行数，参考代码如下：

```
df[['名字', '成绩']][3:5]      #用切片选择某些行
```

结果显示如图 3-7 所示。

	名字	成绩
3	赵六	50
4	孙七	90

图 3-6　随机选取 2 行的结果

	名字	成绩
3	赵六	50
4	孙七	90

图 3-7　切片的方式选取数据的结果

4) 按条件筛选

也可以按照满足某个条件的方式来展示数据，参考代码如下：

```
df[df.成绩>=60]
```

结果显示如图 3-8 所示。

3. DataFrame 数据结构的运用

DataFrame 数据结构的方便之处除了体现在对数据的访问上，还体现在对数据的增加、删除、修改、排序等运用上。

1) 增加数据

增加数据包含增加列、增加行。

(1) 增加列的方式有很多种，可以直接逐行进行增加，参考代码如下：

```
df['性别']=pd.Series(['男','女','男','男','女'])   #添加列，必须要和原来的数据行数相同
df
```

这种方式插入的数据比较自由，数据可以不相同，结果显示如图 3-9 所示。

	名字	成绩	ID
0	张三	60	169001101
1	李四	75	169001102
2	王五	82	169001103
4	孙七	90	169001105

图 3-8　按照某个条件选取数据的结果

	名字	成绩	ID	性别
0	张三	60	169001101	男
1	李四	75	169001102	女
2	王五	82	169001103	男
3	赵六	50	169001104	男
4	孙七	90	169001105	女

图 3-9　增加对应列数据显示结果

也可以统一插入一列相同的数据，参考代码如下：

```
df['班级']=1690011    #同算术运算一样，会自动广播到各行
Df
```

结果显示如图 3-10 所示。

	名字	成绩	ID	性别	班级
0	张三	60	169001101	男	1690011
1	李四	75	169001102	女	1690011
2	王五	82	169001103	男	1690011
3	赵六	50	169001104	男	1690011
4	孙七	90	169001105	女	1690011

图 3-10　增加一列相同数据显示结果

也可以根据满足某项条件的函数来插入数据，参考代码如下：

```
df['及格']=df['成绩'].map(lambda x: '通过' if x>=60 else '挂科')    #强大的 map 函数，按条件添
                                                                   #加新的行
df
```

通过 map()函数来约定满足条件的数据，结果显示如图 3-11 所示。

	名字	成绩	ID	性别	班级	及格
0	张三	60	169001101	男	1690011	通过
1	李四	75	169001102	女	1690011	通过
2	王五	82	169001103	男	1690011	通过
3	赵六	50	169001104	男	1690011	挂科
4	孙七	90	169001105	女	1690011	通过

图 3-11　通过满足某些条件插入列数据显示结果

(2) 增加行数据。可以直接追加行数据，参考代码如下：

```
df.append(pd.DataFrame([{'名字':'吴八', '成绩':45, 'ID':'169001106', '班级':1690011, '性别':'女',' 及
格':'挂科'}], index=[5]), sort=False, ignore_index =True)
```

由以上代码可知，添加行就是追加一个相同结构的 DataFrame，结果显示如图 3-12 所示。

	名字	成绩	ID	性别	班级	及格
0	张三	60	169001101	男	1690011	通过
1	李四	75	169001102	女	1690011	通过
2	王五	82	169001103	男	1690011	通过
3	赵六	50	169001104	男	1690011	挂科
4	孙七	90	169001105	女	1690011	通过
5	吴八	45	169001106	女	1690011	挂科

图 3-12　直接增加行数据

2) 删除数据

删除数据包含删除行和删除列，且都使用 drop()函数进行删除，参考代码如下：

```
df.drop([6],inplacc=True)                          #默认删除的是行
```

上面的代码指名删除第 6 行数据，结果显示如图 3-13 所示。

	名字	成绩	ID	性别	班级	及格
0	张三	60	169001101	男	1690011	通过
1	李四	75	169001102	女	1690011	通过
2	王五	82	169001103	男	1690011	通过
3	赵六	50	169001104	男	1690011	挂科
4	孙七	90	169001105	女	1690011	通过

图 3-13 删除行显示结果

如果要删除列数据，只需增加参数 axis=1 即可，参考代码如下：

```
df.drop(['名字'],axis=1)              #删除列
```

结果显示如图 3-14 所示。

	成绩	ID	性别	班级	及格
0	60	169001101	男	1690011	通过
1	75	169001102	女	1690011	通过
2	82	169001103	男	1690011	通过
3	50	169001104	男	1690011	挂科
4	90	169001105	女	1690011	通过

图 3-14　删除列数据显示结果

3) 修改标签

可以通过 rename()函数来修改标签，参考代码如下：

```
df.rename(columns={'ID':'学号'}, inplace=True)        #修改列标签
df
```

可以通过定义参数 columns 的内容来修改列标签，以上代码将列为“ID”的标签数据更改为列为“学号”的标签数据，结果显示如图 3-15 所示。

	名字	成绩	学号	性别	班级	及格
0	张三	60	169001101	男	1690011	通过
1	李四	75	169001102	女	1690011	通过
2	王五	82	169001103	男	1690011	通过
3	赵六	50	169001104	男	1690011	挂科
4	孙七	90	169001105	女	1690011	通过

图 3-15　修改列标签数据显示结果

可以通过定义参数 index 的内容来修改行标签，参考代码如下：

```
df.rename(index={4:5})
```

上述代码将行标签为“4”的数据更改成标签为“5”的数据，结果显示如图 3-16 所示。

	名字	成绩	学号	性别	班级	及格
0	张三	60	169001101	男	1690011	通过
1	李四	75	169001102	女	1690011	通过
2	王五	82	169001103	男	1690011	通过
3	赵六	50	169001104	男	1690011	挂科
5	孙七	90	169001105	女	1690011	通过

图 3-16　修改行标签数据显示结果

小贴士

注意：修改行标签时若没有使用 inplace 参数，则不会修改原 DataFrame。

除此以外，还可以直接将某一列的值设为行标签数据，参考代码如下：

```
df.set_index('名字', inplace=True)        #将某一列的值设为行标签
df
```

结果显示如图 3-17 所示。

	成绩	学号	性别	班级	及格
名字					
张三	60	169001101	男	1690011	通过
李四	75	169001102	女	1690011	通过
王五	82	169001103	男	1690011	通过
赵六	50	169001104	男	1690011	挂科
孙七	90	169001105	女	1690011	通过

图 3-17　将列标签数据修改为行标签数据的显示结果

4) 排序、分组

可以通过 sort_values()函数对某列进行分组，参考代码如下：

```
df.sort_values('成绩')
```

该代码默认由低到高进行排序，结果显示如图 3-18 所示。

	成绩	学号	性别	班级	及格
名字					
赵六	50	169001104	男	1690011	挂科
张三	60	169001101	男	1690011	通过
李四	75	169001102	女	1690011	通过
王五	82	169001103	男	1690011	通过
孙七	90	169001105	女	1690011	通过

图 3-18　列排序结果显示

也可以进行分组，这里的分组和数据库中分组的概念是一样的，因此不再进行详细的讲解。现介绍分组函数 groupby()，参考代码如下：

```
df.groupby('及格')['成绩'].mean()
```

以上代码按照成绩进行分组，分为“挂科”和“通过”两组，再分别对这两组进行求平均，结果显示如下：

```
及格
挂科    47.50
通过    76.75
```

新手问答

1. Numpy 和 Pandas 的区别是什么？

Numpy 是用来处理数值计算的扩展包，它能高效地处理 N 维数组、复杂函数、线性代数，具有矢量运算能力，快速且节省空间。Numpy 还提供了大量的数学计算函数。

Pandas 是用来处理数据分析的扩展包，该工具是为了解决数据分析任务而创建的。它提供了大量的操作数据集所需的函数工具。

2. list、ndarray 和 Series 以及 DataFrame 的区别是什么？

Python 原生的数组 list 和 Numpy 引入的 ndarray，以及 Pandas 的 Series/DataFrame 都是数组。原生的 list 具备了 Python 语言的灵活性，可以在一个数组里存储不同类型的元素，如 a=[1, 'ABC', 3.14, True]；Numpy 库的主要用途是数值计算，为了追求效率，一个 ndarray 里只能存储一种类型的数据，如使用代码 b=np.array(a)就可将 list a 中 4 种不同类型的元素统一转化为字符型(array(['1', 'ABC', '3.14', 'True'], dtype='<U11'))；Pandas 作为数据分析的库，是 list 和 ndarray 的一种折中，一个 Series 只支持一种元素类型，但是它支持对象(object)类型，在这种类型下可以存储不同的对象，这点和 list 又非常相似；而一个 DataFrame 可以看作是多个 Series 的集合，每个 Series 的类型可以是不同的，这样 Pandas 就可以快速地处理不同类型的数据的集合。

牛刀小试

1. 案例任务

通过 Numpy 和 Pandas 尝试分析“世界杯”数据集：

(1) 统计这个数据集中总共有哪些队伍？主队有多少支？客队有多少支？

(2) 如何找到那些只属于主队或者只属于客队的队伍？

2. 技术解析

(1) 简单清理一些脏数据以及无效的数据列表。

(2) 通过 Pandas 的相关统计函数辅助进行统计。

3. 操作步骤

(1) 导入数据集。参考代码如下：

```
import pandas as pd
worldcupDF=pd.read_csv("WorldCupMatches.csv")
worldcupDF.head()
```

该代码会导入数据集中所包含的比赛时间 'Year'、所在分组 'Stage'、主队名称 'Home Team Name'、主队得分 'Home Team Goals'、客队名称 'Away Team Name'、客队得分 'Away Team Goals'、半场主队得分 'Half-time Home Goals'、半场客队得分 'Half-time Away Goals'，结果显示如图 3-19 所示。

	Year	Stage	Home Team Name	Home Team Goals	Away Team Goals	Away Team Name	Half-time Home Goals	Half-time Away Goals
0	1930.0	Group 1	France	4.0	1.0	Mexico	3.0	0.0
1	1930.0	Group 4	USA	3.0	0.0	Belgium	2.0	0.0
2	1930.0	Group 2	Yugoslavia	2.0	1.0	Brazil	2.0	0.0
3	1930.0	Group 3	Romania	3.0	1.0	Peru	1.0	0.0
4	1930.0	Group 1	Argentina	1.0	0.0	France	0.0	0.0

图 3-19　数据集的结果展示

(2) 简单清洗数据集。首先查看数据集的基本信息，参考代码如下：

```
worldcupDF.shape
```

结果显示如下：

```
(4572, 20)
```

然后查看前 5 行数据，参考代码如下：

```
worldcupDF.head()
```

结果显示如图 3-20 所示。

	Year	Datetime	Stage	Stadium	City	Home Team Name	Home Team Goals	Away Team Goals	Away Team Name	Win conditions	Attendance	Half-time Home Goals	Half-time Away Goals	Referee	Assistant 1	Assista
0	1930.0	13 Jul 1930 - 15:00	Group 1	Pocitos	Montevideo	France	4.0	1.0	Mexico		4444.0	3.0	0.0	LOMBARDI Domingo (URU)	CRISTOPHE Henry (BEL)	RE Gilb (B
1	1930.0	13 Jul 1930 - 15:00	Group 4	Parque Central	Montevideo	USA	3.0	0.0	Belgium		18346.0	2.0	0.0	MACIAS Jose (ARG)	MATEUCCI Francisco (URU)	WARNI Alberto (
2	1930.0	14 Jul 1930 - 12:45	Group 2	Parque Central	Montevideo	Yugoslavia	2.0	1.0	Brazil		24059.0	2.0	0.0	TEJADA Anibal (URU)	VALLARINO Ricardo (URU)	BALV Tho (F
3	1930.0	14 Jul 1930 - 14:50	Group 3	Pocitos	Montevideo	Romania	3.0	1.0	Peru		2549.0	1.0	0.0	WARNKEN Alberto (CHI)	LANGENUS Jean (BEL)	MATEU Franc (U
4	1930.0	15 Jul 1930 - 16:00	Group 1	Parque Central	Montevideo	Argentina	1.0	0.0	France		23409.0	0.0	0.0	REGO Gilberto (BRA)	SAUCEDO Ulises (BOL)	RADULES Consta (R

图 3-20　前 5 行数据展示结果

最后查看后 5 行数据，参考代码如下：

```
worldcupDF.head()
```

结果显示如图 3-21 所示。

	Year	Datetime	Stage	Stadium	City	Home Team Name	Home Team Goals	Away Team Goals	Away Team Name	Win conditions	Attendance	Half-time Home Goals	Half-time Away Goals	Referee	Assistant 1	Assistant 2	RoundID	Mat
4567	NaN	NaN	NaN	NaN	NaN	NaN	NaN	NaN	NaN	NaN	NaN	NaN	NaN	NaN	NaN	NaN	NaN	
4568	NaN	NaN	NaN	NaN	NaN	NaN	NaN	NaN	NaN	NaN	NaN	NaN	NaN	NaN	NaN	NaN	NaN	
4569	NaN	NaN	NaN	NaN	NaN	NaN	NaN	NaN	NaN	NaN	NaN	NaN	NaN	NaN	NaN	NaN	NaN	
4570	NaN	NaN	NaN	NaN	NaN	NaN	NaN	NaN	NaN	NaN	NaN	NaN	NaN	NaN	NaN	NaN	NaN	
4571	NaN	NaN	NaN	NaN	NaN	NaN	NaN	NaN	NaN	NaN	NaN	NaN	NaN	NaN	NaN	NaN	NaN	

图 3-21　后 5 行数据展示结果

可以发现，数据集中包含了很多空数据，删除这些空数据的参考代码如下：

```
df=worldcupDF.dropna()
```

显示结果如图 3-22 所示。

	Year	Datetime	Stage	Stadium	City	Home Team Name	Home Team Goals	Away Team Goals	Away Team Name	Win conditions	Attendance	Half-time Home Goals	Half-time Away Goals	Referee
0	1930.0	13 Jul 1930 - 15:00	Group 1	Pocitos	Montevideo	France	4.0	1.0	Mexico		4444.0	3.0	0.0	LOMBARDI Domingo (URU)
1	1930.0	13 Jul 1930 - 15:00	Group 4	Parque Central	Montevideo	USA	3.0	0.0	Belgium		18346.0	2.0	0.0	MACIAS Jose (ARG)
2	1930.0	14 Jul 1930 - 12:45	Group 2	Parque Central	Montevideo	Yugoslavia	2.0	1.0	Brazil		24059.0	2.0	0.0	TEJADA Anibal (URU)
3	1930.0	14 Jul 1930 - 14:50	Group 3	Pocitos	Montevideo	Romania	3.0	1.0	Peru		2549.0	1.0	0.0	WARNKEN Alberto (CHI)
		15 Jul												REGO

图 3-22　删除的数据展示结果

将无关的数据列进行删除，保留 'Year'，'Stage'，'Home Team Name'，'Home Team Goals', 'Away Team Goals', 'Away Team Name'，'Half-time Home Goals'，'Half-time Away Goals'属性列，参考代码如下：

```
    df=worldcupDF.dropna()[['Year','Stage','Home Team Name','Home Team Goals', 'Away Team Goals',
'Away Team Name','Half-time Home Goals',
               'Half-time Away Goals']]
    print(df.shape)
    df.head()
```

结果显示如图 3-23 所示。

	Year	Stage	Home Team Name	Home Team Goals	Away Team Goals	Away Team Name	Half-time Home Goals	Half-time Away Goals
0	1930.0	Group 1	France	4.0	1.0	Mexico	3.0	0.0
1	1930.0	Group 4	USA	3.0	0.0	Belgium	2.0	0.0
2	1930.0	Group 2	Yugoslavia	2.0	1.0	Brazil	2.0	0.0
3	1930.0	Group 3	Romania	3.0	1.0	Peru	1.0	0.0
4	1930.0	Group 1	Argentina	1.0	0.0	France	0.0	0.0

图 3-23　删除后所留下的属性列

通过统计函数，统计主队有多少支，参考代码如下：

```
df['Home Team Name'].unique()
df['Home Team Name'].unique().size
```

结果显示如下：

```
78
```

统计客队有多少支，参考代码如下：

```
df[' Away Team Name'].unique().size
```

结果显示如下：

```
83
```

本章小结

本章主要介绍了数据分析的工具包 Numpy 和 Pandas。应重点掌握 Numpy 中的数据结构 ndarray 的创建和使用，以及 Pandas 下的数据结构 Series 和 DataFrame 的创建、访问、操作。

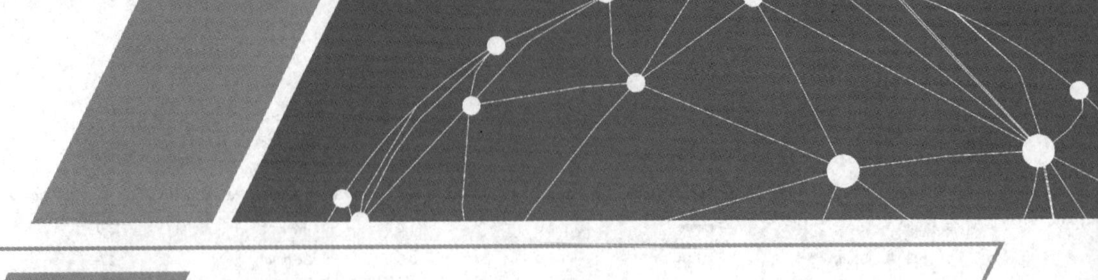

第4章 模型的评价与评估

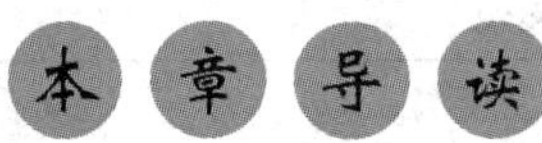

本章导读

通过前三章的学习，读者已经建立了机器学习的基本概念，即自动化地通过以往的知识、数据、模型学习其特征，形成新的函数映射关系(即模型)的过程。在本章中将会介绍到，如何衡量机器学习的过程，完成建立机器学习模型的评价指标。

知识要点

通过本章内容的学习，读者应了解和掌握以下知识：

- 机器学习模型中损失函数的概念；
- 创建模型中经常出现的问题；
- 模型评估的方法；
- 模型性能的度量内容；
- 比较检验的评估方法；
- 偏差与方差的评估方法。

由机器学习的概念可知，机器学习就是通过原始数据、以前的模型、以前的知识训练出模型的过程，所以机器学习的目标是训练出的模型。相同的数据，可以训练出多个不同的模型，而如何确定哪个模型是最好的，如何比较模型与模型之间的好与不好，这些将在本章中展开探讨。

4.1 损失函数

损失函数(Loss Function)又称为代价函数(Cost Function)，是将随机事件或有关随机变量的取值映射为非负实数，以表示该随机事件的“风险”或“损失”的函数。机器学习的问题通常被定义为通过原始数据、原始模型、原始知识求解出损失函数最小以及模型最优化的问题。损失函数最终被作为模型建立的学习准则和优化问题，通常将损失函数用来判断模型预测出来的结果与实际数据的差距程度。在本书后面的学习中，会根据不同的模型学习建立不同的损失函数，现以线性回归模型为例子，让读者对损失函数有一个概念性的了解，如图 4-1 所示。

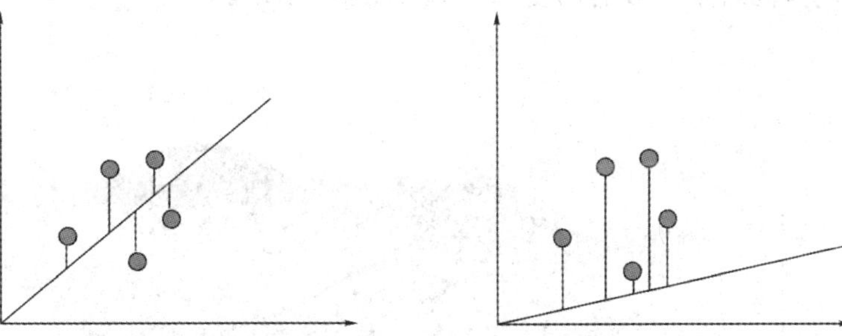

图 4-1　线性回归的损失函数的表达

图 4-1 的坐标轴上斜线部分表示线性回归模型预测结果，小圆点代表数据。从左右两个图的比较结果可以看出，相同的数据、不同的模型可能产生多个预测结果，而要判断哪个模型预测出来的结果最好，则需要通过定义一个损失函数，来帮助判断斜线画在什么位置上是最合适的。

通常可以通过图 4-1 中小圆点到斜线之间的小线段来表示预测结果与实际结果之间的差距，而这些小线段之和代表损失值。最终在定义这个模型时，要从众多的预测结果(在图中为斜线)中，找出各个数据点到模型(在图中为斜线)的距离之和最小的，那么这条斜线就是最优化的模型。而找出各个数据点到模型(在图中为斜线)的距离之和的这个准则就是损失函数。从图 4-1 左右两图中明显可以看出，左图的损失值要小于右图的损失值，说明左图的模型要优于右图的模型。

优化损失函数的方式有很多种，如最小二乘(Least Squares)、梯度下降(Gradient Descent)等。本章只对最小二乘和梯度下降的概念进行讲述，第 6 章中会详细地介绍关于最小二乘法和梯度下降法的具体推导过程和其在回归中的应用。

4.1.1 最小二乘

对于最简单的一元线性模型来说，用最小二乘法做损失函数是一个比较不错的选择。最小二乘法是通过最小化误差的平方和来寻找数据的最佳函数并与之匹配，即利用最小二乘法简便地求得未知的数据，并使得这些求得的数据与实际数据之间误差的平方和最小。

4.1.2 梯度下降

梯度下降法是最优化算法，也被称为最速下降法。我们知道，对于爬山，如果希望最快到达山顶，应该从山势最陡的地方上山，也就是从山势变化最快的地方上山。同样的，如果从任意一点出发，需要最快搜索到函数最大值，也应该从函数变化最快的方向搜索。函数变化最快的方向就是函数的梯度方向，如图 4-2 所示。

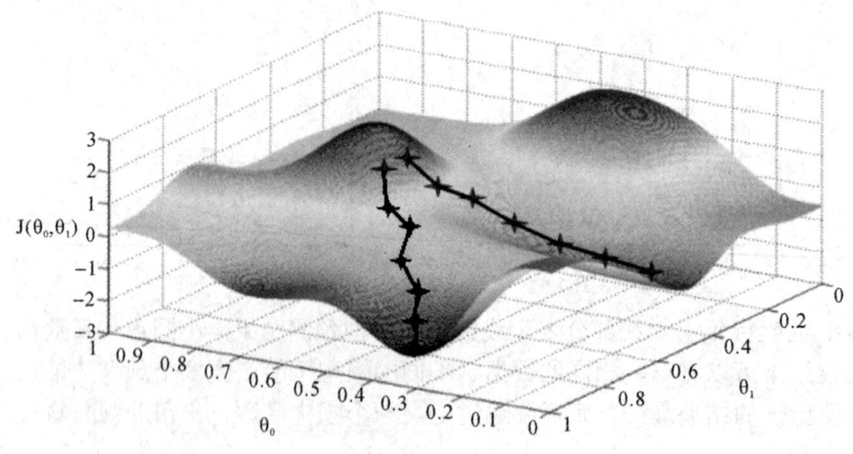

图 4-2 梯度下降示意图

需要最小化的损失函数，就要沿着梯度的负方向探寻参数，找到“最小值”。因此，该算法称为梯度“下降”法。

小贴士

在第 6 章中，会详细讲述最小二乘法和梯度下降法的原理和应用。

4.2　经验误差与拟合

4.1 节中的损失函数是用来在进行模型训练时，找出最优化的模型。而从本节开始讨论的评估度量，是在已经训练好模型的前提下，评价模型好坏的标准。以下先介绍模型的几个基本指标。

1. 错误率

错误率(Error Rate)是在样本中分类错误的样本的概率。假设现在有 n 个样本，n 个样本中有 a 个样本的分类是错误的，此时错误率 E 等于 a/n；相反，精度(Accuracy)则为 $R = 1 - a/n$。

2. 误差

误差(Error)是指在模型中预测输出与样本真实输出之间的差异。误差又分为训练误差和泛化误差两种。

1) *训练误差*

训练误差(Training Error)是指模型在训练集上的误差，有时也称为经验误差(Empirical Error)。训练误差越小，模型准确度有可能越低。

2) *泛化误差*

泛化误差(Generalization Error)是指模型在新的样本之间输出的误差。泛化误差越小，模型的准确度就越高。

3. 过拟合

有时候可以学习到一个经验误差很小、在训练集上表现很好的模型，甚至有些模型在训练的时候，分类精准度能达到 100%，但是这样的模型在多数情况下都不好，因为它很可能已经将训练的样本自身的一些特点当作了所有潜在样本都具有的一般性质，这样在训练集中的准确度会很高，而在一些新的数据集中的泛化性能会下降，这个过程在机器学习中称为过拟合(Overfitting)。

4. 欠拟合

与过拟合对应的是欠拟合(Underfitting)，顾名思义，欠拟合是训练样本的某些通用特性还没有学出来。

如果要解决过拟合和欠拟合的问题，则应从其根本出发。过拟合是因为模型的学习能力太强了，导致在学习过程中把样本集中的非一般特性问题学到了；而欠拟合则是由于模型的学习能力低下造成的。相比较而言，欠拟合的问题比较容易解决，即增强模型的学习能力，可以通过增加训练次数、增加神经网络节点等方式增强学习能力。过拟合问题则较麻烦，在后期的学习中，每个算法或多或少都有一些解决过拟合的办法，但也仅仅是起到了缓解的作用。

4.3 数据集划分

如果要判断一个模型的好坏，最好的方式就是通过泛化误差来进行判断，期望所选择模型的泛化误差越少越好。但是在实际的项目中，没有办法直接获取到泛化误差，而训练误差由于过拟合现象的存在不适合作为判断的标准，那么应该如何进行模型评估与选择呢？

虽然不知道今后要将模型用到哪些样本中去，但是可以让模型在一个全新的样本中去测试，从而判断模型的准确率。这个全新的样本称为“测试集”(Testing Set)，将从测试集中所做出的“测试误差”作为泛化误差的一个近似值。为了使测试集中的测试误差尽可能地接近泛化误差，在设定测试集时，应该尽可能地与训练集互斥，即测试样本尽量不在训练样本中出现，保障测试样本未在训练样本过程中使用过。

下面就介绍几种常见的做法，将这些样本数据集进行处理，让它们既可以进行训练，又可以进行测试。

4.3.1 留出法

“留出法”是将数据集 Data 划分为两个互斥的集合，其中一个集合作为训练集 Train，另一个作为测试集 Test，即

$$\text{Data} = \text{Train} \cup \text{Test} \qquad (\text{Train} \cap \text{Test} = \Phi) \tag{4-1}$$

训练集 Train 是用来训练模型，而测试集 Test 则用来测试已经生成的模型，评估其泛化误差。

使用留出法要尽量保持数据集的数据分布特性，尽可能地保留原始数据的分布比例。否则会导致训练模型的失真，影响模型的泛化误差。

应特别注意，使用留出法划分测试集和训练集时，应按照比例获取，获取样本的顺序不一样，对模型训练的结果也就不一样。例如，在 700 个样本数据中，划分训练样本集和测试集，按照 5∶2 的比例划分，训练集取 500 个数据，而这 500 个数据是从样本数据中的前 500 条取，还是从样本数据的后 500 条取，结果是不同的。因此，单次使用留出法得到的估计结果往往不够稳定，也不可靠。在使用留出法时，一般要采用若干次随机划分、重复进行实验评估后，取平均值的方法求得评估结果。

使用留出法时，需要对训练集和测试集进行划分，而怎样划分才能使评估出的模型性

能更接近于完整数据集 D 的模型性能呢？如果让训练集尽可能大，应尽可能地去接近完整的数据集 D，留下来的测试集 T 就会比较小，评估的结果有可能不会特别准确；如果将测试集留得足够大，训练出来的模型就不能很好地和数据集模型相匹配，从而降低了评估结果的保真性。对于这种情况，常见的解决方案是将数据集按照 2/3～4/5 的样本来进行划分，剩下的样本用于测试。通常在实际的项目中，可以通过调用 sklearn.model_selection 模块中 train_test_split( )函数来进行留出法的数据集划分。示例代码如下：

```
# TODO: 载入 sklearn.model_selection 中的'train_test_split'
from   sklearn.model_selection   import   train_test_split


features=["0", "1", "2", "3", "4", "5"]
prices=["a", "b", "c", "d", "e", "f"]


# TODO: 将数据混合并分成训练和测试子集
X_train, X_test, y_train, y_test = train_test_split(
    features, prices, test_size=0.2, random_state=42)
print(X_train, X_test, y_train, y_test)
```

train_test_split( )函数中的第一个参数是上述代码中的 features 参数，用来保存数据集中输入的特征向量；第二个参数也是上述代码中的 prices 参数，用来保存数据集中输出的特征向量；test_size 参数决定了测试集在整个数据集中所占的比例；random_state 参数决定了随机数的种子，即每次产生多少个随机数。通过这些输入的参数以及 train_test_split( )方法，将数据集按照比例分成为训练集和测试集。其中训练集的输入特征向量存放在 X_train 中，输出特征向量存放在 y_train 中；测试集的输入特征向量存放在 X_test 中，输出特征向量存放在 y_test 中(X_train、 X_test、 y_train、y_test 这四个参数可以根据个人喜好定义)。

输出的结果如下：

```
['5', '2', '4', '3'] ['0', '1'] ['f', 'c', 'e', 'd'] ['a', 'b']
```

4.3.2 交叉验证法

交叉验证法是将数据集划分为 k 个大小相似的互斥子集，每个子集轮流做测试集，其余的做训练集，最终的评估结果为这 k 个训练结果的平均值，如图 4-3 所示。

与留出法相同，交叉验证法也是将数据划分成训练集和测试集；不同的是，在交叉验证法中要多次选取测试集来求平均值。

通常在实际的项目中，交叉验证法有两种实现方式：K-Fold 方法和 StratifiedKFold 方法。

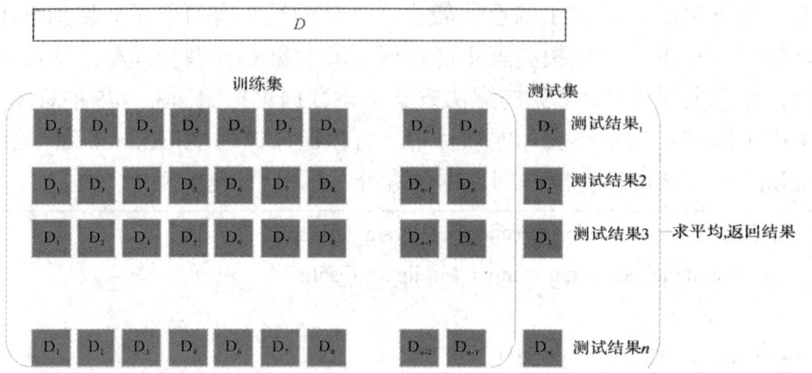

图 4-3　交叉验证思路图

K-Fold 方法是将原始数据分成 K 组(K-Fold)，每个子集数据分别做一次验证集，其余的 $K-1$ 组子集数据作为训练集，从而得到 K 个模型。这 K 个模型分别在验证集中评估结果，最后的误差 MSE(Mean Squared Error)加和平均就得到交叉验证误差。而 StratifiedKFold 方法是一种将数据集中每一类样本数据按均等方式拆分的方法。

两种方法都可以通过调用 sklearn.model_selection 模块来实现，其中 K-Fold 方法是调用 KFold ()函数来进行划分的，而 StratifiedKFold 是调用 StratifiedKFold()函数来进行划分的。通过下面的代码，可以理解这两种方法的不同。

以下代码将输入的向量 X 通过 KFold 的方式进行划分。

```
from sklearn.model_selection import KFold

kf =KFold(n_splits=4)
X=["0", "1", "2", "3", "4", "5"]
for index, (train, test) in enumerate(kf.split(X)):
    print(index)
    print((train, test))
    print("*"*20)
```

KFold()函数中 n_splits 参数设定了交叉验证中 k 的值，将数据集划分为 k 个互斥的子集。例如，在 KFold 中取 n_splits = 4，则将数据集分为 4 个子集，如下结果所示有“0”“1”“2”“3” 4 个子集。每次子集的选择都会被分为 train、test 两个集合。在分配的过程中，先确定 test 的值，由于数据集总共有 6 个数据，要把每个数据分配到 4 组中去，因此不能够平均分配到每个数据子集中，所以就呈现了有些子集的 test 是 2 个，有些子集的 test 是 1

个的情况。确定下来的 test 剩下的数据集则为 train 的值。

```
0
(array([2, 3, 4, 5]), array([0, 1]))
********************
1
(array([0, 1, 4, 5]), array([2, 3]))
********************
2
(array([0, 1, 2, 3, 5]), array([4]))
********************
3
(array([0, 1, 2, 3, 4]), array([5]))
********************
```

StratifiedKFold 是 K-Fold 的一个变种，它通过保留每个类别的样本百分比来划分子集。以下例子将 StratifiedKFold 和 K-Fold 合到一起来进行比较展示：

```
import numpy as np
from sklearn.model_selection import StratifiedKFold

X_s=np.array([[0, 1, 2, 3], [10, 11, 12, 13], [20, 21, 22, 23], [30, 31, 32, 33], [40, 41, 42, 43], [50, 51, 52, 53], [60, 61, 62, 63], [70, 71, 72, 73]])
Y_s=np.array([0, 0, 1, 1, 0, 0, 0, 0])

skf=StratifiedKFold(n_splits=2)
kf =KFold(n_splits=2)

print("KFolds:")
for train1_index, test1_index in kf.split(X_s, Y_s):
    print((X_s[train1_index], Y_s[test1_index]))
    print("*"*20)

print("StratifiedKFold:")
for train2_index, test2_index in skf.split(X_s, Y_s):
```

```
print((X_s[train2_index], Y_s[test2_index]))
print("*"*20)
```

从以上代码可以看出 K-Fold 的划分原理和 StratifiedKFold 的划分原理的不同。程序输出结果如下：

```
KFolds:
(array([[40, 41, 42, 43],
        [50, 51, 52, 53],
        [60, 61, 62, 63],
        [70, 71, 72, 73]]), array([0, 0, 1, 1]))
********************
(array([[ 0,  1,  2,  3],
        [10, 11, 12, 13],
        [20, 21, 22, 23],
        [30, 31, 32, 33]]), array([0, 0, 0, 0]))
********************
StratifiedKFold:
(array([[30, 31, 32, 33],
        [50, 51, 52, 53],
        [60, 61, 62, 63],
        [70, 71, 72, 73]]), array([0, 0, 1, 0]))
********************
(array([[ 0,  1,  2,  3],
        [10, 11, 12, 13],
        [20, 21, 22, 23],
        [40, 41, 42, 43]]), array([1, 0, 0, 0]))
********************
```

4.3.3 自助法

自助法是一种从给定训练集中有放回的均匀抽样，即每次选中一个样本，但这个样本还会被放回到备选样本中被再次当成被选项，所以下次选择它的概率与其之前被选中的概率是相同的。对于小数据集来说，自助法的效果会更好一些。

通常使用的是 Bootstrap 自助法：给定包含 n 个样本的数据集 N，对它进行采样产生数

据集 N'，即每次随机从 N 中挑选一个样本，将其拷贝放入 N'，然后再将样本重新放入到初始数据集中去，则该样本在下次采样时仍有可能被采到。将这个过程反复几次，就会得到一个新的数据集 N'，这就是自主采样的结果。

对于采样数据的重复性问题，可以做一个简单的估计，假设样本在 m 次采样中始终不被采到的概率是$(1-1/m)^m$，对它取极限得到其概率为 0.368。即通过自助采样，初始化数据集 N 中大概有 36.8%的样本未出现在采样数据集 N' 中，所以可以使用 N' 作为训练集，N/N' 作为测试集。

自助法比较适用于数据集较小、难以有效地划分训练集和测试集的情况。此外，自助法能从初始数据集中产生多个不同的训练集，这对集成学习等方法有很大的好处。然而，自助法产生的数据集改变了初始数据集的分布，这会引入估计偏差。因此，在初始数据量足够时，留出法和交叉验证法更常用。

可通过 Python 的方式，来模拟实现用自助法进行数据集划分的过程，参考代码如下：

```
import numpy as np

X=[1, 2, 3, 4, 5, 6, 7, 8, 9, 10, 11, 12, 13, 14, 15, 16, 17, 18, 19, 20]

bootstrap=[]
# 通过产生的随机数获得抽取样本的序号
for i in range(len(X)):
    bootstrap.append(np.floor(np.random.random()*len(X)))
# 通过序号获得原始数据集中的数据
C_1=[]
for i in range(len(X)):
    C_1.append(X[int(bootstrap[i])])
```

对 C_1 进行输出，输出结果如下：

```
[5, 7, 14, 11, 15, 7, 13, 15, 15, 7, 6, 5, 20, 13, 4, 19, 15, 6, 20, 10]
```

从上面的结果可以看出，每次在进行抽取时，上次被抽取的样本还会被放回到备选样本中并且被选概率相同，所以就会出现样本“5”被多选的情况。

4.4 调参与最终模型

大多数的机器学习算法都有参数需要进行设定，参数配置的不同会导致学习出来的模型的性能有显著的差别。因此，在进行模型评估预选择的时候，除了要对模型算法进行选择外，还要对算法的参数进行调整(简称调参)。

参数的调整并不只是针对一些数字。数字只是参数的一种表现形式，除此以外，参数还包括了相关的网络结构和一些函数的调整。应特别注意，调整参数和算法选择是有本质区别的，调整参数是指对每种参数配置都能够训练出对应的模型，然后将对应的最好模型参数作为结果获取出来。

调参的最终目的是要使训练后的模型在检测物体时更具准确性，无论出现任何偏差，检测的物体都能够包含偏差进行识别，即在模型中损失函数的 loss 值应尽可能小。

参数一定是在模型开始学习之前可人为设置值的参数，而不是通过训练得到的参数数据。

机器学习中调节的参数包含很多种，不同的情况选取的调参对象也不一样，要针对问题来调整参数，以下只简单介绍一些常见的调节参数。

1. 学习率(Learning Rate)

学习率即步长，指的是在一定时间内获得的技能或知识的速率。一般情况下，刚开始训练时设置的学习率应该是快速的，这样会带来易损失值爆炸、易震荡的副作用；在后期训练时，设置的学习率应该是慢的，但是这样会带来易过拟合、收敛速度慢的副作用。

刚开始训练时，学习率以 0.001~0.01 范围为合适，经过一定数轮后，会逐渐地减缓，训练结束后，学习速率的衰减应该在 100 倍以上。

2. 过拟合

在 4.2 节中已经介绍过过拟合的概念了，可以通过设置一些参数防止过拟合的出现，一般情况下可以使用 drop out、batch normalization、data argument 等方式。

3. 网络层数

在神经网络中，可以增加网络层数来提升模型的性能(包括灵敏度、收敛等)，网络层数越多，模型的性能会越好，但相应的对计算机计算能力的要求也就越高。

过多的网络层数会使神经元节点数增加，过拟合的概率也就越高，这时可以通过过拟合问题的解决方法来处理。

4.5 模型性能度量

对于提升模型的泛化能力，不仅需要有效可行的实验数据划分的方法，还需要有能衡量该模型泛化能力的评价标准，这个评价标准称为这个模型自身性能度量。性能度量就是找到一个评价标准，来对模型的泛化能力进行量化评价。性能度量反映了任务需求，在对比不同模型的能力时，使用不同的性能度量往往会导致不同的评判结果。

4.5.1 均方误差

均方误差反映了训练结果与真实值之间的偏离关系，均方误差经常会被应用在回归测试分类中做性能度量。均方差的公式为

$$E(f;\ D)=\frac{1}{m}\sum_{i=1}^{m}(f(x_i)-y_i)^2 \tag{4-2}$$

式中：D 是给定的样品数据集 $D=\{(x_1,\ y_1),\ (x_2,\ y_2),\ \cdots(x_i,\ y_i)\}$；$y_i$ 是样品 x_i 的真实标记；$f(x_i)$是样品示例通过模型计算出的预测值。如果要评估模型 f 的性能，就要把模型中预测出的结果 $f(x)$与真实标记 y 进行比较。

对于数据分布 D 和概率密度函数 p，均方差的误差公式可以描述为

$$E(f;\ D)=\int_{x\sim D}(f(x)-y)^2\,p(x)\mathrm{d}(x) \tag{4-3}$$

在实际操作中，可以通过调用 Sklearn 中的 mean_squared_error()函数来计算均方误差，参考代码如下：

```
from sklearn.metrics import mean_squared_error
y_true=[2, 0.3, 1, 4, 6]
y_pred=[2.5, 0.2, 1, 5, 6]
mean_squared_error(y_true, y_pred)
```

上面的代码中定义了两个参数 y_true 和 y_pred，对比两个参数中的数据，并计算对应位置上的均方误差，最终计算出 y_true 和 y_pred 参数的相差结果，结果显示如下：

```
0.252
```

4.5.2 错误率与精确度

在分类任务中，常用的两个属性就是错误率和精确度。错误率是指分类错误的样本数占样本总数的比例，精确度则与错误率相反，它是指分类正确的样本数占样本总数的比例。对样本数 D 而言，通常用 $E(f,\ D)$代表了样本的错误率，定义为

$$E(f;\ D)=\frac{1}{m}\sum_{i=1}^{m}\mathrm{II}(f(x_i)\neq y_i) \tag{4-4}$$

由于精确度与错误率是互补的关系，因此精确度可以定义为

$$\mathrm{acc}(f;\ D)=\frac{1}{m}\sum_{i=1}^{m}\mathrm{II}(f(x_i)=y_i)=1-E(f;\ D) \tag{4-5}$$

在实际操作中，可以通过调用 sklearn.metrics 中的 accuracy_score()函数来计算精确度，参考代码如下：

```
import numpy as np
from sklearn.metrics import accuracy_score
y_true=[0, 2, 1, 3]
y_pred=[0, 1, 2, 3]
accuracy_score(y_true, y_pred)
```

显示结果如下：

```
0.5
```

错误率和准确率是互补的，计算出了准确率，通过“1－准确率”就可以得到错误率。

4.5.3 准确度、灵敏度与 F1

准确度是衡量某一模型所检测出的数据噪声比的一种指标，即检索出来的数据有多少比例是用户感兴趣的；灵敏度是衡量某一模型所检测出来的数据有多少是相关数据，即用户感兴趣的数据中有多少被检索出来了。

以人脸识别为例，假设在一些照片中，包含了 15 张人脸照片和一些非人物的照片，目前识别算法识别出了 8 个人脸，在这 8 个人脸的照片中，实际上只有 5 张是真的人脸照片，其余的则是其他非人物的照片。通过这个模型参数可以得知，该模型的准确度为 5/8，而灵敏度为 5/15。

准确度 Precision 和灵敏度 Recall 可以分别定义为

$$\text{Precision}=\frac{\text{TP}}{\text{TP}+\text{FP}} \tag{4-6}$$

$$\text{Recall}=\frac{\text{TP}}{\text{TP}+\text{FN}} \tag{4-7}$$

式中：TP(True Positive，真正)表示被测模型预测结果为正确的正确样本；FP(False Positive，假正)表示被测模型预测结果为正确的错误样本；FN(False Negative，假负)表示被测模型预测结果为错误的正确样本；TN(True Negative，真负)表示被测模型预测结果为错误的错误样本。

准确度和灵敏度往往是一对矛盾体。一般情况下，准确度越高，灵敏度就越低，因为如果要增加准确度，则势必要增加查询的数量，最极端的情况为增加查询的个数多到将所有的数据都覆盖，所有正确的数据都会被选上，灵敏度就会降低。如果只希望正确的数据比例高，则只能选择最有把握的数据，这样灵敏度相对来说就会比较低。在现实的模型中，准确度和灵敏度呈现怎样的状态才能衡量这个模型性能的好坏？

“P-R 曲线”可以直观地显示出模型在样本总体上的灵敏度、准确度。P-R 曲线又被称为“P-R 图”，它是将模型对样本的预测结果进行排序，并按照此顺序进行正例选取，将每次计算的结果的准确度或者灵敏度分别作为横轴或者纵轴进行作图，从而可以非常直观地比较模型性能的优劣，如图 4-4 所示。

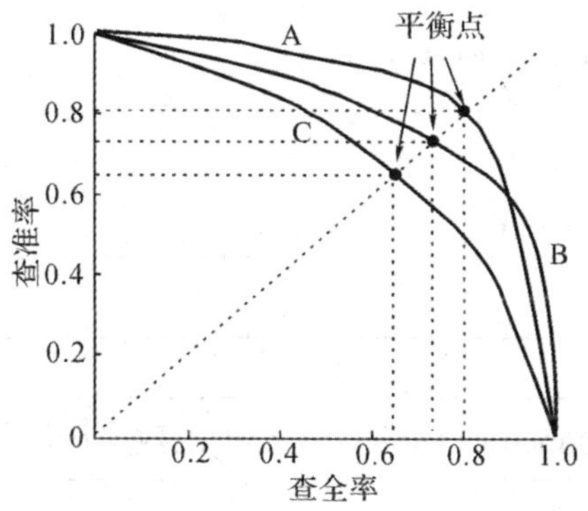

图 4-4　P-R 图曲线与平衡点示意图

在图 4-4 中，A 曲线和 B 曲线完全包括了 C 曲线，因此 A 曲线和 B 曲线的性能优于 C 曲线的性能；A 曲线和 B 曲线是有交叉的，单一地从所有的样品中不好进行判断，因为有时 A 模型是优于 B 模型的，有时 B 模型是优于 A 模型的，所以需要在具体的准确度或者灵敏度条件下进行比较。当然，在很多情况下，人们往往还是希望能比较出模型 A 和模型 B 性能的高低，因此产生了“平衡点”的概念。

“平衡点”(Break-Event Point，BEP)是一个度量，它是“准确度=灵敏度”时的取值。如果按照平衡点这个度量来参照，则 A 模型的性能高于 B 模型的性能。

但是有时 BEP 还是过于简单，所以通常使用 F1 度量，其式为

$$\mathrm{F1}=\frac{2\times P\times R}{P+R}=\frac{2\times \mathrm{TP}}{\text{样例总数}+\mathrm{TP}-\mathrm{TN}} \tag{4-8}$$

在实际操作中，可以通过调用 sklearn.metrics 中的 recall_score()函数来计算预测的灵敏度，参考代码如下：

```
import numpy as np
from sklearn.metrics import recall_score
y_true=[0, 1, 0, 0]
y_pred=[0, 1, 0, 1]
recall_score(y_true, y_pred)
```

显示结果如下：

```
1.0
```

还可以通过调用 sklearn.metrics 中的 precision_score()函数来计算预测的灵敏度，参考代码如下：

```
import numpy as np
from sklearn.metrics import precision_score
y_true=[0, 1, 0, 0]
y_pred=[0, 1, 0, 1]
precision_score(y_true, y_pred)
```

显示结果如下：

```
0.5
```

还可以通过调用 sklearn.metrics 中的 f1_score()函数来计算预测的灵敏度，参考代码如下：

```
import numpy as np
from sklearn.metrics import f1_score
y_true=[0, 1, 0, 0]
y_pred=[0, 1, 0, 1]
f1_score(y_true, y_pred)
```

显示结果如下：

```
0.6666666666666666
```

4.5.4 受试者工作特征与 AUC

受试者工作特征(Receiver Operating Characteristic，ROC)是一套评价模型性能的标准，和 P-R 曲线相同，是适用于基于均等损失代价的模型性能的评估方法。ROC 曲线上每个点反映了对同一数据模型反馈的感受性，如图 4-5 所示。

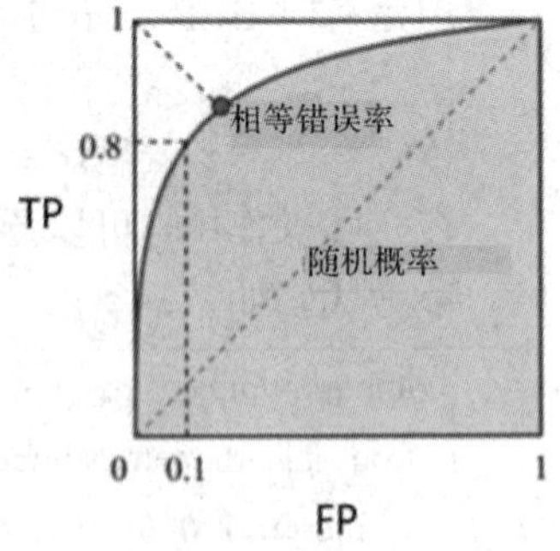

图 4-5 ROC 曲线图

图 4-5 是一个 ROC 曲线图，图中的相等错误率(Equal Error Rate)点代表了错误拒绝率(False Reject Rate，FRR)和错误接受率(False Accept Rate，FAR)相等的情况。图 4-5 中横坐标表示的是预测正类中实际负类的预测值，FP 越大，预测正类中实际负类的预测值也就越多；纵坐标表示的是预测正类中实际正类的预测值，TP 越大，预测

正类中实际正类的预测值也就越多；坐标(0，1)代表了训练出来的模型 TP 为 1(即正确率为 100%)，FP 为 0(即错误率为 0%)。当然这是理想状态，所以模型画出的曲线越靠拢(0，1)点越好，越偏离 45° 对角线越好，其他均是随机概率(Random Chance)。

AUC (Area under Curve，曲线下面积)用来记录 ROC 曲线以下的面积，它介于 0.1 和 1 之间，是一个概率值，值越大说明该模型的性能越优。

在实际操作中，可以通过调用 sklearn.metrics 中的 roc_auc_score()函数来计算预测模型特性曲线下的面积，参考代码如下：

```
import numpy as np
from sklearn.metrics import roc_auc_score
y_true=[0, 1, 0, 0]
y_pred=[0, 1, 0, 1]
roc_auc_score(y_true, y_pred)
```

显示结果如下：

```
0.8333333333333334
```

4.5.5 代价敏感错误率与代价曲线

P-R 曲线和 ROC 曲线都可以用于均等损失代价模型的性能评估，而代价敏感错误率与代价曲线可以用来衡量非均等代价。在现实生活中，衡量一个人或一件事，不能通过非黑即白的方式来进行判断，不能简单地说一个人是好人或坏人，一件事情是好事或者坏事。模型判断也一样，在单一的条件中不能简单地预测出准确的结果，为了权衡不同类型错误所造成的不同损失，为错误赋予了“非均等代价”(Unequal Cost)。

代价敏感错误率评估方法是指在评价模型性能时，考虑不同类别的分类错误所造成不同损失代价的因素的方法。假设现在有一个分类模型，训练集 D 包含了正例子集和负例子集，如表 4-1 所示。

表 4-1　分类模型的代价矩阵

真实类别	预测类别	
	第 0 类	第 1 类
第 0 类	0	Cost_{01}
第 1 类	Cost_{10}	0

Cost_{ij} 表示第 i 类样本预测为第 j 类样本的损失代价。通常情况下，$\text{Cost}_{ii}=0$，即自己被

判别成为自己所造成的损失为 0；若将第 0 类判别为第 1 类，则所造成的损失为 Cost_{01}；若 $\text{Cost}_{01}=\text{Cost}_{10}$，则表示的是均匀代价；若 $\text{Cost}_{01}>\text{Cost}_{10}$，则表示将第 0 类判别为第 1 类的损失比将第 1 类判别为第 0 类的损失大。

4.6 比较检验

测试集上的性能与测试集数据本身的选择有很大的关系，使用不同大小的测试集会得到不同的结果；使用相同大小的测试集，若包含的测试样例不同，则测试结果也会有所不同；使用相同参数设置在同一个测试集上多次运行，结果也将会不同。那么，如何比较两个模型的好与坏呢？

在统计学中，提到了可以使用统计假设检验的方式来比较两个模型的好与坏，这个方法为进行模型性能比较提供了良好的依据。根据该假设验证的结果，猜测测试集上观察到模型 A 比模型 B 的性能好，那么模型 A 的泛化性能是否在统计意义上要优于模型 B 的，这个结果的概率有多大？下面介绍假设检验的方式，以及对常用的机器学习性能比较方法展开讨论。

4.6.1 假设检验

检验是指假设对学习器泛化错误率分布进行某种判断和猜想。在现实情况下，并不知道模型的泛化错误率是多少，但是可以测出在测试集上模型的错误率是多少，当然模型的泛化错误率和测试错误率未必相同。但从绝大部分项目的结果数据来看，两者接近的可能性比较大，相差很远的可能性比较小，所以可以根据测试集上的错误率推测出泛化模型的错误率分布。

设泛化错误率为 ε，测试集的错误率为 $\breve{\varepsilon}$，假设模型测试样本数为 m，则在 m 个测试样本集中有 $m\times\breve{\varepsilon}$ 个被分错。假设测试样本是从样本总体分布中独立采样得到的，泛化错误率为 ε 的模型中将会有 m' 个样本被误分类，那么剩下的样本中全部分类正确的概率为 $\varepsilon^{m'}(1-\varepsilon)^{m-m'}$。

由此可估算出将 $m\times\breve{\varepsilon}$ 个样本错误分类的概率为

$$P(\breve{\varepsilon};\ \varepsilon)=\binom{m}{m\times\breve{\varepsilon}}\varepsilon^{m'}(1-\varepsilon)^{m-m'} \tag{4-9}$$

当给定了测试集上模型的错误率 $\breve{\varepsilon}$，则解偏导方程 $\dfrac{\partial P(\breve{\varepsilon};\ \varepsilon)}{\partial\varepsilon}=0$。由此可以得知，$P(\breve{\varepsilon};\ \varepsilon)$ 在 $\breve{\varepsilon}=\varepsilon$ 时最大，在 $|\varepsilon-\breve{\varepsilon}|$ 增大时 $P(\breve{\varepsilon};\ \varepsilon)$ 减小，符合二项分布，如图 4-6 所示。

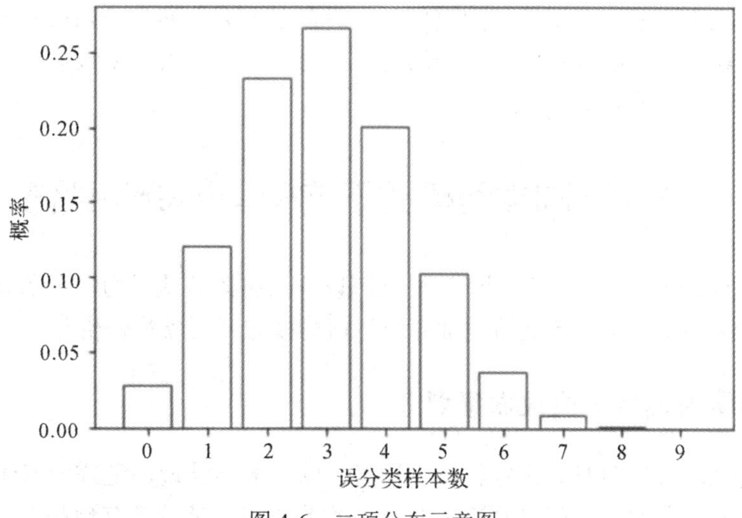

图 4-6　二项分布示意图

可以看出，当 $\varepsilon = 0.26$ 时，10 个样本中测得 3 个被误分类的概率是最大的。可以使用"二项检验"来对 $\varepsilon < 0.26$ 这样的假设进行检验。但是满足 $\varepsilon < 0.26$ 的分布可能有很多种，需要找到满足该条件的所有可能的 ε 中最大的那个。

4.6.2　麦克尼马尔变化显著性检验

麦克尼马尔(McNemar)变化显著性检验是以研究对象自身为对照，检验自身的两组样本变化是否显著。McNemar 变化显著性检验要求待检验的两组样本的观察值为二分类数据，它通过对比两组样本前后变化的频率，计算二项分布的概率值，但这种要求在实际分析中有一定的局限性。

4.7　偏差与方差

方差(Variance)是指模型每次的输出结果与期望输出之间的误差，而偏差(Bias)是指模型每次的输出结果与真实值之间的差距。从定义上可以看出，方差主要是衡量数据离散的程度，其数据波动性会对模型的预测结果产生影响，而偏差是用来衡量测定结果的精密度的高低。

这里假定真实的机器模型是 f，根据数据集训练出来的模型是 f'。如果 $E(f')=f'\neq f$，则说明该训练集得到的模型是存在偏差的。多次训练得到的模型 f_1'、f_2'、f_3'、…、f_n' 之间的分散程度取决于方差。对于简单的模型，如果存在很大的偏差，则很有可能是系统最开始模型的选择就存在问题，造成欠拟合的现象；而对于复杂模型来说，如果存在很大的方差，则会造成过拟合的现象。

4.8　不同学习模型下的模型评价与评估

从第 1 章的学习中我们了解到学习模型可以分为有监督式学习、无监督式学习、半监督式学习以及强化学习等。下面将详细介绍如何对模型开展模型评价与评估。

4.8.1　不同学习模型下的数据集划分

面对数据集，首先要对其进行初步的探索，除了分布情况，还需对其维度含义有所了解。通过对维度含义的探索可以判断出在对应的数据集中是否具有预测值标签。在后期模型选择时，如果含有预测值的标签，则可以选择采取有监督式学习；如果不含标签，则可以选择无监督式学习；如果只包含部分标签数据，则可以选择半无监督式学习。

通常针对于有监督式学习，将数据集按照留出法的方式进行划分，将一部分数据集用做训练模型，一部分数据集用做测试模型；而对于无监督式学习，由于数据集是没有标签的，因此无监督式学习预测出来的结果无法衡量其对与错，且它在前期准备数据的时候是不需要进行数据集划分的。半监督式学习的数据集一部分包含了有标签的数据，一部分又包含了无标签的数据。由于没有足够的标签数据来进行模型训练，因此监督式学习算法训练出来的学习模型往往泛化能力不佳。而如果将它当成无监督式学习模型来训练，又没有有效地利用有标签的数据集，则标签中所包含的信息就完全浪费了。

为了更好地解决上述问题，可以先用标注好的数据进行训练，然后再用训练好的学习模型找出未标注数据中能对性能改善最大的数据来咨询“专家”(人类)。这样只需要标注比较少的数据就能得到较强的学习模型。

有些书籍将上面的方法称为“主动学习”(Active Learning)，这种方法不仅引入了额外的专家知识，而且还需要外部的介入来辅助学习。如果不希望再增加额外的人力，希望机器自行对未标注数据进行分析来提高泛化性能，则可以使用半监督式学习来进行操作。

4.8.2　不同学习模型下的模型评价

对于不同模型的性能分析大体分为有监督式学习的结果评估分析和无监督式学习的结果评估分析，这两种学习模型的结果评估分析方法有着本质的区别，但有些方法也可以通用。

它们的本质区别在于两者的数据集不同，有监督式学习的数据集中包含了标签数据，在对其进行模型结果评估时，可以将已知标签数据与模型预测得到的数据展开对比，从而判断模型的准确性。

小贴士

在 Sklearn 包中，包含了混淆矩阵、生成分类报告、准确度打分等方法，在后面具体的模型中，会展开具体的讲解。

无监督式学习的数据集中没有包含标签数据，因此，不能将已知的标签数据与模型的预测结果展开对比。对于这样的评估可以采取两种方式展开，一种是通过对部分数据进行手工的标签注入，然后按照有监督式的方式开展模型评估，这称为外部评估；另一种是可以通过系统内容的参数对模型进行评估，这称为内部评估。

小贴士

在 Sklearn 包中，包含了轮廓系数等方法，同样的，在后面具体的模型中，会展开具体的讲解。

新 手 问 答

1. 在进行实际模型评估时，应选择灵敏度高的模型，还是选择准确度高的模型？

准确度是衡量某一模型所检测出的数据噪声比的一种指标，即检索出来的数据有多少比例是用户感兴趣的。灵敏度是衡量某一模型所检测出来的数据有多少是相关数据，即用户感兴趣的数据中有多少被检索出来了。灵敏度和准确度是相斥的，如果准确度高，则灵敏度就会低；如果灵敏度高，则准确度就会高。在进行模型评估时，要根据模型的实际情况来选择。

2. 损失函数在机器学习过程中的作用是什么？

损失函数可以很好地反映模型与实际数据之间的差距，理解损失函数能够更好地对后续优化工具(梯度下降等)进行分析与理解。

牛 刀 小 试

1. 案例任务

在 TensorFlow 中实现单层(Single-Layer)。

2. 技术解析

通过前面的学习，尝试使用 TensorFlow 工具来实现一个单层神经网络的计算图。这个神经网络只有一层，有 5 个神经元，每个神经元有各自的权重 w，分别为(1，0，−1，2，4)，权重与属性相乘后求和，这个过程可以用矩阵乘法实现，再加上一个偏置量 b，b = 10。假设有 3 个样本，每个样本有 5 个属性，这个单层神经网络的输入就是 3×5 的矩阵，每个样本输出一个预测值，总的输出就是一个 3×1 的矩阵。

3. 操作步骤

(1) 导入相关数据包。参考代码如下：

```
#创建单 Layer 神经网络
import tensorflow as tf
import    numpy as np
```

(2) 创建计算图、占位符及常量 w 和 b。参考代码如下：

```
x = tf.placeholder(tf.float32, shape=(3, 5))
w = tf.constant([[1.], [0.], [-1.], [2.], [4.]])
b = tf.constant([[10.]])
```

(3) 创建单层神经网络。参考代码如下：

```
wx = tf.matmul(x, w)
output = tf.add(wx, b)
```

(4) 准备样本数据，创建会话并进行计算。参考代码如下：

```
#准备样本数据
x_data = np.array([[1., 3., 5., 7., 9.], [-2., 0., 2., 4., 6.], [-6., -3., 0., 3., 6.]])

#创建会话并进行计算
sess = tf.Session()
print(sess.run(output,feed_dict={x:x_data}))
sess.close()
```

输出结果显示如下：

```
[[56.]
 [38.]
 [34.]]
```

可知，输出的就是每一个样本的 5 个属性与 5 个权重相乘求和后再加上偏置量 b(b=10)后的结果。因为输入有 3 个样本(即 3 行)，输出也有 3 行。

本章小结

本章中主要探讨损失函数的概念及作用，并介绍了评价模型过程中的相关概念及术语、数据集划分的方法、模型性能度量的方式，以及对于不同模型之间的比较检验、评价与评估等。其中，数据集划分的方法和模型性能度量的方式以及在不同学习模型下的模型评价与评估是重点。本章是后期实现具体算法的基础，因此应掌握相关的基础概念。

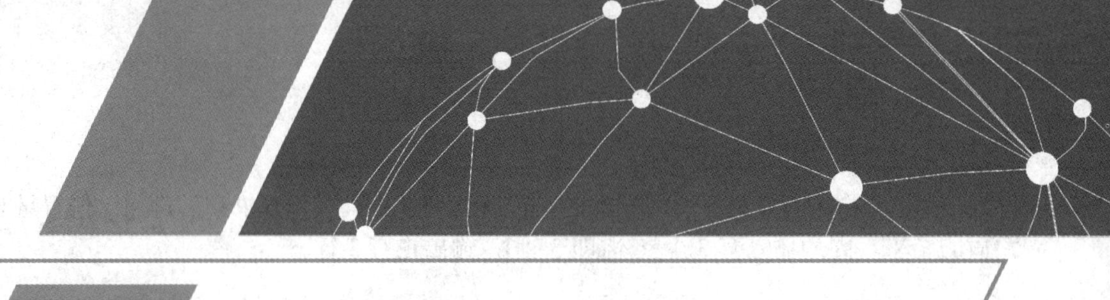

第5章 数据准备

本章为机器学习的基础章节。通过本章的学习，可以了解到在进行模型训练之前，需要先将数据准备“好”。为了保证数据质量，需要先对数据进行探索，以了解数据质量、探索数据特征。除此之外，还需要通过数据清洗将“脏”数据清洗干净；通过数据的集成将多源数据变成单源数据；通过数据变换将数据变换成某一特征范围的数据以供模型训练；通过数据规约将多维的数据在不失真的情况下，化简以减少维度，从而降低模型训练的难度，为后面模型的训练打好基础。

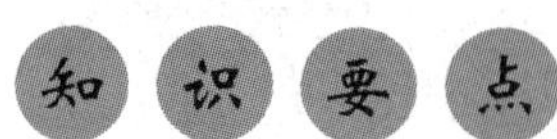

通过本章内容的学习，读者应了解和掌握以下知识：

- 数据探索的方法；
- 数据质量分析的方法；
- 获取数据特征的方法；
- 数据预处理的方法；
- 数据清洗的方法；
- 数据集成的方法；
- 数据变换的方法；
- 数据规约的方法。

中国在机器学习领域中被誉为“数据沙特”，顾名思义，它拥有大量的数据，但不是拥有了大量的数据和一个可以实施的模型算法，就能够在机器学习领域中处于不败之地。因为机器学习所面临的最大的挑战不在于后期的模型训练算法，而在于前期的数据准备，即清洗脏数据。

图 5-1 是来自于数据科学社区 Kaggle 的一项调查报告，大约有 16 700 人回答了在机器学习中所面临的最大的工作障碍。

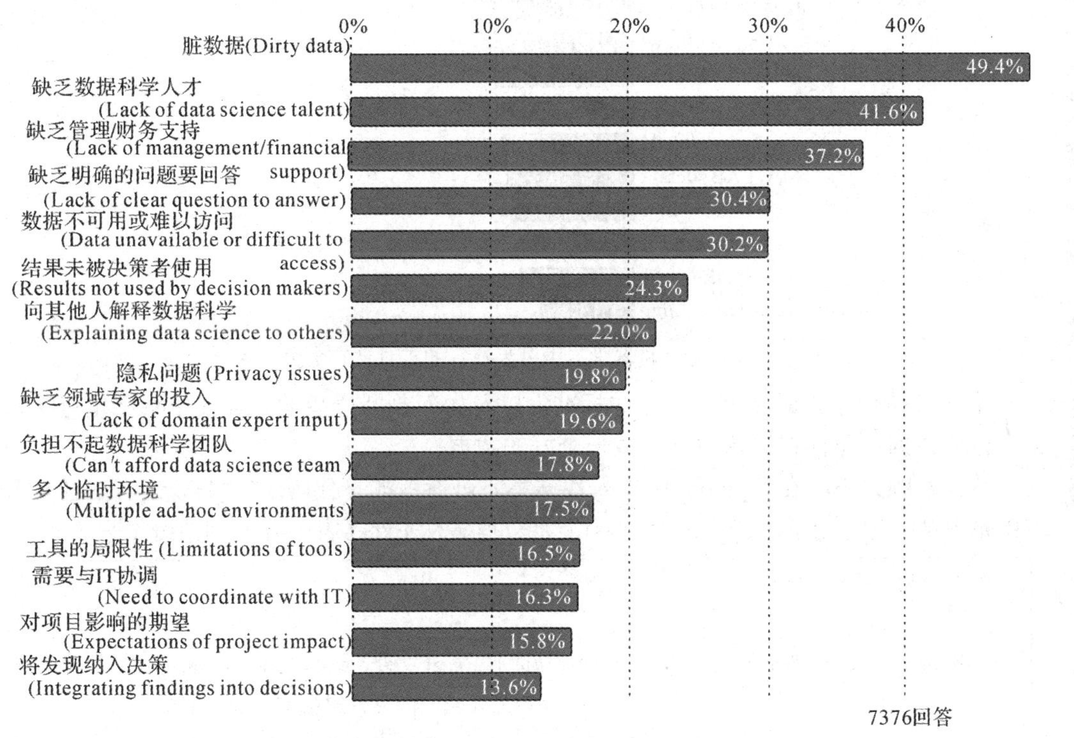

图 5-1　机器学习中最大的工作障碍调查数据

在实际项目中，数据准备工作所花费的时间往往占据了整个项目时间的 80%，另外 20% 的时间用来抱怨数据准备工作的不彻底。但机器学习系统依然只是一个计算机程序，如果给它的是在错误的时间按下错误的按钮的指令，则机器学习出来的模型就很容易出现故障。例如，如果告诉机器香蕉搅碎了才能吃，那么机器在学习中会认为香蕉只能搅碎了吃，而整块香蕉放到它面前，它是不会吃的。由此可见，“告诉”机器这个事情非常重要，而在机器学习的项目中，“告诉”这个过程就是前期数据准备的过程。

图 5-2 是数据科学社区 Kaggle 的一项关于现阶段对于数据操作用到最多的工具的调查报告，可知，最为广泛流行的工具是 Python，所以本书中的案例实现也将会采用 Python 开

发工具。

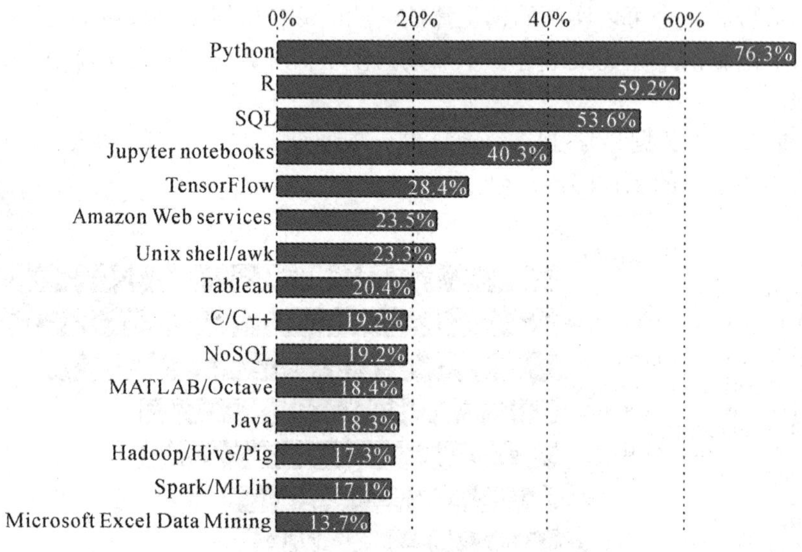

图 5-2　机器学习中最为流行的工具调查数据

第 4 章探讨了判断模型“好”的标准，以及如何判断模型的好坏。本章将重点探讨什么是好的数据，怎样将原始数据变成一个好的数据。

首先回顾一下，在 Python 中导入数据集，可参考如下代码(这里假设读者已经具备了 Python 基础，熟悉了 Numpy 和 Pandas)，将数据集从 Excel 表中导入到系统中来。

```
import pandas as pd

df=pd.read_excel("catering_sale.xls")          #读取 Excel 文件，这里 catering_sale.xls 文件和程序
                                               #存放在相同的文件路径下，如果不在同一个文件路
                                               #径下，则需写出文件的相对路径
```

如果数据集是从 cvs 表中导入到系统中的，代码将会发生变化，如下所示：

```
import pandas as pd

df=pd.read_cvs("catering_sale.cvs")            #读取 cvs 文件，这里 catering_sale.cvs 文件和程序存
                                               #放在相同的文件路径下，如果不在同一个文件路径
                                               #下，则需写出文件的相对路径
```

现在，所有的数据已经存放在了 df 参数中。此时，运行 df.head()，就可看到 df 中的一部分数据，本章后面的操作都是在这个基础上开展的。

```
df.head()
```

结果展示如图 5-3 所示。

Out[1]:

	日期	销量
0	2015-03-01	51.0
1	2015-02-28	2618.2
2	2015-02-27	2608.4
3	2015-02-26	2651.9
4	2015-02-25	3442.1

图 5-3 df 变量中的数据

5.1 数据探索

数据探索是对数据进行梳理和了解，跟踪数据集丢失的值，探索数据集中是否包含异常值、数据是否具有一致性、是否包含重复性数据，并了解数据的特征分布。本节将通过数据质量分析、数据特征分析来帮助读者了解数据探索。

5.1.1 数据质量分析

数据质量分析是数据探索的首要工作，也是数据预处理的前提。数据质量分析的好与坏将直接影响后期模型训练结果的好与坏。数据质量分析的主要任务是检查数据中是否存在脏数据。

脏数据一般是指不符合要求，以及不能直接进行相应分析的数据。常见的脏数据的表现形式有缺失值、异常值、不一致的值、重复值以及含有特殊符号(如#、@、&)的数据。

1. 缺失值

在数据集中，缺失值所产生的原因有很多种可能，如在收集数据时，由于填写数据时的遗漏，只填写了相关重要的数据，不重要的数据没有填写；在数据采集传输的过程中，由于设备故障以及存储介质发生故障，导致数据的丢失等；还有可能这个属性值确实是不存在的，如对于一个孩童来说，其固定收入属性确实是不存在的；另外还有一些情况是因为获取这个信息的代价太大了，所以这个信息暂时无法获取等。

由此可知，有些缺失值的出现是正常的，是不需要在数据预处理过程中处理的；有些缺失值的出现是不正常的，是需要在数据预处理过程中进行处理的。

在数据探索阶段对缺失值进行分析，只需要统计缺失值属性的个数及缺失率，或者统计未缺失属性的个数及缺失率。

以下代码可以统计出数据集中为空的数据：

```
df[df.销量.isnull()]            #统计“销量”属性为空的数据
```

结果显示如图 5-4 所示。

	日期	销量
14	2015-02-14	NaN

图 5-4　数据集中“销量”为空的数据

通过这种方式将数据集中为空的数据统计出来，再加入人为判断，判断数据缺失的原因，为下一步操作做准备。

2. 异常值分析

异常值分析主要是分析数据集中的数据是否有录入有误以及不合理的情况出现。如身高，如果有些数据填入的是 3 m，那么这个数据就是不合理的。忽视异常值数据是十分危险的，如果把异常值数据加入模型的训练中，将会影响模型的准确性。又如，如果将身高为 3 m 的属性作为正确的数据加入到模型的训练中去，机器学习中会认为高度 3 m 都是人类的正常标准，那么它在进行后期判断时会将高度为 3 m 的物品作为人类的标准，这大大降低了模型的正确率。重视异常值的出现，分析其产生的原因，常常成为发现问题进而改进决策的契机。

异常值是指数据样本中个别数据的值明显偏离其余的数据值。异常值在其他书籍中也被称为离群点。在数据探索时，需要将异常点发掘出来。探索异常点的方法有 3σ 原则、简单统计量分析、箱型图。

1) 简单统计量分析

可以借助于描述性统计查看哪些数据是不合理的，通过描述性统计中的最大值和最小值，可以判断一个变量中的数据是不是超出合理的范围。关于描述性的统计，可以借助于Pandas 下的 describe()函数。describe()函数会自动根据数据集中的属性进行描述统计。以下代码将参数 df 中的数据进行描述。

```
df.describe()
```

由于参数 df 中的数据只有“销量”一个属性，因此只针对“销量”属性进行统计描述，结果如图 5-5 所示。

	销量
count	200.000000
mean	2755.214700
std	751.029772
min	22.000000
25%	2451.975000
50%	2655.850000
75%	3026.125000
max	9106.440000

图 5-5　数据集中“销量”的描述统计结果

2) 3σ 原则

3σ 原则是以正态分布为基础的。如果数据服从正态分布，则在 3σ 原则下，异常值会被定义为一组测定值与平均值的偏差超过三倍标准差的值，即距离平均值 3σ 之外的值出现的概率为 $P(|x-\mu|>3\sigma)\leqslant 0.003$，属于极个别的小概率事件，如图 5-6 所示。

在具体的操作过程中，也可以借用于 describe()函数，根据 3σ 原则来筛选异常点，参考代码如下：

```
a=df.describe()
high=a['销量']['75%']+(a['销量']['75%']-a['销量']['25%'])*1.5      #按照 3σ 原则构造最高节点
low=a['销量']['25%']-(a['销量']['75%']-a['销量']['25%'])*1.5      #按照 3σ 原则构造最低节点
df[(df['销量']<low) | (df['销量']>high)]      #按照 3σ 原则，找出大于 high 和小于 low 的异常点
```

通过上面的方式可以将异常点结果展示出来，如图 5-7 所示。

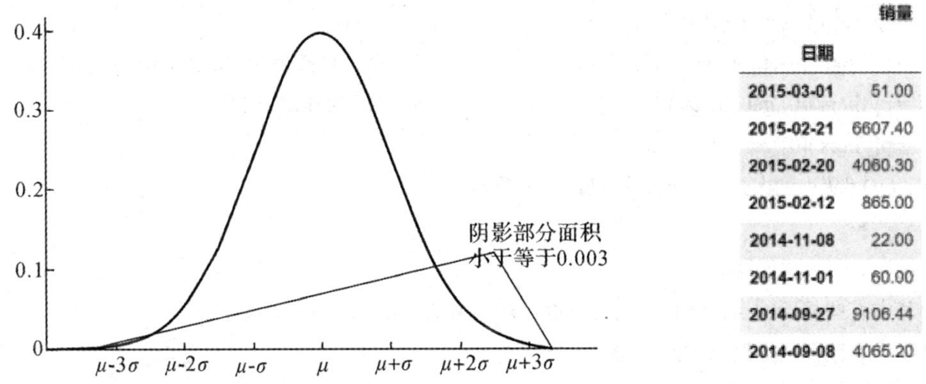

日期	销量
2015-03-01	51.00
2015-02-21	6607.40
2015-02-20	4060.30
2015-02-12	865.00
2014-11-08	22.00
2014-11-01	60.00
2014-09-27	9106.44
2014-09-08	4065.20

图 5-6　3σ 原则示意图　　　图 5-7　通过 3σ 原则探索出来的异常点

3) 箱型图

和 3σ 原则不同，箱型图是根据实际数据绘制的，即不需要事先假定数据服从正太分布形式，且对数据形式没有任何限制。箱型图是以数据的四分位数和四分位距为基础的，它判断异常值的标准是小于 25%的数据或大于 75%的数据是异常的，箱型图认为凡是超过这个范围内的数据不会很大程度干扰到四分位数，通过这个标准判断出来的异常值，结果比较客观。图 5-8 比较形象地展示了箱型图。

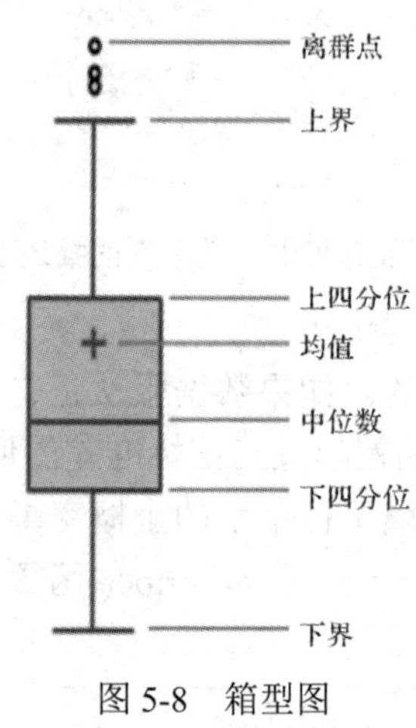

图 5-8　箱型图

箱型图的示例代码如下：

```
import matplotlib.pyplot as plt                    #导入图像库
plt.rcParams['font.sans-serif'] = ['SimHei']       #用来正常显示中文标签
plt.rcParams['axes.unicode_minus'] = False         #用来正常显示负号

plt.figure(figsize=(10,10)) #建立图像
p = df.boxplot(return_type='dict')                 #画箱型图，直接使用 DataFrame 的方法
x = p['fliers'][0].get_xdata()                     # ' fliers'  即为异常值的标签
y = p['fliers'][0].get_ydata()
y.sort() #从小到大排序，该方法直接改变原对象

#用 annotate 添加注释
#其中有些相近的点，注解会出现重叠，难以看清，需要一些技巧来控制
#以下参数都是经过调试的，需要具体问题具体调试
for i in range(len(x)):
```

```
    if i>0:
      plt.annotate(y[i], xy = (x[i],y[i]), xytext=(x[i]+0.05 -0.8/(y[i]-y[i-1]),y[i]))
    else:
      plt.annotate(y[i], xy = (x[i],y[i]), xytext=(x[i]+0.08,y[i]))

plt.show()                          #展示箱型图
```

通过上面的代码，可以直观地展示出箱型图，如图 5-9 所示。

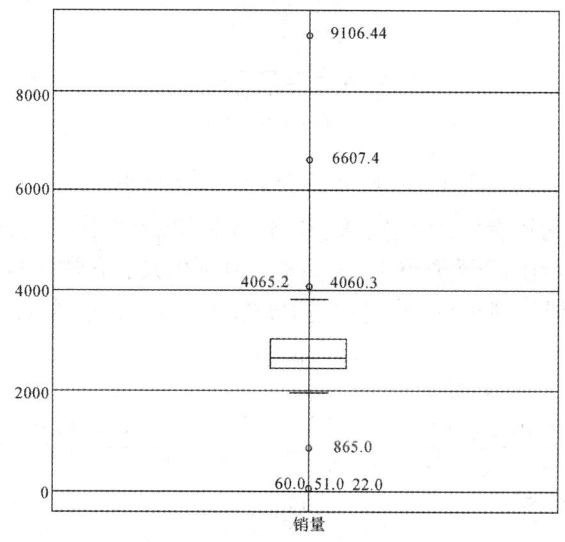

图 5-9　参数 df 中的箱型图

从图 5-9 中可以直观地看出在“销量”属性中，异常点有哪些，分别在哪里，但是这种方式对于数据的统计来说不太实用。如果希望通过箱型图统计数据，则可以通过 describe() 函数来实现。由于箱型图是通过四分位来进行判断的，因此可以借助于 describe()函数中的“75%”和“25%”。正常点高点为 75% + (75% − 25%) × 1.5，正常点低点为 25% − (75% − 25%) × 1.5，凡是超过高点和低点的均为异常点。代码实现如下：

```
a=df.销量.describe()

high=a['75%']+(a['75%']-a['25%'])*1.5
low=a['25%']-(a['75%']-a['25%'])*1.5

df[(df.销量<low) | (df.销量>high)].sort_values('销量')
```

代码运行出来的结果如图 5-10 所示。

	日期	销量
103	2014-11-08	22.00
0	2015-03-01	51.00
110	2014-11-01	60.00
16	2015-02-12	865.00
9	2015-02-20	4060.30
163	2014-09-08	4065.20
8	2015-02-21	6607.40
144	2014-09-27	9106.44

图 5-10　箱型图原则下的异常点

从图5-7和图5-10可以看出，相同数据下的不同原则所判断出来的异常点的个数是不同的，箱型图判断出来的异常点的个数要小于 3σ 原则下判断出来的异常点的个数。对照数理统计中的内容，可以看出，满足箱型图原则下的数据集要小于 3σ 原则下的数据集，如图 5-11 所示。

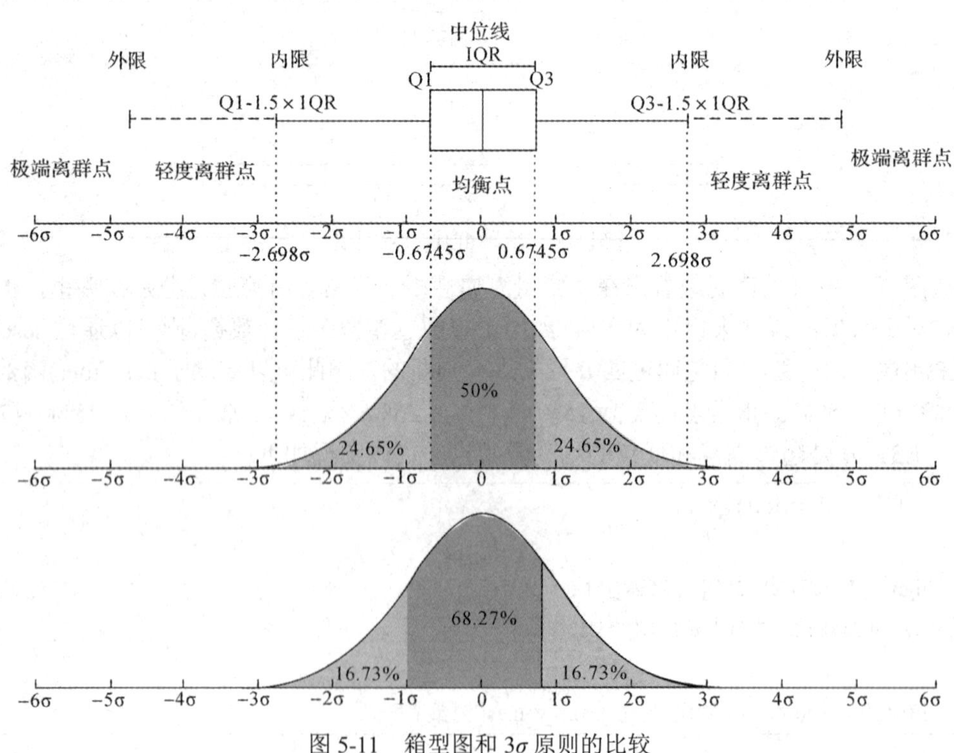

图 5-11　箱型图和 3σ 原则的比较

3. 数据不一致性分析

数据不一致性是指相同的数据属性，但其数值之间矛盾、不相容。如果在训练模型之前没有发现不一致的数据，则训练出来的模型将会产生与实际相违背的情况。数据不一致性问题主要发生在数据集成的过程中，如两张表格中都存储了用户的电话号码，但在用户的电话号码发生变更时，只更新了一张表格，另外一张表格没有进行更新，这时就产生了不一致的数据。

5.1.2 数据特征分析

在完成了数据质量分析后，就可以进行数据特征分析了。通常可以通过绘制一些图表、计算某些特征量等手段进行数据的特征分析。

1. 分布分析

通过分布分析可以了解到数据的分布特征和分布类型，以便发现某些特大或特小的可疑数据。对于定量性数据，通过分布分析可以了解到数据的分布形式(即是对称的还是不对称的)，以及数据的频率分布表等。

2. 对比分析

对比分析是指把两个相互联系的指标数据进行比较，从数量上说明数据规模的大小、数据水平的高低以及各种关系的协调等。由于之前的案例数据集中只有一个属性列，没有办法进行属性与属性之间的对比，因此在如下所示的例子中，引入一个全新的数据集。

```
data = pd.read_excel('我国恩格尔系数至 2014.xls', index_col = 0)
data.head()
```

数据集的结果展示如图 5-12 所示。

	农村居民家庭恩格尔系数(年)	城镇居民家庭恩格尔系数(年)
指标名称(年)		
1978-12-31	67.7	57.5
1979-12-31	64.0	57.2
1980-12-31	61.8	56.9
1981-12-31	59.9	56.7
1982-12-31	60.7	58.6

图 5-12　我国恩格尔系数的数据集

“恩格尔系数”是指居民家庭中食物支出占消费总支出的比重。通过 plot()函数可以直接将数据集中的“农村居民家庭恩格尔系数(年)”和“城镇居民家庭恩格尔系数(年)”属性列进行对比并分析，代码如下：

```
y2= data ['农村居民家庭恩格尔系数(年)']
y3= data ['城镇居民家庭恩格尔系数(年)']
plt.plot(y2,'-')
plt.plot(y3,'-og')
plt.show()
```

结果显示如图 5-13 所示，加点曲线为“城镇居民家庭恩格尔系数(年)”，不加点曲线为“农村居民家庭恩格尔系数(年)”。通过这个曲线可以看出，“城镇居民的家庭恩格尔系数”总体要低于“农村居民家庭恩格尔系数”，而且随着年份的增加，无论是“城市的恩格尔系数”还是“农村的恩格尔系数”，总体走势都是向下的。

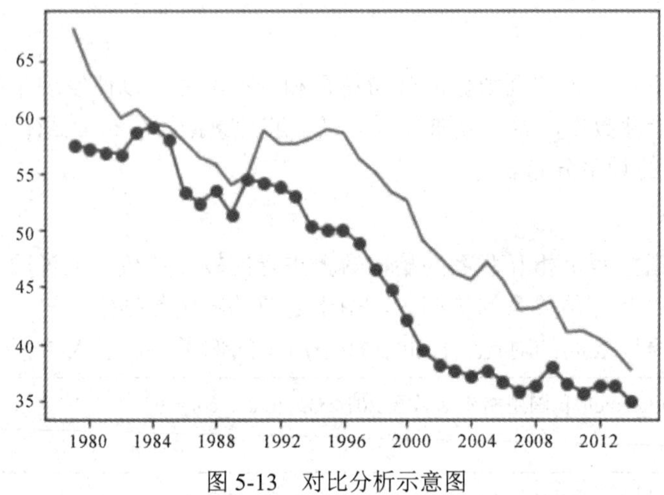

图 5-13　对比分析示意图

3. 统计量分析

统计量分析是指通过统计指标定量地对数据进行统计描述，通常分为两个方面：集中趋势的统计量分析和离中趋势的统计量分析。集中趋势是指一组数据向某一中心值靠拢的倾向，测度集中趋势即要寻找数据一般水平的代表值或中心值，常用的方法有均值、中位数、众数；离中趋势是指个体数据离开平均水平数据的度量，常用的方法有极差、标准差、变异系数。

在具体实践中，平均水平的数据可以通过 describe()函数来获取，或者直接调用 mean()函数，代码如下：

```
df.mean()                    #求得参数 df 中数据的平均值
```

通过众数可以求得拥有相同数值的个数。例如，在原有的数据集中加入新属性“round”，round 属性的值是对原始属性“销量”进行判断，将同等范围内的值统一成一个值，如将所有销量值在 2500～2600 之间的数据统一成 2500，将所有 2600～2700 之间的值统一成 2600 等。参考代码如下：

```
df['round']=df['销量']//100*100
df.head()
```

得出的新数据集如图 5-14 所示。

再对新生成的某一"round"列通过 value_counts()函数求众数，从而求出相同数据的数的个数。参考代码如下：

```
df['round'].value_counts()          #众数
```

得出的结果如图 5-15 所示。

日期	销量	round
2015-03-01	51.0	0.0
2015-02-28	2618.2	2600.0
2015-02-27	2608.4	2600.0
2015-02-26	2651.9	2600.0
2015-02-25	3442.1	3400.0

图 5-14　加入 round 列的数据集

```
2500.0    25
2600.0    23
2400.0    20
3000.0    18
2700.0    18
2300.0    15
2900.0    14
3200.0     9
2200.0     8
3100.0     7
2800.0     7
2100.0     6
3300.0     5
3400.0     5
2000.0     4
3600.0     3
```

图 5-15　统计出众数的结果

4. 相关性分析

相关性分析主要用来分析连续数值之间线性相关程度的强弱，其主要方法有直接绘制散点图法、绘制散点图矩阵或者计算相关系数。由于要展示相关性分析，而之前的数据集的属性比较少，因此这里重新加载一个具有属性相关性典型代表的数据集。

```
df=pd.read_excel('catering_sale_all.xls', index_col='日期')
df.head()
```

数据集展示如图 5-16 所示。

通过散点图的方式，探索属性与属性之间的相关性问题，代码如下：

```
pd.plotting.scatter_matrix(df, figsize=(12, 12));       #末尾的"；"用于抑制自动输出
```

结果如图 5-17 所示，横坐标是数据集中所有的属性，纵坐标也是数据集中所有的属性，每一个小格子绘制了属性与属性之间的相关性散点图。散点图分布越趋近于直线，说明相

关系数越高。

	百合酱蒸凤爪	翡翠蒸香茜饺	金银蒜汁蒸排骨	乐膳真味鸡	蜜汁焗餐包	生炒菜心	铁板酸菜豆腐	香煎韭菜饺	香煎罗卜糕	原汁原味菜心
日期										
2015-01-01	17	6	8	24	13.0	13	18	10	10	27
2015-01-02	11	15	14	13	9.0	10	19	13	14	13
2015-01-03	10	8	12	13	8.0	3	7	11	10	9
2015-01-04	9	6	6	3	10.0	9	9	13	14	13
2015-01-05	4	10	13	8	12.0	10	17	11	13	14

图 5-16　菜品销售金额数据集

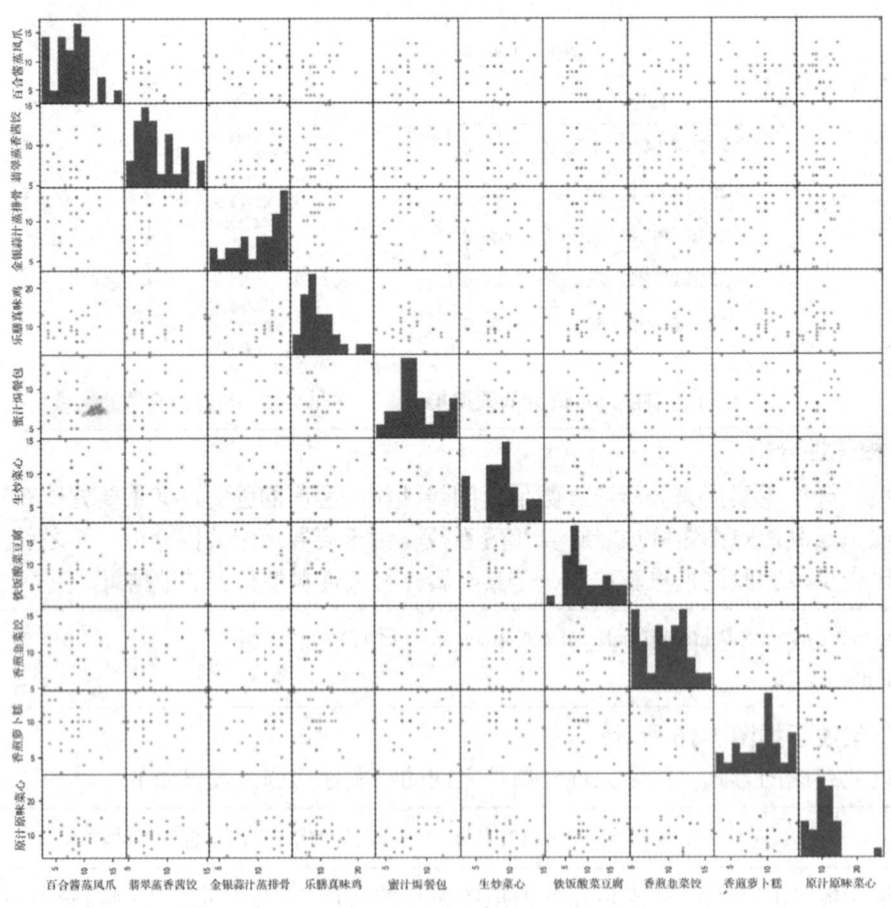

图 5-17　散点图相关性展示

通过散点图，可以很直观地看到属性与属性之间的相关性，但是结果并不准确。如果希望更准确地了解到属性与属性之间的相关性，则需要通过调用函数来进行计算。计算相关系数有两种方法：Pearson 相关系数和 Spearman 秩相关系数。

1) Pearson 相关系数

Pearson 相关系数一般用于对定距变量的数据进行的计算，即分析两个连续性变量之间的关系。

2) Spearman 秩相关系数

Spearman 秩相关系数用于描述分类或等级变量之间、分类或等级变量与连续变量之间的关系。

在实践过程中，不需要重新构置这些方法，直接通过函数的调用就可以完成，代码如下：

```
df.corr('spearman')          # Spearman 秩相关系数的计算
```

结果展示如图 5-18 所示。

	百合酱蒸凤爪	翡翠蒸香茜饺	金银蒜汁蒸排骨	乐膳真味鸡	蜜汁焗餐包	生炒菜心	铁板酸菜豆腐	香煎韭菜饺	香煎萝卜糕	原汁原味菜心
百合酱蒸凤爪	1.000000	-0.041091	0.076075	0.252936	0.077610	0.284248	0.126517	0.108511	-0.124796	0.080487
翡翠蒸香茜饺	-0.041091	1.000000	0.486872	0.025282	0.138780	-0.210647	-0.055828	0.074154	0.227267	0.160247
金银蒜汁蒸排骨	0.076075	0.486872	1.000000	0.092124	0.144932	-0.161763	0.172297	0.114629	0.183649	0.096296
乐膳真味鸡	0.252936	0.025282	0.092124	1.000000	-0.037269	0.226117	0.219495	-0.066069	0.005513	0.129317
蜜汁焗餐包	0.077610	0.138780	0.144932	-0.037269	1.000000	0.294324	0.412218	0.205269	0.222441	0.548356
生炒菜心	0.284248	-0.210647	-0.161763	0.226117	0.294324	1.000000	0.339668	0.112153	0.041850	0.023332
铁板酸菜豆腐	0.126517	-0.055828	0.172297	0.219495	0.412218	0.339668	1.000000	0.006498	0.198571	0.501194
香煎韭菜饺	0.108511	0.074154	0.114629	-0.066069	0.205269	0.112153	0.006498	1.000000	0.126242	0.059178
香煎萝卜糕	-0.124796	0.227267	0.183649	0.005513	0.222441	0.041850	0.198571	0.126242	1.000000	0.074984
原汁原味菜心	0.080487	0.160247	0.096296	0.129317	0.548356	0.023332	0.501194	0.059178	0.074984	1.000000

图 5-18　Spearman 秩方法计算出来的相关系数

除以上方式外，还可以借助 Python 中比较强大的画图工具——Seaborn，代码展示如下：

```
import seaborn as sns
sns.heatmap(df.corr(), annot=True);
```

结果展示如图 5-19 所示。

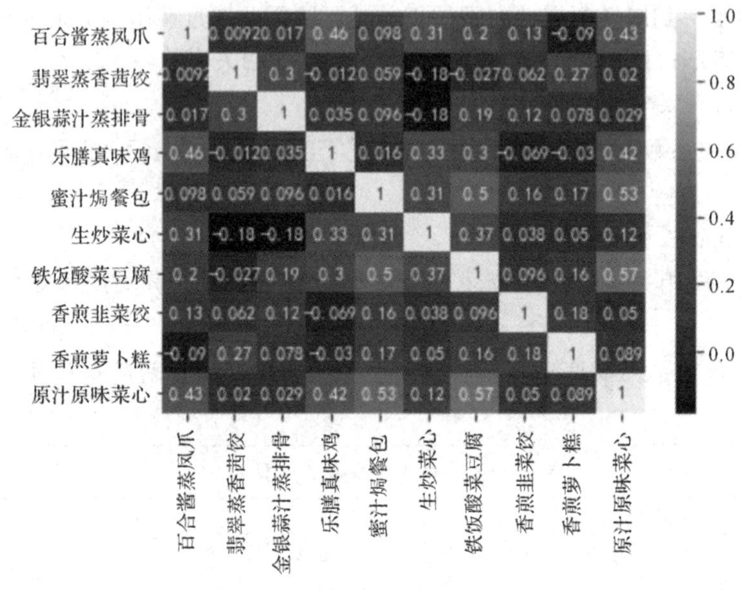

图 5-19　Seaborn 方式展示的相关性

5.2　数据预处理

完成数据探索后，就可以根据探索的结果进行数据的预处理了。在数据预处理中主要包括数据的清洗、数据的集成、数据的变换、数据的规约，往往这方面的工作量占据了所有工作量的 60%。

5.2.1　数据清洗

数据清洗主要是对数据探索所发现的问题展开处理，主要包含原始数据集中的无关数据处理、重复数据处理、缺失值处理、异常值的处理。这里重点介绍缺失值的处理和异常值的处理。

1. 缺失值的处理

通常，对于缺失值的处理方法有三种：删除记录、数据插补和不处理。删除记录和不处理比较简单，因此这里主要介绍数据插补。

数值插补的方法如表 5-1 所示。

表 5-1　数据插补的方法

插 补 方 法	方 法 描 述
均值/中位数/众数插补	根据数据属性值的类型，用该属性取值的平均数/中位数/众数来进行补进
使用固定值	将所有的缺失值用一个常量来替换
最近临插补法	在数据属性中找一个与缺失值属性最相近的数据来进行插补
插值法	找出数据属性的插值函数 $f(x)$，通过该函数 $f(x)$来预测该数据值

表 5-1 所列的前三种插补的方式比较简单，这里以第四种方法为例来讲解在具体的实践过程中的处理方式。

现在有一个“人口比重统计”的数据集，先将该数据集从文件中导入到系统中。代码如下：

```
import pandas as pd
df = pd.read_excel('人口比重统计.xls', index_col='年份')
df.head(10)
```

导入到系统以后的数据显示如图 5-20 所示。

年份	总人口	人口数(男)	比重 (%)	人口数(女)	比重 (%).1	人口数(城镇)	比重 (%).2	人口数(乡村)	比重 (%).3
1949	54167	28145.0	51.959680	26022.0	48.040320	5765	10.643011	48402	89.356989
1950	55196	28669.0	51.940358	26527.0	48.059642	6169	11.176535	49027	88.823465
1951	56300	29231.0	51.920071	27069.0	48.079929	6632	11.779751	49668	88.220249
1955	61465	31809.0	51.751403	29656.0	48.248597	8285	13.479216	53180	86.520784
1960	66207	34283.0	51.781534	31924.0	48.218466	13073	19.745646	53134	80.254354
1965	72538	37128.0	51.184207	35410.0	48.815793	13045	17.983678	59493	82.016322
1970	82992	42686.0	51.433873	40306.0	48.566127	14424	17.379988	68568	82.620012
1971	85229	43819.0	51.413251	41410.0	48.586749	14711	17.260557	70518	82.739443
1972	87177	44813.0	51.404614	42364.0	48.595386	14935	17.131812	72242	82.868188
1973	89211	45876.0	51.424152	43335.0	48.575848	15345	17.200794	73866	82.799206

图 5-20　人口比重统计数据集

通过数据探索可以发现，总人口数量在“1965 年”时有一个数据是缺失的，数据走向趋势如图 5-21 所示。

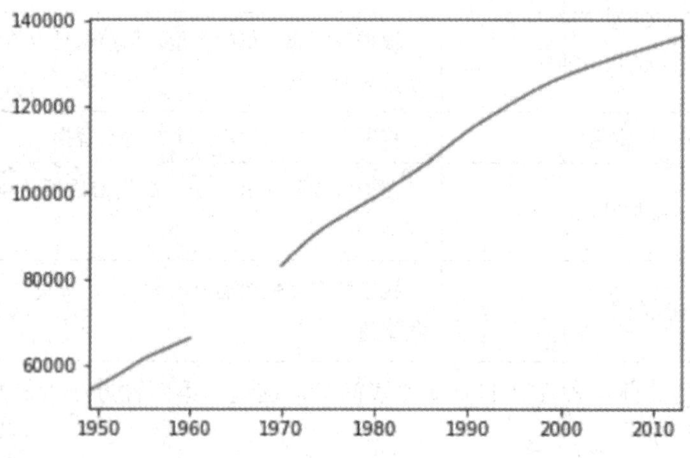

图 5-21　“总人口”属性的趋势走向

现在通过拉格朗日(Lagrange)函数来对缺失值进行预测。取 1950 年、1951 年、1955 年、1960 年、1970 年、1971 年、1972 年、1973 年数据来预测拉格朗日函数并存放在参数 f 中，再根据估算出来的函数代入年份参数，预测 1965 年的总人口数量。参考代码如下：

```
from scipy.interpolate import lagrange
#import numpy as np
x=[1950, 1951, 1955, 1960, 1970, 1971, 1972, 1973]
y=df.loc[x, '总人口']
x=np.array(x)-1950
f=lagrange(x,y.values)
print('1965 年总人口估计为：', f(1965-1950))
```

代码运行的结果如下：

```
1965 年总人口估计为：  70409.88805429707
```

2. 异常值的处理

通常对于异常值的处理方法有：删除含有异常值的记录、视为缺失值来处理、平均值进行填补、不处理，如表 5-2 所示。

表 5-2　异常值处理方法

异常值处理方法	方 法 描 述
删除含有异常值的记录	直接将含有异常值的记录删除
视为缺失值来处理	将异常值视为缺失值，利用缺失值处理的方法进行处理
平均值进行填补	利用前后两个观测值的平均值来进行填补
不处理	忽略异常值

5.2.2　数据集成

数据集中的数据往往分布在不同的数据源中，数据集成就是将多个数据源合并存放在一个统一的数据存储中的过程。在实际项目中，数据的集成带来的考验在于，多个数据源所表达的方式是不一样的，不一定是匹配的。所以要考虑到两个方面的问题：实体识别问题和冗余属性识别问题。

1. 实体识别问题

实体识别问题的主要任务是检测和解决同名异义、异名同义、单位不统一等。

2. 冗余属性识别问题

冗余属性识别问题的主要任务是排除同一属性多次出现、同一属性命名不一致导致的多次重复出现的情况。

5.2.3　数据变换

数据变换主要是对数据进行规范化的操作，将数据转换成“适当的”格式，以适用于模型训练的任务。数据变换包含的主要方式有：简单函数变换、数据标准化(归一化)、连续数据离散化等。

1. 简单函数变换

简单函数变换就是对原始数据上的所有数据进行某些数学函数变换，常见的方式有平方、开方、对数、差分运算等。

2. 数据标准化(归一化)

数据标准化是指将原始数据按照不同的量纲进行统一的放大或缩小。因数值间的差别可能很大，如果不进行处理，则会影响到一些分析结果，所以需要对所有的数据进行标准化，从而减少数据与数据之间的差异。规范化的方式有很多种，常用如下三种：

(1) 最小-最大标准化，即对原始数据进行线性变换，将所有的结果映射到[0, 1]区间。

转换函数为

$$x^* = \frac{x - \min}{\max - \min}$$

(2) 零-均值规范化，即经过处理后的数据的平均数为 0，标准差为 1。转换函数为

$$x^* = \frac{x - \overline{x}}{\sigma}$$

(3) 小数定标标准化，即通过移动属性值的小数位数，将属性值映射到[-1, 1]区间，移动的小数位数取决于属性值绝对值的最大值。转换函数为

$$x^* = \frac{x}{10^k}$$

其中，最小-最大标准化的参考代码如下：

```
import pandas as pd
import numpy as np
datafile = 'normalization_data.xls'                    #参数初始化
data = pd.read_excel(datafile, header = None)          #读取数据
(data - data.min())/(data.max() - data.min())          #最小-最大标准化
```

运行结束后，原始数据如图 5-22 所示，通过最小-最大标准化以后的数据如图 5-23 所示。

	0	1	2	3
0	78	521	602	2863
1	144	-600	-521	2245
2	95	-457	468	-1283
3	69	596	695	1054
4	190	527	691	2051
5	101	403	470	2487
6	146	413	435	2571

图 5-22　原始数据集

	0	1	2	3
0	0.074380	0.937291	0.923520	1.000000
1	0.619835	0.000000	0.000000	0.850941
2	0.214876	0.119565	0.813322	0.000000
3	0.000000	1.000000	1.000000	0.563676
4	1.000000	0.942308	0.996711	0.804149
5	0.264463	0.838629	0.814967	0.909310
6	0.636364	0.846990	0.786184	0.929571

图 5-23　最小-最大标准化以后的数据

3. 连续数据离散化

连续数据离散化是指将连续属性变换成分类属性，通常采用的方法有等宽法、等频法等。

5.2.4 数据规约

数据规约是将原始数据进行规约，规约以后的数据仍然接近于保持原数据的完整性，但是数据量要小很多。常用的规约的方式包括合并属性、逐步向前选择、逐步向后删除、决策树规约、主成分分析等。这里主要介绍主成分分析方法。

主成分分析(Principal Components Analysis)方法是将数据属性的维度降低，通过降低维度后的数据来代替原始数据并且保持原始数据的完整性的过程。

主成分分析方法的计算步骤如下：

(1) 设原始变量 X_1，X_2，X_3，…，X_P 的观测 n 次数据矩阵为

$$\boldsymbol{X}=\begin{bmatrix} x_{11} & x_{12} & \cdots & x_{1p} \\ x_{21} & x_{22} & \cdots & x_{2p} \\ \vdots & \vdots & & \vdots \\ x_{n1} & x_{n2} & \cdots & x_{mp} \end{bmatrix} \triangleq (X_1, \ X_2, \cdots X_P)$$

(2) 将数据矩阵中心标准化。为了方便，将标准化后的数据矩阵仍然记为 $\boldsymbol{X}$。

(3) 求相关系数矩阵 $\boldsymbol{R}$，$\boldsymbol{R}=(r_{ij})_{p\times p}$，$r_{ij}$ 定义为

$$r_{ij}=\frac{\sum_{k=1}^{n}(x_{ki}-\overline{x}_i)(x_{kj}-\overline{x}_j)}{\sqrt{\sum_{k=1}^{n}(x_{ki}-\overline{x}_i)^2\sum_{k=1}^{n}(x_{kj}-\overline{x}_j)^2}} \tag{5-1}$$

式中：$r_{ij}=r_{ji}$；$r_{ii}=1$。

(4) 求 $\boldsymbol{R}$ 的特征方程 $\det(\boldsymbol{R}-\lambda\boldsymbol{E})=0$ 的特征根 $\lambda_1\geqslant\lambda_2\geqslant\lambda_3\geqslant\cdots\geqslant\lambda_p\geqslant 0$。

(5) 确定主成分个数 m：$\dfrac{\sum_{i=1}^{m}\lambda_1}{\sum_{i=1}^{p}\lambda_1}\geqslant\alpha$，$\alpha$ 根据实际问题确定，一般取 80%。

(6) 计算 m 个相应的单位特征向量。计算公式为

$$\boldsymbol{\beta}_1=\begin{bmatrix}\boldsymbol{\beta}_{11}\\ \boldsymbol{\beta}_{21}\\ \vdots\\ \boldsymbol{\beta}_{p1}\end{bmatrix},\ \boldsymbol{\beta}_2=\begin{bmatrix}\boldsymbol{\beta}_{12}\\ \boldsymbol{\beta}_{22}\\ \vdots\\ \boldsymbol{\beta}_{p2}\end{bmatrix},\cdots,\ \boldsymbol{\beta}_m=\begin{bmatrix}\boldsymbol{\beta}_{m2}\\ \boldsymbol{\beta}_{m2}\\ \vdots\\ \boldsymbol{\beta}_{m2}\end{bmatrix} \tag{5-2}$$

(7) 计算主成分。计算公式为

$$Z_i = \boldsymbol{\beta}_{1i}X_1 + \boldsymbol{\beta}_{2i}X_2 + \cdots + \boldsymbol{\beta}_{pi}X_p \qquad i = 1,2,\cdots,\ m \tag{5-3}$$

新 手 问 答

1. 什么是数据规约？

数据规约是将原始数据进行规约，规约以后的数据仍然接近于保持原数据的完整性，但是数据量要小很多，即在数据不失真的前提下，减少数据属性的维度。

2. PCA 是监督式学习还是无监督式学习？

PCA 属于无监督式学习。在训练过程之前，并没有进行为训练数据集打标签的过程，所以它属于无监督式学习。

牛 刀 小 试

1. 案例任务

调取 PCA 函数，实现数据集的降维。

2. 技术解析

通过实践理解 PCA 的工作原理。

3. 操作步骤

(1) 读取数据集。参考代码如下：

```
import pandas as pd
data=pd.read_csv('auto-mpg.csv', sep='\s+', header=None)                #读取数据集
data.columns=['MPG', 'cyl', 'disp', 'hp', 'wt', 'acc', 'year', 'orig', 'name']   #为数据集进行列标注
                                                                         #MPG 列为预测结果列
```

(2) 向 PCA 函数传入数据，训练模型。参考代码如下：

```
from sklearn.decomposition import PCA
X=df[['cyl', 'disp', 'hp', 'wt', 'acc']]
```

```
pca=PCA(n_components=2)
pca.fit(X)
```

(3) 展示模型结果，了解模型。参考代码如下：

```
pca.components_                    #返回模型的各个特征向量
pca.explained_variance_ratio_      #返回各个成分各自的方差百分比
```

(4) 展示降维后的属性与结果之间的相关性。参考代码如下：

```
import matplotlib.pyplot as plt
X_new = pca.transform(X)           #降低维度
plt.scatter(X_new[:, 0], df['MPG'])
plt.show()
```

输出结果如图 5-24 所示。

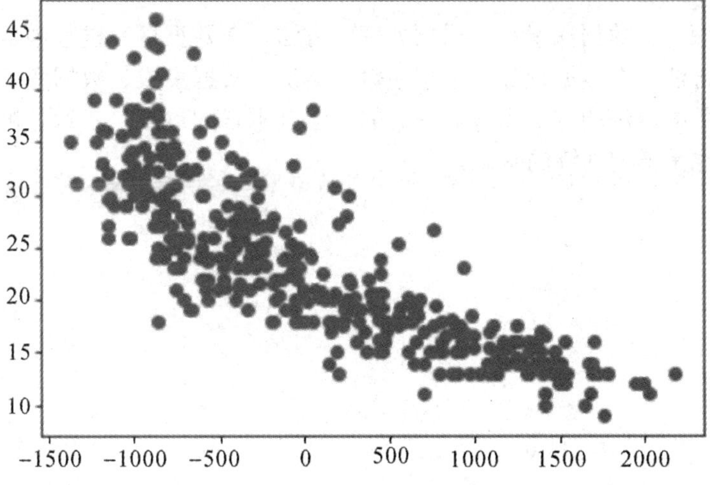

图 5-24　降维后选择权重大的维度与结果的相关系数分布图

图 5-24 展示了数据的分布情况，每个原点代表一个数据，从数据分布来看基本呈现线性化分布状态，说明通过 PCA 函数选择出来的权重最大的维度，与结果的相关系数是非常高的。运行完下面的代码后，从图 5-25 显示的结果可以看出，数据分布没有呈现线性化分布状态，说明其他维度和结果的相关系数就没有那么高。

```
plt.scatter(X_new[:, 1], df['MPG'])
```

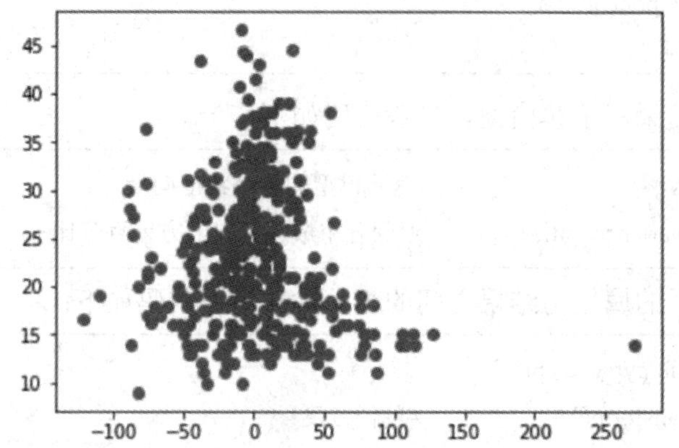

图 5-25　降维后选择权重一般的维度与结果的相关系数分布图

本章小结

本章主要探讨了数据探索和数据预处理的方法，在数据探索过程中数据质量分析、数据特征提取的方法，在数据预处理过程中数据清洗、数据集成、数据变换、数据规约的方法等。其中，数据清洗的方法和数据规约的方法是本章的重点。本章是机器学习进行模型训练的前提，也是模型训练的基础。

第二篇

招　式

第6章 回 归

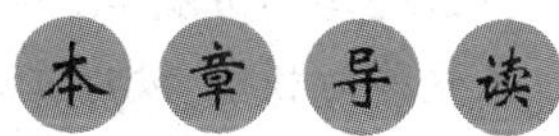

回归分析(Regression Analysis)是一种对数据进行预测性分析的技术，是用于估计多组变量之间相互依赖的定量关系的一种统计分析方法。回归分析是有监督式机器学习的代表，一元线性回归分析往往是有监督式学习的入门案例。在数据分析的实践中，销量的预测、房价的预测等都是典型的回归分析的用武之地，需要通过回归分析找到对销量或者房价变化影响最大的若干因素，比如店铺的人流量、房屋的面积等。现实中，需要预测的数据往往被很多因素同时影响着，通过回归分析可以回答如下问题：哪些因素最重要，哪些因素可以忽略，这些因素之间有什么互相影响，预测的可信度是多少等。在回归分析中，这些因素被称为变量。为了找到各种情景下不同变量与预测值之间的关系，需要使用不同的回归分析技术。本章将带领读者了解什么是回归分析，有哪些常用的回归分析技术，以及如何使用机器学习技术实现回归分析。最后通过一个实际的例子，分析数据之间的关系，建立回归模型，进行预测，并对预测结果进行评估，使读者在实践中掌握回归分析的基本技术。

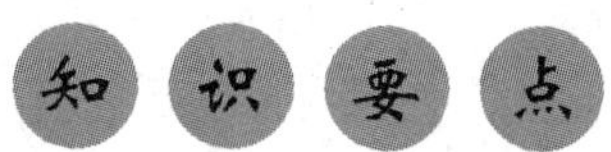

通过本章的学习，读者应了解和掌握以下知识技能：

- 回归的基本概念；
- 常见的线性回归和逻辑回归分析算法；
- 机器学习解决回归问题的基本工作流程；
- 用机器学习实现线性回归和逻辑回归分析；
- 使用回归算法解决预测问题。

当前是数据的时代，随着计算机的广泛使用，各行各业都积累了大量的数据。对这些数据进行分析，找到数据之间的关系，并且利用这些关系对未知对数据进行预测就成为了普遍的需求。

如果要评估一辆汽车的耗油量，就必须找到影响油耗的参数，以及这些参数和油耗之间的定量关系。很容易想到，油耗和汽车发动机的排量正相关，排量越大，油耗就越大。同时，由于技术的进步，同样排量的汽车，年代越新，油耗也会越低，这些是技术参数和油耗之间关系的定性表述。但是一个 1.5 L、10 年前的车型和一个 2.0 L、一年前的车型，哪个的油耗更高；如果再考虑车重、马力等影响参数，又该如何估计一辆车的可能油耗呢？此时就需要通过回归分析找到因变量(油耗)和自变量(影响因素)之间的定量关系。一旦这个关系(也被称为模型)被建立，就可以预测一个已知各种影响参数的汽车的油耗了。

在油耗评估的问题中，需要预测的值是油耗，它是连续的，也就是说油耗可以是 0～50 L/100 km，即百公里 0 升到百公里 50 升之间的任何值。还有一种预测，它的预测值是离散的，也就是说非连续的，如垃圾邮件预测，需要预测一封邮件是垃圾邮件，或者不是垃圾邮件，这时的预测值就是离散的。这种类型的预测在本章中将使用逻辑回归进行分析。更为复杂的分类预测将使用本书后面章节中提到的决策树和支持向量机的算法来分析。

6.1 回归分析算法的基础知识

以汽车油耗预测为例，如果已经有一系列的汽车相关的参数，希望找到这些参数与油耗之间的关系，该采用什么回归分析技术来建立参数与油耗的模型，又要怎样才能评估模型的优劣，进而使用模型来预测油耗，下面将进行讲解。

6.1.1 回归与拟合

在探索数据之间的关系时，常常听到两个词：回归与拟合。那么这两个词是什么意思呢？它们又有什么不同呢？

拟合(Fitting)又叫曲线拟合(Curve Fitting)，指的是对于一组离散数据，找到一条曲线，使得这些离散数据都分布在这条曲线上或者附近。拟合生成的曲线可以用于数据可视化，以及推论出未知数据点的位置，还可以用于分析数据之间的关系。

回归(Regression)是一种统计学的数据拟合方法，逐步地逼近最佳拟合曲线，这个过程中数据看起来渐渐地“回到”这条曲线上。回归分析不仅用于产生拟合曲线，还可以分析数据有“多符合”这条拟合曲线，即拟合的置信度。

所以可以简单地认为，拟合是目的，回归是实现数据拟合的一种分析方法，除了回归分析以外，还有曲线平滑等其他拟合方法。

回归分析评估了两个或者多个变量之间的关系，根据自变量的个数、自变量的组合方式，以及因变量的类型(如图 6-1 所示)，回归分析可以分为多种类别。

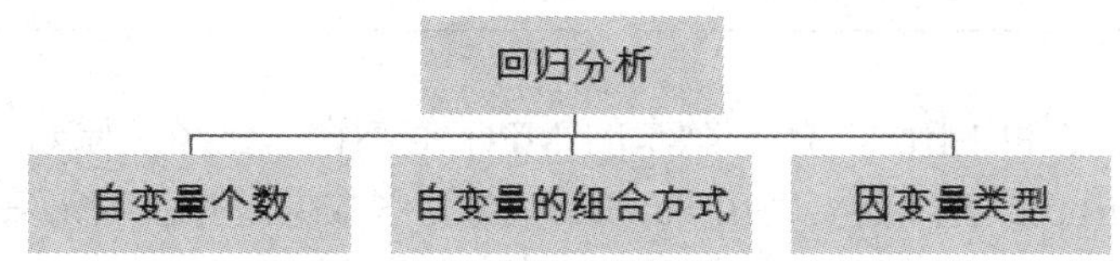

图 6-1 回归分析的分类方式

- 如果因变量是连续分布类型的变量(如房价)，则根据因变量是否为自变量的线性组合，可分为线性回归和非线性回归，再根据自变量的个数，形成一元线性回归、一元多项式线性回归、多元非线性回归等类型。
- 如果因变量是离散类型的变量，如分析是否为糖尿病患者，则称为二元逻辑回归；或者因变量是有顺序的变量，如将患者分为糖尿病一期、糖尿病二期、糖尿病三期，则称为有序逻辑回归；当因变量有两种以上但又无序时，如将患者分为无糖尿病、1 型糖尿病、2 型糖尿病，则称为多元逻辑回归。
- 如果因变量是其他变量的计数，则又有泊松回归等类型。

6.1.2 汽车油耗数据集准备

本小节使用美国加州大学欧文分校(University of California, Irvine)的机器学习数据集中的一个汽车油耗数据集来进行油耗分析，介绍各种回归分析技术。该数据集最早出自于卡耐基梅隆大学(Carnegie Mellon University)维护的一个统计数据库，收藏了 1970—1983 年美国市场上的 405 款家用车的油耗数据。这些数据可以从 UCI 的网站上获取，地址是 http://archive.ics.uci.edu/ml/datasets/Auto+MPG。每辆车包含 9 项参数，这些参数的英文缩写和含义如表 6-1 所示。

表 6-1 美国汽车油耗数据表各列缩写及含义

缩写	含 义
MPG	油耗，1 加仑汽油可以行驶的英里数，数值越大油耗越低
cyl	汽车发动机的汽缸个数
disp	汽车发动机的排量
hp	汽车发动机的马力数

wt	汽车的标准重量
acc	汽车的加速性能
year	汽车的款型年代
orig	汽车来源
name	汽车的型号名称

数据集的说明文件中指出，有 8 款车的 MPG 值不详，已经从原始数据中去除，同时还有 5 款车的马力(hp)数据不详。使用 Pandas 库对这些数据进行整理汇集，并去掉 hp 不详的 5 款车，最终保留 392 款车的油耗数据。参考代码如下：

```
import pandas as pd
#读取文件，以空格分隔各行，原始数据不包含表头
data=pd.read_csv('auto-mpg.data',sep='\s+', header=None)
print(data.shape)                    # (398, 9)
#给各列数据设置表头
data.columns=['MPG','cyl','disp','hp','wt','acc','year','orig','name']
df=data[data['hp']!='?']             #排除 hp 不详的数据
```

然后随机采样 10 行数据并展示，如图 6-2 所示。由于是随机采样，因此读者所获取的数据应该与展示的不同，这是正常的。参考代码如下：

```
print(df.sample(10).sort_index())
```

	MPG	cyl	disp	hp	wt	acc	year	orig	name
1	15.0	8	350.0	165.0	3693.0	11.5	70	1	buick skylark 320
163	18.0	6	225.0	95.00	3785.0	19.0	75	1	plymouth fury
174	18.0	6	171.0	97.00	2984.0	14.5	75	1	ford pinto
181	33.0	4	91.0	53.00	1795.0	17.5	75	3	honda civic cvcc
206	26.5	4	140.0	72.00	2565.0	13.6	76	1	ford pinto
245	36.1	4	98.0	66.00	1800.0	14.4	78	1	ford fiesta
266	30.0	4	98.0	68.00	2155.0	16.5	78	1	chevrolet chevette
291	19.2	8	267.0	125.0	3605.0	15.0	79	1	chevrolet malibu classic (sw)
316	19.1	6	225.0	90.00	3381.0	18.7	80	1	dodge aspen
350	34.7	4	105.0	63.00	2215.0	14.9	81	1	plymouth horizon 4

图 6-2　美国汽车油耗数据(随机选取 10 行)

这些数据中，MPG 是我们最关心的，它的含义为 Mile Per Gallon，即平均每加仑汽油汽车在市区环境下能行驶的英里数，与我国的习惯油耗数据一百公里多少升油是倒数关系。MPG 值越大，每加仑汽油能行驶的距离越长，车就越省油。从这些数据中可以判断出，排量越大的车越费油，比如第 1 行的别克 skylark 320，排量最大，为 350 立方英寸(折合 5.7L)，它的 MPG 也是最低的，为 15 英里每加仑；而第 181 行的本田 civic，排量 91 立方英寸(折合 1.5 L)，MPG 为 33 英里每加仑，基本上算是比较省油的；第 245 行福特 fiesta，有着最低的油耗：36.1 英里每加仑，发动机排量 98 立方英寸(1.5 L)也算是倒数第二小的。

但是以上只是定性分析，如何得到一个定量模型，从而可以根据这些自变量评估和预测油耗，这正是本章要解决的问题。

6.1.3 在 Excel 中添加回归趋势线预测

在微软的 Excel 软件中可以很容易地对一个因变量和一个自变量的线性或者非线性拟合进行回归分析。先将美国汽车油耗数据的两列(排量 disp 和油耗 MPG)导出到 Excel 文件中，这里把油耗调整到后面一列，因为 Excel 默认最后一列为 y 值，前面的列为 x 值。参考代码如下：

```
import pandas as pd
#读取文件，以空格分隔各行，原始数据不包含表头
data=pd.read_csv('auto-mpg.data',sep='\s+', header=None)
print(data.shape)    # (398, 9)
#给各列数据设置表头
data.columns=['MPG','cyl','disp','hp','wt','acc','year','orig','name']
df=data[data['hp']!='?']                                    #排除 hp 不详的数据
exportDF=df[['disp','MPG']]                                 #选取要保存的列
exportDF.to_excel('MPG.xlsx', index=False)                  #保存为 MPG.xlsx，并忽略标签
```

在 Excel 中打开产生的 MPG.xlsx 文件，会看到只有两列数据：disp 和 MPG，共计 507 行(包括标题行)。选中这两列数据，插入散点图，在图上的数据点上右键单击打开快捷菜单，选中“添加趋势线”选项，如图 6-3 所示。

在趋势线选择中，Excel 提供了指数、线性、对数、多项式、乘幂等多种趋势线，默认是线性趋势线。这些趋势线对应着不同的回归分析算法。由于这里只有 1 个自变量，即 p 排量 disp，因此线性趋势线就可以表示成一元线性回归分析、一元指数回归分析、一元对数回归分析、一元多项式回归分析等。读者可以选中“在图表上显示公式”和“在图表上显示 R 平方值”两个选项，再选择不同的趋势线，就可以看到对应的拟合曲线、曲线方程

以及 R^2 值。R^2 值越接近于 1，表示数据拟合的程度越高。图 6-4 显示了一元线性回归分析拟合的线性方程为 $y = -0.0601x + 35.121$，R^2 为 0.648 23，即 MPG 为 disp 乘以 −0.0601(这里的负号表示 MPG 与 disp 负相关，disp 越大，MPG 越低)再加上一个常数 35.121。

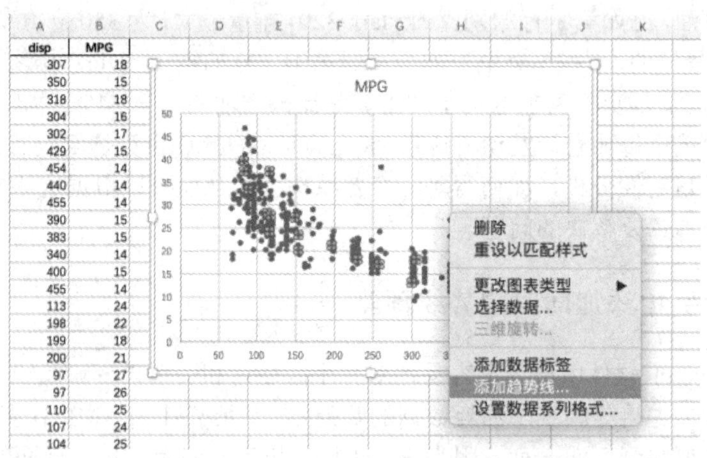

图 6-3　Excel 中的 MPG 为 y 轴，disp 为 x 轴的数据散点图

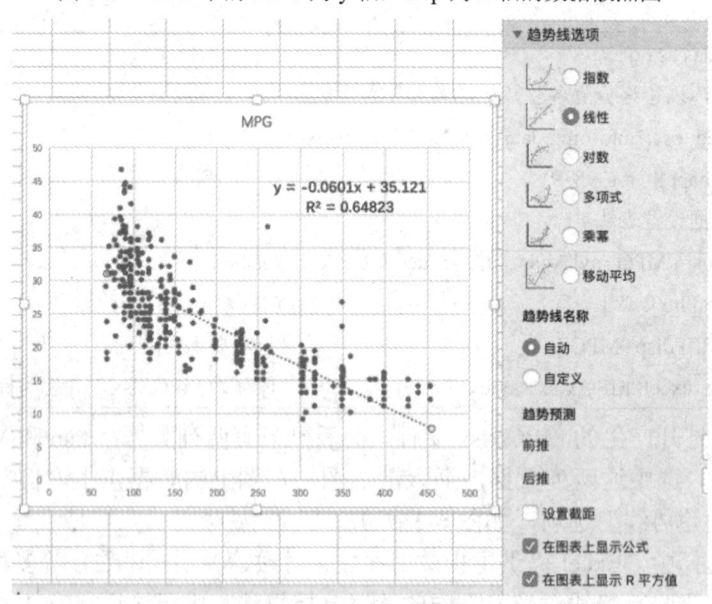

图 6-4　MPG 与 disp 使用 Excel 趋势线进行一元线性回归的结果

读者可观察这些离散的数据点是趋近于一条直线，还是更趋近于曲线。在 Excel 中选择各种曲线类型的趋势线，观察拟合出来的曲线公式，以及对应的 R^2 是上升了还是下降了。

6.2 线性回归

从上面的例子可以看到，线性回归就是把离散的数据拟合到一条直线上，获得一个直线方程来近似地描述这些离散的数据。现在来看一看，直线 $y = -0.0601x + 35.121$ 是怎么来的。

线性回归使用最佳的拟合直线(也就是回归线)在因变量(Y)和一个或多个自变量(X，或者 X_1，X_2，X_3，…)之间建立一种关系，如果变量 Y 与变量 X 之间的相关关系表现为线性组合，那么绘制的 X-Y 散点图就会近似地聚集在一条直线附近。对于单自变量的简单线性回归，即一元线性回归，Y 是 X 的线性函数，其线性回归方程式为

$$Y = cX + b \tag{6-1}$$

式中：b 表示截距；c 表示直线的斜率。b 和 c 即为该线性函数的参数。当从分散的数据点中拟合出参数 c 和 b 之后，对于一个给定的 X 值，就可以预测出对应的 Y 值。

如果有多个自变量 X_1，X_2，X_3，…，而 Y 与这些自变量之间也存在着线性相关关系，那么这就是一个多元线性回归问题，它对应的线性回归方程为

$$Y = c_1X_1 + c_2X_2 + c_3X_3 + \cdots + c_nX_n + b \tag{6-2}$$

或者简写为

$$Y = \sum_{i=1}^{n} c_iX_i + b \tag{6-3}$$

6.2.1 线性回归的基本原理

回归分析的基本原理是归纳与预测信息。也就是说，需要通过已有的信息，去推测出新的未知的信息，而“已有的信息”就是已知的数据集。现以一个最简单的一元线性回归为例进行讲解。一元线性回归可以看成 Y 的值是随着 X 的值而变化，每一个实际的 X 都会有一个实际的 Y 值。当拟合出式(6-1)后，每一个实际的 X 就可以按照式(6-1)计算出一个预测的 Y'，需要做的就是让所有的 Y' 和 Y 之间的误差最小。

以汽车油耗与排量数据集为例，每一个排量数据 X 对应着一个实际的 MPG 油耗数据 Y，以及一个根据回归公式预测的 Y'。可以将式(6-1)展开为

$$\begin{bmatrix} Y_1' \\ Y_2' \\ Y_3' \\ \vdots \\ Y_n' \end{bmatrix} = c \times \begin{bmatrix} X_1 \\ X_2 \\ X_3 \\ \vdots \\ X_n \end{bmatrix} + b \tag{6-4}$$

式中每一对(X, Y')就是数据集中的 disp 和根据回归公式预测的 MPG 数据。“最佳”的参数 c 和 b 理论上会使得所有的 Y' 和 Y 一致，但这在现实中是不可能的。如果只有两对(X, Y)，则可以很容易地拟合出参数 c 和 b，使得 $Y_1 = cX_1 + b$，并且 $Y_2 = cX_2 + b$，在图形上也可以有更清楚的表现，如果图上只有两个点，则通过这两个点的直线就是回归线，预测的 Y 值和实际的 Y 值完全一致。加入第三个点，除非这个点也正好在这条直线上，否则不可能 3 个预测值都和实际值完全一致。数据点越来越多，要做的妥协也就越来越多。最终只能尽量找到合适的 c 和 b，使得所有的 Y'和 Y 之间的误差最小。

要找到未知参数 c 和 b，有两种方法：最小二乘法和以梯度下降法为代表的数值计算法。

6.2.2 线性回归模型实现之最小二乘法

最小二乘法(Ordinary Least Square，OLS)是用数学公式直接求解线性回归方程的参数的方法。以最简单的一元线性回归为例，式(6-4)中显示一系列的 X 值可以求出一系列的预测值 Y'，目的是使每一对预测的 Y'和 Y 之间的误差$(Y-Y')$最小化。由于误差有正误差、负误差，为了避免彼此抵消，需要使用误差的平方来衡量。虽然绝对值也可以避免误差抵消，但是绝对值的代数计算性不如平方好，不便于求微分。二乘表示平方，最小二乘法就表示求误差平方和最小的方法。总误差公式为

$$E = \sum_{k=1}^{n}(Y - Y')^2 = \sum_{k=1}^{n}(Y_k - cX_k - b)^2 \tag{6-5}$$

式中：n 表示总共有 n 个数据点；k 为每一个数据点的下标。训练模型的目的就是要选择合适的 c 和 b，使 E 的值最小化。通过微积分知识可知，E 达到最小化的必要条件是 E 对 c 和 E 对 b 的偏微分要等于 0，即

$$\frac{\partial E}{\partial c} = \frac{\partial E}{\partial b} = 0 \tag{6-6}$$

把式(6-6)代入式(6-5)，再根据链式法则求微分就可以得到下面两个公式：

$$\frac{\partial E}{\partial c} = \sum_{k=1}^{n} 2(Y_k - cX_k - b)(-X_k) = 0 \tag{6-7}$$

$$\frac{\partial E}{\partial b} = \sum_{k=1}^{n} 2(Y_k - cX_k - b)(-1) = 0 \tag{6-8}$$

通过式(6-7)和式(6-8)可以得到两个以 b 和 c 为变量的二元一次方程组：

$$\sum_{k=1}^{n} X_k Y_k = c \times \sum_{k=1}^{n} X_k^2 + b \times \sum_{k=1}^{n} X_k \tag{6-9}$$

$$\sum_{k=1}^{n} Y_k = c \times \sum_{k=1}^{n} X_k + nb \tag{6-10}$$

对这个二元一次方程组代数求解可以得到 b 和 c 的计算公式为

$$c = \frac{\sum_{k=1}^{n}(X_k - \overline{X})(Y_k - \overline{Y})}{\sum_{k=1}^{n}(X_k - \overline{X})^2} \tag{6-11}$$

$$b = \overline{Y} - c\overline{X} \tag{6-12}$$

式中：$\overline{X}$ 表示所有 X 的平均值；$\overline{Y}$ 表示所有 Y 的平均值。

可以通过 Python 来验证式(6-11)和式(6-12)，使用美国汽车油耗数据中的排量 disp 作为 X，油耗 MPG 作为 Y。参考代码如下：

```
Import numpy as np
import pandas as pd
import matplotlib.pyplot as plt

#读取文件，以空格分隔各行，原始数据不包含表头
data=pd.read_csv('auto-mpg.data',sep='\s+', header=None)
print(data.shape)   # (398, 9)

#给各列数据设置表头
data.columns=['MPG','cyl','disp','hp','wt','acc','year','orig','name']
df=data[data['hp']!='?']                          #排除 hp 不详的数据
df=df[['disp','MPG']].copy()                      #选取要计算的列
df['x_xbar']=df.disp-df.disp.mean()               #添加一列 X − X̄
df['y_ybar']=df.MPG-df.MPG.mean()                 #添加一列 Y − Ȳ
c=sum(df.x_xbar*df.y_ybar)/sum(df.x_xbar**2)      #按式(6-11)计算 c
b=df.MPG.mean()-c*df.disp.mean()                  #按式(6-12)计算 b
print(c,b)                                        #打印输出 c 和 b 的值

equation='MPG={:.4f}*disp+{:.4f}'.format(c,b)     #格式化生成公式
print(equation)
```

```
def graph(formula, x_range):                #定义一个按公式画线的函数
    x=np.array(x_range)
    y=eval(formula)
    plt.plot(x, y, color='r')

plt.figure()                                #准备画图
plt.scatter(df.disp,df.MPG)                 #画数据点的散点图
graph('x*c+b',range(70,450))                #画 y=cx+b 的线
plt.text(200, 30, equation)                 #在图上添加公式
plt.title("MPG vs. displacement")           #设置图的标题
plt.xlabel("disp")                          #设置 x 轴标签
plt.ylabel("MPG");                          #设置 y 轴标签
plt.show()                                  #显示图形
```

可以看到，按照推导出的最小二乘法公式(6-11)和(6-12)，用 Python 根据油耗 MPG 数据和排量 disp 数据计算出来的斜率 c 为−0.060 051 4，截距 b 为 35.120 535 9，和 Excel 给出的线性拟合参数是一致的。图 6-5 是上述 Python 代码输出的图形。

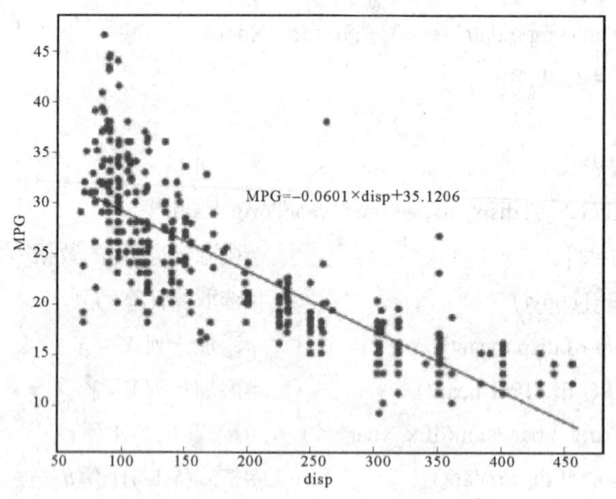

图 6-5　最小二乘法实现一元线性回归

Excel 拟合的时候还有一个变量 r^2，是相关系数的平方，也叫判定系数，用于衡量回归方程对因变量 Y 的解释程度，它的取值范围是 $0 \leqslant r^2 \leqslant 1$。$r^2$ 越接近于 1，表示 Y 与 X 的相关性越高；越接近于 0，表示 Y 与 X 的相关性越低。式(6-13)为 r^2 的计算公式。读者可以在上述代码的基础上自行计算 r^2，并与 Excel 生成的 R^2 比较。

$$r^2 = \frac{(\sum_{k=1}^{n}(X_k - \bar{X})(Y_k - \bar{Y}))^2}{\sum_{k=1}^{n}(X_k - \bar{X})^2 \times \sum_{k=1}^{n}(Y_k - \bar{Y})^2} \tag{6-13}$$

6.2.3 线性回归模型实现之梯度下降法

对于一元线性回归，总是可以根据最小二乘法直接求出参数 c 和 b。而由式(6-2)可知，多元线性回归有多少个自变量，就有多少个参数 c_i，可以把参数 b 也合并进去，写成 $c_0 \times 1$ 的形式，即

$$Y = c_0 \times 1 + c_1 \times X_1 + c_2 \times X_2 + c_3 \times X_3 + \cdots + c_n \times X_n \tag{6-14}$$

对于一个有 n 个自变量，m 个样本的数据集，式(6-14)可以写成矩阵形式：

$$\begin{bmatrix} Y_1' \\ Y_2' \\ Y_3' \\ \vdots \\ Y_m' \end{bmatrix} = \begin{bmatrix} 1 & X_{11} & X_{12} & \cdots & X_{1n} \\ 1 & X_{21} & X_{22} & \cdots & X_{2n} \\ 1 & X_{31} & X_{32} & \cdots & X_{3n} \\ \vdots & \vdots & \vdots & & \vdots \\ 1 & X_{m1} & X_{m2} & \cdots & X_{mn} \end{bmatrix} \begin{bmatrix} C_0 \\ C_1 \\ C_2 \\ \vdots \\ C_n \end{bmatrix} \tag{6-15}$$

或者简写为式(6-16)，式中的 $\boldsymbol{Y}'$、$\boldsymbol{X}$、$\boldsymbol{C}$ 都是矩阵：

$$\boldsymbol{Y}' = \boldsymbol{X}\boldsymbol{C} \tag{6-16}$$

同样对预测值和实际值误差的平方和求最小化，可以获得回归系数矩阵 $\boldsymbol{C}$：

$$\boldsymbol{C} = (\boldsymbol{X}^{\mathrm{T}}\boldsymbol{X})^{-1}\boldsymbol{X}^{\mathrm{T}}\boldsymbol{Y} \tag{6-17}$$

要注意的是，式(6-17)中涉及对 $\boldsymbol{X}^{\mathrm{T}}\boldsymbol{X}$ 矩阵求逆，因此只能在逆矩阵存在的时候适用，当这个矩阵的逆不存在时，不能使用最小二乘法求解。即使存在逆矩阵，对一个高阶矩阵求逆的代价也是非常昂贵的。一般情况下，一个 n 阶矩阵求逆的时间复杂度大约是 $O(n^3)$，使用分治法可以缩短到 $O(n^{2.18})$。可以想象，当自变量的个数增大到一定程度后(深度学习中常常会达到上万，甚至百万)，最小二乘法求回归系数矩阵就不再可行。

因此，对于多元线性回归常常采用梯度下降法来替代最小二乘法。先解释一下什么是梯度。

在微积分里面，对多元函数的参数求偏导数，把求得的各个参数的偏导数以向量的形式写出来，就是梯度。如函数 $f(x, y)$，分别对 x, y 求偏导数，求得的梯度向量就是 $(\partial f / \partial x, \partial f / \partial y)^{\mathrm{T}}$，简称 grad $f(x, y)$ 或者 $\nabla f(x, y)$。点 (x_0, y_0) 的具体梯度向量就是 $(\partial f/\partial x_0, \partial f/\partial y_0)^{\mathrm{T}}$ 或者 $\nabla f(x_0, y_0)$，如果是 3 个参数的梯度向量，就是 $(\partial f / \partial x, \partial f / \partial y, \partial f / \partial z)^{\mathrm{T}}$，以此类推。

这个梯度向量的几何意义就是函数变化增加最快的地方。具体来说，对于函数$f(x, y)$，在点(x_0, y_0)，沿着梯度向量的方向就是$(\partial f/\partial x_0, \partial f/\partial y_0)^T$的方向是$f(x, y)$增加最快的地方。或者说，沿着梯度向量的方向，更加容易找到函数的最大值。反之，沿着梯度向量相反的方向，也就是 $-(\partial f/\partial x_0, \partial f/\partial y_0)^T$ 的方向，就更加容易找到函数的最小值。因此，梯度向量可以指引用迭代的方式找到误差平方的最小值，以及这个最小值所对应的回归参数。

图 6-6 显示了梯度下降法的迭代过程，$J(\theta_0, \theta_1)$是一个有两个自变量的函数，与一元线性回归中的误差平方和函数类似，该函数也有 b 和 c 两个变量。超过两个变量，数学上的处理是类似的，只是无法如两个变量那样用直观的图形表示出来。我们的目的是从图上的任意点出发，找到函数的最小值，即误差平方和最小的点，得到这个点对应的两个自变量(图 6-6 中是 θ_0，θ_1，一元线性回归中是 b 和 c)即为求解的回归参数。假设的起始点在误差平方和的最大值处，计算该点的梯度，梯度的负方向即误差和下降最快的方向，然后参数 b 和 c 移动一个固定距离，到第二个画 x 的点，再次计算这个点的梯度，得到另外一个方向，继续移动，这个过程一直迭代至梯度为 0(实践中是一个非常小的数，不会正好是 0)即为函数的最小值。

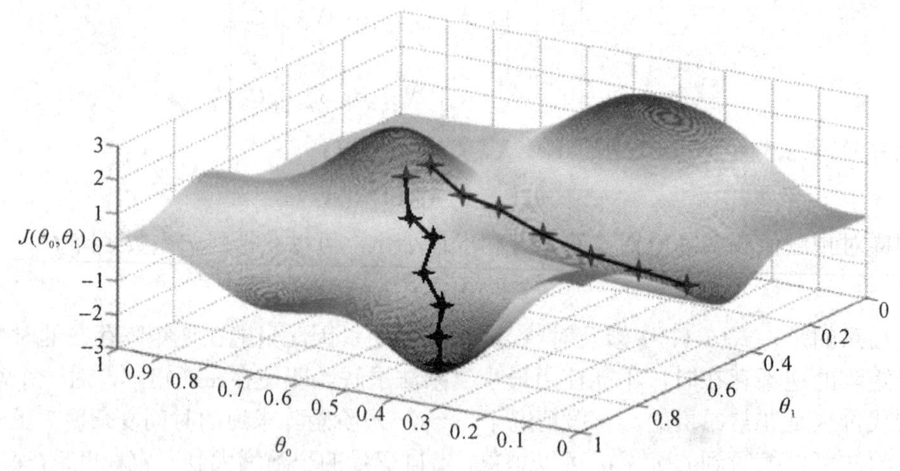

图 6-6　梯度下降法求函数最小值的两条随机路径

但是应注意，图 6-6 中有两条黑线，它们的起始点只偏离了很小一点，但是行进的方向逐渐变得非常不同，左边一条到达了整个函数的全局最低点，而右边一条到达了一个局部最低点，由于这个点附近的梯度负值都指向这个局部最低点，再多次的迭代都不可能到达旁边的全局最低点。因此，梯度下降不一定能够找到全局的最优解，有可能是一个局部最优解。当然，如果损失函数是凸函数，则梯度下降法得到的解就一定是全局最优解。

小贴士

步长(Learning rate)：步长决定了在梯度下降迭代的过程中，每一步沿梯度负方向前进的长度。以图 6-6 为例，步长就是两个 x 之间的距离。步长在有些场合也叫学习率(在第 4 章有详细的讲解)。

假设函数(Hypothesis function)：在回归分析中指的是为了拟合数据点而假设的函数形式；在一元线性回归分析中假设函数是一个线性函数，即 $h(x) = b + cx$。

损失函数(Loss function)：为了评估模型拟合的好坏，通常用损失函数来度量拟合的程度。损失函数极小化，意味着拟合程度最好，对应的模型参数即为最优参数。在线性回归分析中，损失函数为误差的平方和。

为了方便读者从代码的角度充分理解梯度下降法，将不使用 TensorFlow 封装好的优化函数，而是手动实现梯度下降算法。

按照式(6-4)来拟合 MPG，输入是一系列 disp 组成的一阶列矩阵 $\boldsymbol{X}$，和一系列的 MPG 组成的一阶列矩阵 $\boldsymbol{Y}$。这里大写 $\boldsymbol{X}$ 和 $\boldsymbol{Y}$ 表示它们是矩阵。所以要先设置两个占位符 X 和 Y，数据类型为 32 位浮点，形状都是 392 个(即样本的个数)元素的数组。占位符在计算时再使用数据进行赋值。参考代码如下：

```
###构建计算图 ###
#设置两个输入占位符
X=tf.placeholder(tf.float32, [data_count])
Y=tf.placeholder(tf.float32, [data_count])
```

然后需要设置两个回归系数 c 和 b，设置为 TensorFlow 的变量，以便优化它们，还可以修改它们的值。可以给它们设定初始值为 0，或者随机值。可以尝试一个设为 0，一个设为随机值。

```
#因为线性方程 Y = cX + b，所以设置两个变量 c 和 b
#初始值为 -1 到 1 之间的随机数。random_uniform ([1])为 1×1 的矩阵，即一个数
c=tf.Variable(tf.random_uniform([1], -1.0, 1.0))

#初始值为零，zeros([1])为一个 1×1 的零矩阵
b=tf.Variable(tf.zeros([1]))

#使用线性方程求得一个新的 Y(即假设函数)
Y_pred=c * X + b
```

```
#定义损失函数，即预测 Y 和原 Y 之间的和方差：(Y_pred - Y)平方，求和，取均值
loss=tf.reduce_mean((Y_pred - Y)**2)
```

有了输入 X，参数 c 和 b，就可以用假设函数，即式(6-4)计算预测值 Y_pred。然后定义损失函数，即式(6-5)。函数 tf-reduce_mean 会求得所有数据点误差的平方和的平均值。当损失函数的值最小时，它的平均值也是最小的，因此可以使用它的平均值替代误差平方和作为损失函数进行优化。

然后需要使用 TensorFlow 提供的数值求导函数 tf.gradients 对 loss 函数相对于两个参数 c 和 b 求偏导，求导的结果乘以 0.5 的学习率再取负值，就是梯度下降法求出的对参数的修正。

```
#通过 gradients 求出梯度，沿梯度的反方向移动，满足 loss 最小，即为梯度下降法
grad_c, grad_b=tf.gradients(ys=loss, xs=[c, b])

learning_rate=tf.constant(0.5)          #每一次参数改变的速度，通常称为学习率

#将变量沿梯度的负方向移动学习率的长度，然后更新变量值
update_c=tf.assign(c, c - learning_rate * grad_c)
update_b=tf.assign(b, b - learning_rate * grad_b)

###计算图构建结束###
```

6.2.4 线性回归模型在油耗预测中的应用

用 TensorFlow 对油耗和排量的数据进行一元线性回归，为了方便读者从代码的角度充分理解梯度下降法，不使用系统封装好的优化函数，而一步一步手动实现梯度下降算法，选择一元线性回归而不是多元线性回归会使这个手动算法更易于理解。

首先导入数据，将数据文件“auto-mpg.data”与代码存放在同一个目录下，避免找不到文件；然后去除缺失数据，提取 disp 和 MPG 两列作为一元线性回归分析的数据，抛弃其他无关数据。参考代码如下：

```
#导入库
import tensorflow as tf
import numpy as np
import pandas as pd
import matplotlib.pyplot as plt
```

```
#获取数据
data=pd.read_csv('auto-mpg.data',sep='\s+', header=None)
data.columns=['MPG','cyl','disp','hp','wt','acc','year','orig','name']
data=data[data['hp']!='?']

#小数定标归一化处理
x_data=data['disp'].values/1000
y_data=data['MPG'].values/100

data_count=len(x_data)
```

在上述代码中，注意需要对 disp 和 MPG 的值进行归一化处理，因为 disp 的取值范围为 0 到几百，而 MPG 的取值范围为 0 到几十。如果不进行归一化处理，则会出现梯度消失的问题。数据的归一化通常有离差归一化、标准差归一化、小数定标归一化等。采用小数定标归一化方法，通过移动数据的小数点位置，将数据缩放到[-1, 1]区间，由于数据没有负值，因此这里会缩放到[0,1]区间。数据缩放以后，拟合得到的回归系数 c 和 b 就会发生改变，如果要使用原始数据进行预测，就要把 c 和 b 反向缩放。

data_count 就是数据集中数据的个数，这里的值为 392。

然后来构建计算图。按照式(6-4)来拟合 MPG，输入是一系列 disp 组成的一阶列矩阵 $\boldsymbol{X}$ 和一系列的 MPG 组成的一阶列矩阵 $\boldsymbol{Y}$。这里大写 $\boldsymbol{X}$ 和 $\boldsymbol{Y}$ 表示它们是矩阵。所以要先设置两个占位符 X 和 Y，数据类型为 32 位浮点，形状都是 392(即 data_count 的值)个元素的数组。占位符在计算时再使用数据进行赋值。参考代码如下：

```
###构建计算图###
#设置两个输入占位符
X=tf.placeholder(tf.float32,   [data_count])
Y=tf.placeholder(tf.float32,   [data_count])
```

然后需要给两个参数 c 和 b 设置初始值，这里给 c 设定一个[-1, 1]之间的随机数，即回归线的斜率在 -1 和 1 之间，b 的初始值设为 0。这里参数的初值随机选取避免了永远从同一个地点开始优化而反复掉入同一个最小值的情况。多次随机起始点的优化就有机会进入全局最小点。参考代码如下：

```
#因为线性方程 Y = cX + b，所以设置两个变量 c 和 b
#初始值为 -1 到 1 之间的随机数。random_uniform ([1])为 1×1 的矩阵，即一个数
c=tf.Variable(tf.random_uniform([1], -1.0, 1.0))
```

```
#初始值为零，zeros([1])为一个 1×1 的零矩阵
b=tf.Variable(tf.zeros([1]))
```

有了输入X，参数c和b，就可以用式(6-4)计算出使用这套参数预测出的MPG值，Y_pred也是一阶列矩阵，有 392 个值。误差的平方就是(Y-Y_pred)**2，也是一阶列矩阵，函数tf.reduce_mean 会将这个矩阵的每个元素求和再除以元素个数(即 392)得到一个标量，这个标量数值称为损失值。loss = tf.reduce_mean((Y_pred - Y)**2)，也称为损失函数。之所以用误差的平方和的平均值(和方差)作为损失值，是因为平方和的数值太大，计算梯度时会出现大数除小数损失精度的问题。

```
#使用线性方程求得一个新的 Y(起始的参数是一个随机值)
Y_pred=c * X + b

#定义损失函数，即预测 Y 和原 Y 之间的和方差：(Y_pred - Y)平方，求和，取均值
loss=tf.reduce_mean((Y_pred - Y)**2)
```

然后使用 loss 函数对两个参数 c 和 b 进行求导，可以使用 TensorFlow 提供的数值求导函数 tf.gradients 进行求导，这个函数的两个参数中 ys 是函数方程 y，xs 是这个函数方程的参数(自变量)，这里损失函数 loss 的参数就是 c 和 b。函数会返回两个参数方向上的梯度grad_c 和 grad_b。接下来需要定义一个学习率，即在这个梯度的反方向上要移动的距离，学习率越高，移动得越快，但是在接近最小值的地方越容易震荡。相反，学习率越低，需要到达最小值的迭代次数就越多，但是收敛得越平稳。可以根据经验和尝试的方法选择学习率，这里学习率设为 0.5。参考代码如下：

```
#通过 gradients 求出梯度，沿梯度的反方向移动，满足 loss 最小，即梯度下降法
grad_c, grad_b = tf.gradients(ys=loss, xs=[c, b])

learning_rate = tf.constant(0.5)          #每一次改变的比例，通常称为学习率

#将变量沿梯度的负方向移动学习率的长度，然后更新变量值
update_c=tf.assign(c, c-learning_rate*grad_c)
update_b=tf.assign(b, b-learning_rate*grad_b)
```

将参数梯度和学习率在各自梯度的负方向上移动一小段距离，就会得到新的参数，然后重新使用这组新参数计算新的梯度，反复迭代，就可以使损失函数的值越来越小，当损失值不再能持续降低的时候，即可认为已经到达损失值的最小值。此时的 c 和 b 就是优化成功的回归系数。

函数 tf.assign(c, c - learning_rate * grad_c)会将 c - learning_rate * grad_c 计算出来的值赋给 *c*，同时把这个新的 *c* 值作为函数的返回值返回。

```
#变量初始化
init=tf.global_variables_initializer()
###计算图构建结束###
```

在开始计算之前，还有最后一步就可以完成计算图的构建：定义变量初始化操作。这个操作会将计算图中的所有变量进行初始化，然后才可以开始计算。

计算图构建完毕后，开始训练之前需要设定两个训练参数：预计训练轮数(即迭代次数)和打印轮数(即每多少轮打印一次中间结果)。还需要初始化一个中间结果数组，用于保存中间结果，以在迭代优化完成后图形化展示迭代过程。参考代码如下：

```
#设置训练轮数
train_cycles=500
#设置每 50 轮打印一次中间结果
print_cycles=50


#定义一个用于保存中间结果的数组
saved_data=[]
```

使用 tf.Session()函数构造一个会话，使用这个会话调用 sess.run()函数对计算图构造过程中定义好的各个操作(op)进行后续的计算，计算完毕后需要调用 sess.close()函数关闭会话。

所有的计算从初始化操作开始，然后开始循环迭代优化参数 *c* 和 *b*。这个优化是通过不断地迭代更新 *c* 和 *b* 的值使损失函数 loss 的值降低来实现的。每循环 print_cycles 次(此处为 50 次)，计算当前的 *b*、*c* 和损失值并打印输出，同时保存到 saved_data 数组中，供优化完成后以图形方式查看。参考代码如下：

```
###开始训练###
sess=tf.Session()
sess.run(init)                              #初始化变量

#打印表头
print('cycle        c          b        loss')
print('==================================')
for step in range(1, train_cycles+1):
    #根据 x 和 y 的值，更新 b 和 c，函数的返回值是 b 和 c 更新后的值
```

```
        new_c, new_b=sess.run([update_c, update_b], feed_dict={X: x_data, Y: y_data})
        #如果本轮应该打印输出
        if step % print_cycles==0:
            #计算损失函数在当前轮的值
            l=sess.run(loss, feed_dict={X: x_data, Y: y_data})
            #保存中间变量
            saved_data.append([step,l,new_c[0], new_b[0]])
            #打印本轮拟合数据
            print('{:5d} {:8.4f} {:8.4f} {:8.4f}'.format(step, new_c[0], new_b[0], l))
    sess.close()
    ###结束训练###
```

训练结束后，打印出的中间结果如图 6-7 所示。可以看到，250 轮以后损失值的下降趋势已经放缓，但是 c 和 b 的值仍然在小幅度变化中。由于参数 c 是被初始化为一个随机值，因此读者运行这段代码的输出会不一致，可能收敛得更快，也可能更慢。

```
cycle       c          b       loss
====================================
   50  -0.0490   0.2428   0.0055
  100  -0.2755   0.2873   0.0033
  150  -0.4090   0.3136   0.0025
  200  -0.4876   0.3290   0.0023
  250  -0.5340   0.3381   0.0022
  300  -0.5613   0.3435   0.0022
  350  -0.5774   0.3467   0.0021
  400  -0.5869   0.3485   0.0021
  450  -0.5925   0.3496   0.0021
  500  -0.5958   0.3503   0.0021
```

图 6-7　每 50 轮输出一次中间结果

saved_data 数组中的参数是 X 和 Y 归一化后拟合出来的，要使用原始的 X 计算出原始的 Y，就需要按照反方向进行处理。原始的 Y 是归一化后的 Y 的 100 倍，因此 b 需要放大 100 倍，cX 也要放大 100 倍，但同时原始的 X 是归一化后的 X 的 1000 倍，c 就是在放大 100 倍的基础上再缩小 1/1000。最终调整后的一元线性回归方程为 MPG = −0.05958 ×disp+35.03，与图 6-5 中显示的、使用最小二乘法获得的一元线性回归方程 MPG = −0.0601 ×disp+35.1206 是非常接近的。

现在来查看迭代过程中模型是如何变化的。使用如下代码，以同样的方法将所有中间过程的参数 c 和 b 进行还原，并用 loss 对迭代次数作图，结果如图 6-8 所示。

```
    #将中间结果转为dataframe
```

```
df=pd.DataFrame(saved_data,columns=['cycle','loss','c','b'])
# 将轮数作为标签
df.cycle=df.cycle.map(lambda i:str(int(i)))
df.set_index('cycle',inplace=True)
df.c=df.c*100/1000      #调整参数 c 以适合原始数据
df.b*=100               #调整参数 b 以适合原始数据

plt.plot(df.loss)       #绘制 loss 对于循环次数的变化图
plt.legend()
plt.show()
```

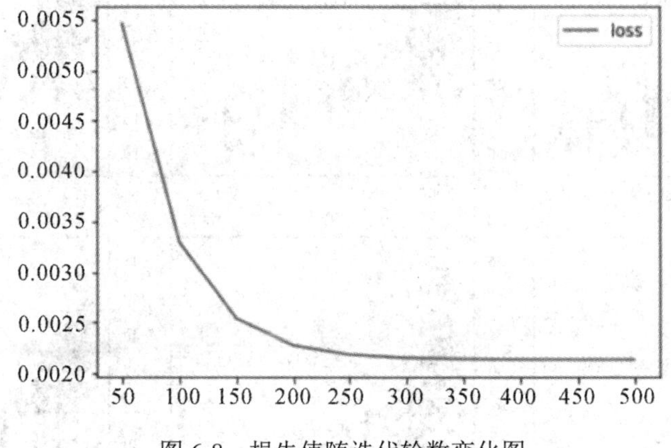

图 6-8 损失值随迭代轮数变化图

最后，将 10 个中间结果的前 9 个用子图形式绘制出来，观察回归线的变化情况，如图 6-9 所示。

由于最后第 500 轮的输出与 450 轮的输出变化不大，因此省略了 500 轮的图形。从图 6-9 中可以看到回归线是如何在迭代中逐渐逼近最小二乘法的结果的。图 6-9 的绘制代码如下：

```
def graph(formula, x_range):
    x=np.array(x_range)
    y=eval(formula)
    plt.plot(x, y, color='r')


plt.figure(figsize=(12, 12))
```

```
for i in range(9):
    plt.subplot(3, 3, i+1)
    f='{:.4f}*x+{:.4f}'.format(df.c[i], df.b[i])
    plt.plot(data['disp'], data['MPG'], 'b.')
    graph(f,range(70, 450))
    plt.text(200, 30, f, fontdict={'size': 12})
    plt.xlabel('step='+df.index[i])
```

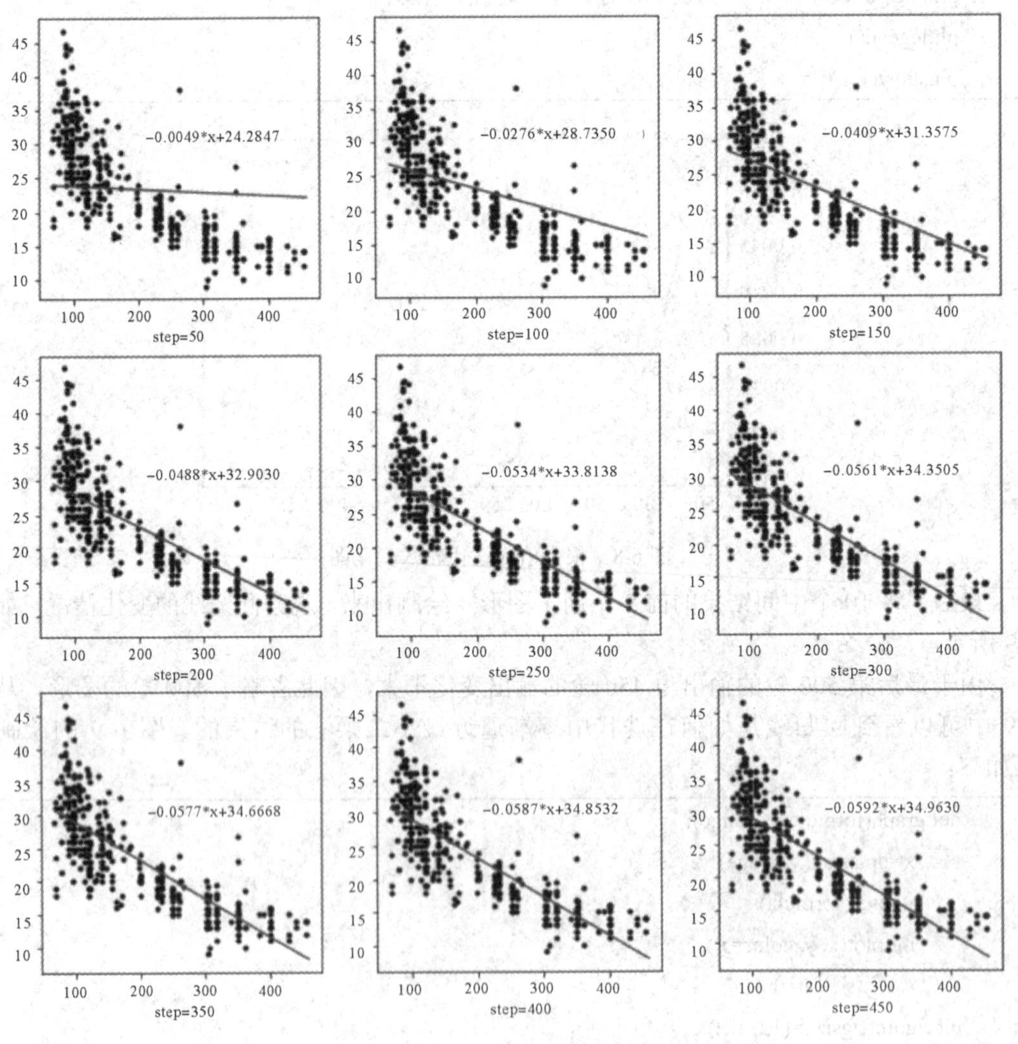

图 6-9　迭代中的回归线变化趋势图

6.3 逻 辑 回 归

6.3.1 逻辑回归的基本原理

在数据分析中，常常会遇到如下问题：

- 判断一份邮件是否为垃圾邮件；
- 预测用户是否会购买某件商品；
- 判断病人是否得了某种疾病；
- 判断一个评论表达的是赞扬还是批评。

这些都可以当成是分类问题，更准确地，都可以当成是二分类问题。这种分类问题有很多算法可以解决，其中一种典型的算法就是逻辑回归(Logistic Regression，LR)算法。逻辑回归算法需要找到分类概率 $P(y=1)$与输入向量 X 的直接关系，然后通过比较概率值来判断类别。

逻辑回归算法有个基本的假设，即数据的分布符合伯努利分布，也就是正类的概率与负类的概率之和为 1，如抛硬币，不是正面朝上就是背面朝上，不存在硬币立在桌上，既不是正面朝上又不是负面朝上的情况。在样本具有若干属性值为 X 的前提下，样本被分类为正类($y=1$)的概率为

$$P(y=1|X) \tag{6-18}$$

而样本为负类的概率为

$$P(y=0|X)=1-P(y=1|X) \tag{6-19}$$

所有事情的发生都可以用可能性或者概率(Odds)来表达。“概率”指的是某事物发生的可能性与不发生的可能性的比值。定义一个 odds(x)为 X 的概率，这个概率的取值为 0 到正无穷，值越大，说明发生的可能性越大。odds(x)的表达式为

$$\text{odds}(x)=\frac{P(y=1|X)}{P(y=0|X)}=\frac{p}{1-p} \tag{6-20}$$

将式(6-20)两边取自然对数就得到 Logistic 变换，将 odds(X)的自然对数称为 logit 函数，即

$$\text{logit}(p)=\ln(\text{odds}(x))=\frac{P(y=1|X)}{P(y=0|X)}=\ln\frac{p}{1-p} \tag{6-21}$$

取对数后，由于概率的值域为 0 到正无穷，logit 函数的取值范围就为负无穷到正无穷。为了方便公式的书写，将 logit 函数命名为 z，则 p 可以表达为 z 的函数：

$$p = \frac{1}{1-\mathrm{e}^{-z}} \tag{6-22}$$

式(6-22)即为logistic函数，它将一个取值为负无穷到正无穷的变量z，映射成为取值区间为0～1的概率，它就是逻辑回归的假设函数。logistic函数的图像如图6-10所示，由于它呈现一个大S形曲线，因此也被称为sigmoid(英文含义为像S形的)函数，而sigmoid在神经网络中作为激活函数的一种被大家所熟悉。

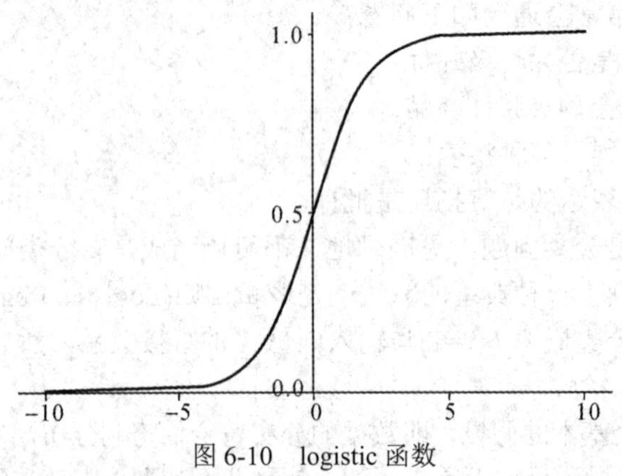

图6-10　logistic函数

6.3.2　逻辑回归与线性回归的区别

进行线性回归时，因变量是连续数据，如MPG是连续分布的。而当因变量是离散值时，如预测邮件是否为垃圾邮件，就变成了逻辑回归问题。逻辑回归问题本质上也是一种分类问题，根据每个样本的多个属性将此样本分为多个类中的一种，达成物以类聚的目标。逻辑回归与线性回归的不同点在于：逻辑回归需要通过logistic函数将值域为负无穷到正无穷的数据映射到0和1之间，用于表征预测值为某类别的概率。对于二元逻辑回归来说，可以简单地认为：如果样本x属于正类的概率大于0.5，则判定它是正类，否则就是负类。

使用线性回归的假设函数式(6-3)来拟合式(6-22)中的logit函数z，可得到式(6-23)，即逻辑回归的假设函数。这样就可以用解决线性回归问题的方式来解决逻辑回归问题，即在线性回归的假设函数外面再包了一层logistic函数，将线性回归的预测值进一步映射为0～1之间的概率，得到逻辑回归的预测值，这就是逻辑回归名字的来源。逻辑回归的假设函数为

$$h(x_i) = p = \frac{1}{1-\mathrm{e}^{-(\sum_{i=1}^{n} c_i X_i + b)}} \tag{6-23}$$

有了公式(6-23)作为逻辑回归的假设函数，根据线性回归部分的经验，下一步需要一个损失函数，那么逻辑回归的损失函数应该是什么呢？

逻辑回归预测的是概率，需要求解的是如何选取参数 c_i 和 b 可以使得所有样本预测正确的可能性最大。这就需要用到最大似然估计(Maximum Likelihood Estimation)。伯努利分布的似然函数为式(6-24)，将式(6-18)和式(6-19)代入，得到新的公式(6-24)，其中 p 是式(6-23)中的假设函数 $h(x)$，替换后就得到式(6-24)，θ 为似然函数的参数，即模型的参数，在假设函数中即 c_i 和 b。

$$\begin{aligned} L(\theta) &= \prod_{i=1}^{m} P(y=1 \mid X)^{y_i} P(y=0 \mid X)^{1-y_i} = \prod_{i=1}^{m} p^{y_i}(1-p)^{1-y_i} \\ &= \prod_{i=1}^{m} h(x_i)^{y_i}(1-h(x_i))^{1-y_i} \end{aligned} \tag{6-24}$$

为了从观测样本的分类结果，反推最有可能(最大概率)导致这些观测需要的模型参数，需要使似然函数最大化，损失函数就可以定义为负的最大似然函数。损失值越小，似然函数值就越大，这些模型参数也就越能导致样本的观察值。由于连乘不便于计算偏导数，因此损失函数使用似然函数的负对数，即 $-\ln L(\theta)$的形式。取对数可以将式(6-24)右边的连乘变成连加，方便数学计算(类似于线性回归中损失函数不采用误差的绝对值之和，而是采用误差平方和，都是为了便于求导计算)，这样对式(6-25)求负对数就得到了损失函数公式(6-25)。

$$J(\theta) = -\ln(L(\theta)) = -\sum_{i=1}^{m}(y_i \ln(h(x_i)) + (1-y_i)\ln(1-h(x_i))) \tag{6-25}$$

有了逻辑回归的假设函数式(6-22)和损失函数式(6-25)，就可以采用梯度下降法求解模型的最佳参数了。

6.3.3 逻辑回归模型实现

逻辑回归中的假设函数被定义为式(6-22)，而式(6-25)定义了损失函数 loss。相对于线性回归，逻辑回归区别于线性回归的主要代码就是这两个公式的实现：

```
#使用逻辑方程来求得一个预测为正类的概率 (假设函数)
y_pred=1/(1+tf.exp(-(c*x + b)))


#定义损失函数，按最大似然率求逻辑回归的损失值
loss=tf.reduce_mean(- y * tf.log(y_pred) - (1 - y) * tf.log(1 - y_pred))
```

在本章末尾的牛刀小试中实现了逻辑回归模型在高油耗和低油耗车型分类中的应用。

6.4 戴明回归

6.4.1 戴明回归的基本原理

有时数据的误差不仅仅在因变量上存在，自变量也可能有误差。因此，在拟合数据时，不能只考虑预测值与因变量的误差。

如图 6-11 所示，线性回归使用最小二乘法优化数据点到回归线的垂直距离(平行于 y 轴方向)。为了体现 x 方向的误差，戴明回归使用总体最小二乘法(Total Least Squares)优化数据点到回归线的总距离(即垂直于回归线方向)。

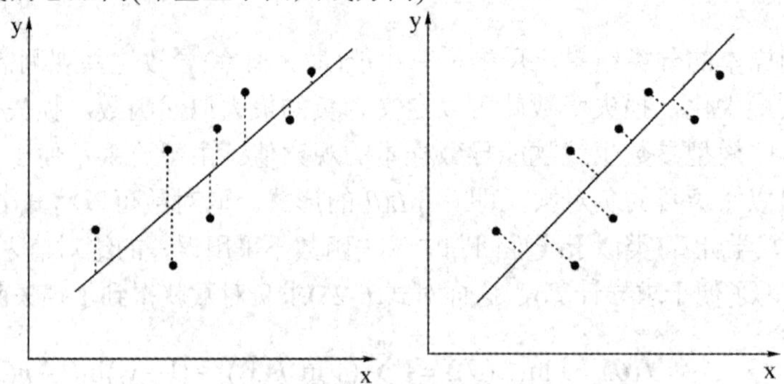

图 6-11　线性回归(左)和戴明回归(右)的误差线

与传统的线性回归相比，戴明回归的假设函数是一样的，但是最小二乘的特点决定了损失函数的不同。需要使用点到直线的距离求解戴明回归的误差，已知一个点(x_i，y_i)和直线 y=cx+b 点到直线的距离的平方就是式(6-26)：

$$d^2 = \frac{(y_i - (cx_i + b))^2}{1 + c^2} \tag{6-26}$$

戴明回归的损失函数就是这些误差的平方和：

$$E = \sum_{i=1}^{m} \frac{(y_i - (c * x_i + b))^2}{1 + c^2} \tag{6-27}$$

6.4.2 戴明回归的模型实现

除了损失函数的定义外，戴明回归的代码和线性回归的代码基本一致，因此下面只给出损失函数的定义代码，读者可以将 6.2.4 节中的 loss 函数自行替换后实现戴明回归模型预测油耗的分析。

```
#戴明回归损失函数，数据点到回归线的距离平方，求和，取均值
loss = tf.reduce_mean((Y_pred - Y)**2/(1+c**2))
```

6.5 回归模型的评估

在回归模型的评估中，通常采用的是平均误差(Mean_Squared_Error，MSE)、平均绝对误差(Mean_Absolute_Error，MAE)、解释回归模型的方差(Explained_Variance_Score，EVC)以及 r2_score 的方式展开评估。

6.5.1 平均误差

平均误差是衡量估计量和被估计量之间的差异程度的一种度量。这个模型评估的通用方法在第 4 章中已经进行了详细的解释，这里不再进行说明。

6.5.2 平均绝对误差

平均绝对误差是绝对误差的平均值，它有效地解决了平均误差所带来的符号的问题，能够更好地反映预测值误差的实际情况。其表达式为

$$\text{MAE} = \frac{1}{N}\sum_{i=1}^{N}|(f_i - y_i)| \tag{6-28}$$

式中：y_i 是第 i 个准确值；f_i 是模型计算出来的真实值；N 代表有 N 个样本。也可以通过调用 sklearn.metrics 下的 mean_absolute_error()函数直接计算出平均绝对误差，参考代码如下：

```
import numpy as np
from sklearn.metrics import mean_absolute_error
y_true=[0, 1, 0, 0]
y_pred=[0, 1, 0, 1]
print(mean_absolute_error(y_true, y_pred))
```

显示计算结果如下：

```
0.25
```

6.5.3 解释回归模型的方差

解释回归模型的方差用来指定在多目标回归问题中若干单个目标变量的方差，来对应回归目标的预测得分进行加权。

$$\mathrm{EVC}=1-\frac{\mathrm{Var}\{f_i-y_i\}}{\mathrm{Var}\{f_i\}} \tag{6-29}$$

式中：Var{}代表了方差的含义；y_i是第 i 个准确值；f_i是模型计算出来的真实值。EVC 的最大值是 1.0，代表预测的目标响应是最好的，越小就代表预测结果越差。

在实际项目过程中，可以通过 sklearn.metrics 中的 explained_variance_score()函数直接计算出解释回归模型的方差。参考代码如下：

```
import numpy as np
from sklearn.metrics import explained_variance_score
y_true=[0, 1, 0, 0, 0, 1, 2]
y_pred=[0, 1, 1, 0, 0, 0, 0]
print(explained_variance_score(y_true, y_pred))
```

显示结果如下：

```
-0.4615384615384617
```

6.5.4 R^2 确定系数

r2_score 函数计算确定系数，通常表示为 R^2。它表示模型中的独立变量解释的方差(y)的比例。它提供了拟合优化指数，因此通过解释方差的比例测量模型可以预测到未看到样本的含量。

由于此类方差与数据集相关，因此 R^2 可能无法在不同数据集之间进行比较。R^2 的值如果为 0，则为最佳可能分数，即预测结果与实际结果相同；R^2 值也可能是负数(因为模型可能任意差)。始终预测 y 的预期值的常量模型(不考虑输入要素)将获得 0.0 的 R^2 分数。其表达式为

$$R^2(y-y')=1-\frac{\sum_{i=1}^{n}(y_i-y_i')^2}{\sum_{i=1}^{n}(y_i-\overline{y})^2} \tag{6-30}$$

式中：y_i为第 i 条数据的真实值；$y_i{}'$为第 i 条数据的预测值；$\overline{y}$ 为所有数据目标值的平均值。在 Python 环境中，可以通过 sklearn.metrics 中的 r2_score()函数直接计算出 r^2 的确定系数。

参考代码如下：

```
import numpy as np
from sklearn.metrics import r2_score
y_true=[0, 1, 0, 0, 0, 1, 2]
y_pred=[0, 1, 1, 0, 0, 0, 0]
print(r2_score(y_true, y_pred))
```

结果显示如下：

```
-0.6153846153846154
```

新手问答

1. 线性回归中的损失函数选择最小二乘还是梯度下降？

在线性回归中讨论了两种损失函数的优化方法，一种是最小二乘法，一种是梯度下降法。那么，这两种方法各自有什么优点？在解决实际问题时，该选择最小二乘，还是梯度下降？最小二乘和梯度下降都是通过对损失函数求导来找到损失函数的最小值以及这个最小值处的回归系数值。它们的共同点是：

(1) 本质相同。两种方法都是在给定已知数据(自变量和因变量)的前提下对因变量计算出一个假设函数，然后优化出这个假设函数的最佳参数。

(2) 目标相同。两种方法都是在已知数据的框架内，使得估算值与实际值的总平方差尽量更小(事实上，在梯度下降时会更倾向于使用均方差，即总方差除以样本数，以避免损失值过大的问题。由于均方差最小的点即是总方差的最低点，因此这个变换并不影响对损失函数的优化)。

它们的不同点在于：

(1) 实现方法不同。最小二乘是通过对自变量和因变量进行数学变换求导，直接到达最低点，不需要迭代；而梯度下降是先估计一组参数，然后按照梯度的反方向修正参数，反复迭代获取最低点。

(2) 结果不同。最小二乘是结果是 1(找到解)或者 0(矩阵不可求逆，无法获得解)的问题；而梯度下降则是结果是 0.x(对精确解逐步逼近 1)的问题。

(3) 适用性不同。最小二乘只适合于损失函数相对于回归系数的偏导数能直接使用数学变换求出解析解的问题，如线性回归；而梯度下降适用性更广，只要能用数值法求出损失函数在某一点的偏导数就可以使用。

因此，在逻辑回归中没有使用最小二乘法，而是采用了梯度下降法。梯度下降法还在回归以外的其他很多机器学习模型优化中得到了广泛的使用。注意：本章提到的最小二乘法，是指“一般最小二乘法”，逻辑回归若需要使用最小二乘法，则可以使用其变种，即迭代重加权最小二乘法(Iteratively Reweighted Least Squares，IRLS)，本书不再对其展开介绍。

对于既可以使用最小二乘，也可以使用梯度下降的回归模型，如一元或者多元线性回归，如果体系(属性和样本)比较小(粗略来说，一百种属性以下，一万个样本以下)，则可以考虑使用最小二乘法，而大体系(如以卷积神经网络为代表的深度学习)的优化则必须使用梯度下降法。

2. 面对更复杂的真实体系，应该怎样选择回归分析模型？

为了能清晰地解释回归分析的原理，同时自变量少(维度低)更方便将假设函数图形化，因此本章中的线性回归和逻辑回归都只介绍了一个自变量的情况。现实世界中往往有多于一个自变量的情形，如油耗不仅仅与排量有关，还与马力数、车重等多个因素有关。也就是说，需要一个多重线性回归模型。

多重线性回归模型的假设函数由式(6-3)和式(6-4)定义，有 n 个自变量，就有 n+1 个回归系数(每个自变量的权重 c_i 加上截距 b)。损失函数和一元线性回归是一致的，都是所有样本预测值的均方差，只是预测值由多重线性回归的假设函数给出。

如果使用最小二乘法，则可以用矩阵公式(6-17)求出所有的回归系数(这里截距 b 被表示为 c_0)。如果使用梯度下降法，则只需要用损失函数对多个 c 分别求偏导数，然后逐个更新这些 c，其他的步骤和一元线性回归的相同。

对于逻辑回归，因为本质上只是在线性回归的基础上多套了一层 Logistic 函数，所以多个自变量的二元逻辑回归(逻辑回归的“元”指的是因变量的分类数，不是自变量的个数，这里与线性回归的“元”不同)假设函数只需要在多重线性回归的结果上套上同样的 Logistic 函数即可。由于使用梯度下降法优化损失函数，即式(6-25)，因此只需要用损失函数对多个 c 分别求偏导数，然后逐个更新 c 即可优化这些回归系数 c。

对于多元逻辑回归(因变量不止两个分类)，需要使用 softmax 函数替代 Logistic 函数进行建模，使用交叉熵作为损失函数，这里不再继续展开。

牛刀小试

1. 案例任务

搭建一个简单的二元逻辑回归模型预测汽车油耗的高低。

2. 技术解析

使用油耗数据进行逻辑回归的拟合。为了获得 0-1 分布的因变量，需要把连续的 MPG 值离散化，由于数据集中 MPG 的平均值为 23.45，因此粗略将 MPG 按照 23 为界。MPG 大于 23 的定义为低油耗的省油车型，economy=1；小于 23 的定义为高油耗的非省油车型。按照这个标准在 data 中插入一列 economy 作为逻辑回归拟合的 y，仍然使用排量 disp 为 x 进行二元逻辑回归拟合。

3. 操作步骤

(1) 数据收集。和线性回归一样，从文本文件中读取油耗相关数据。参考代码如下：

```
#导入库
import tensorflow as tf
import numpy as np
import pandas as pd
import matplotlib.pyplot as plt


#获取数据
data=pd.read_csv('auto-mpg.data',sep='\s+', header=None)


data.columns=['MPG','cyl','disp','hp','wt','acc','year','orig','name']
```

(2) 数据清洗。数据清洗的第一步需要去除缺失值。然后将油耗连续值进行离散化，得到新的燃油经济性指标(economy)作为拟合目标。对 MPG 油耗数据进行分析，可以发现 MPG 的平均值为 23.35，因此粗略按照 23 为界划分数据。MPG 大于 23 的被定义为正类(省油车)，economy 值为 1；小于 23 的定义为负类(耗油车)，economy 值为 0。这样划分后，数据集中共有 205 种省油车，187 种耗油车，数据分布比较平均。

仍然需要对排量数据进行归一化处理，继续使用小数定标归一化方法。但是这次拟合目标，economy 只是 0 或者 1，因此不需要进行归一化处理。参考代码如下：

```
#去掉缺失值
data=data[data['hp']!='?']


#将油耗连续值进行离散化，得到新的燃油经济性指标，1 表示省油，0 表示费油
data['economy']=data.MPG.map(lambda x: 1 if x>23 else 0)


#小数定标归一化处理
```

```
x_data=data['disp'].values/1000
y_data=data['economy'].values

#保存清洗后的样本数
data_count=len(x_data)
```

(3) 构建模型。使用式(6-22)替换线性回归中的假设函数 y_pred，使用式(6-25)替换线性回归中的损失函数 loss，再使用 TensorFlow 自带的梯度下降优化器 GradientDescentOptimizer 替代线性回归中手动实现的梯度下降算法。其他代码都与线性回归部分的大同小异。参考代码如下：

```
###构建计算图###

#设置两个输入占位符
x = tf.placeholder(tf.float32,  [data_count])
y = tf.placeholder(tf.float32,  [data_count])

#设置两个变量 c 和 b
#初始值为-1 到 1 之间的随机数。random_uniform ([1])为 1×1 的矩阵，即一个数
c=tf.Variable(tf.random_uniform([1], -1.0, 1.0))
#初始值为零，zeros([1])为一个 1×1 的零矩阵
b=tf.Variable(tf.zeros([1]))

#使用逻辑方程求得一个预测为正类的概率作为假设函数
y_pred=1/(1+tf.exp(-(c*x + b)))

#定义损失函数，按最大似然率求逻辑回归的损失值
loss=tf.reduce_mean(- y * tf.log(y_pred) - (1 - y) * tf.log(1 - y_pred))

#每一次改变的比例，通常称为学习率
learning_rate=tf.constant(0.5)

#使用 TensorFlow 自带的梯度下降法进行优化
train=tf.train.GradientDescentOptimizer(learning_rate).minimize(loss)
```

```
#变量初始化
init=tf.global_variables_initializer()

###计算图构建结束###
```

(4) 训练模型。根据尝试的结果和收敛的速度，选择迭代 1000 次，每 100 次迭代打印一次中间结果。不再保留中间结果，只在迭代完成后，使用最终的回归系数和预测函数来预测每一个样本是省油车的概率。参考代码如下：

```
#设置训练轮数
train_cycles=1000
#设置每多少轮打印一次中间结果
print_cycles=100

###开始训练###
sess=tf.Session()
sess.run(init)                    #初始化变量

#打印表头
print('cycle        c          b         loss')
print('==================================')
for step in range(1, train_cycles+1):
    #根据 x 和 y 的值，更新 b 和 c，函数的返回值是 b 和 c 更新后的值
    sess.run(train, feed_dict={x: x_data, y: y_data})
    #如果本轮应该打印输出
    if step % print_cycles= =0:
        #计算损失函数在当前轮的值
        l = sess.run(loss, feed_dict={x: x_data, y : y_data})
        c_value=sess.run(c)
        b_value=sess.run(b)
        #打印本轮拟合数据
        print('{:5d} {:8.4f} {:8.4f} {:8.4f}'.format(step, c_value[0],b_value[0], l))

predict=sess.run(y_pred, feed_dict={x: x_data, y: y_data})
###结束训练###
```

```
sess.close()
```

(5) 结果展示。参考代码如下：

```
#查看结果
data['predict']=list(map(lambda x: 1 if x >0.5 else 0, predict))
correct=len(data[data.predict= =data.economy])/len(data)
print('拟合正确率为：{:.2%}'.format(correct))
```


训练结束后，将预测的正类概率按照 0.5 为界划分为正类(省油车)和负类(耗油车)，然后计算预测与实际相符的比例。运行的输出如图 6-12 所示，由于初始参数为随机生成，读者的运行结果可能略有不同，但是损失值和拟合正确率应该与图 6-12 相似。从结果中可以看到，拟合的正确率为 88.52%，对于只有一个属性和两个参数的模型来说，结果还是不错的。当然，模型的真正质量还是要按照前面章节的内容对模型进行验证和测试才可以评估，读者可自行尝试。

```
cycle        c          b       loss
====================================
  100    -1.1321     0.1009    0.6504
  200    -2.7349     0.4128    0.5970
  300    -4.1513     0.6851    0.5554
  400    -5.4117     0.9240    0.5224
  500    -6.5422     1.1353    0.4960
  600    -7.5637     1.3237    0.4744
  700    -8.4934     1.4930    0.4565
  800    -9.3449     1.6461    0.4415
  900   -10.1294     1.7857    0.4288
 1000   -10.8558     1.9136    0.4180
拟合正确率为: 88.52%
```

图 6-12　二元逻辑回归输出结果

随机选取 10 个样本检查其是否省油(Economy)和拟合结果是否省油(Predict)，如图 6-13 所示，可以看出，基本还是近似的。其中拟合失误的第 275 行，沃尔沃 264gl 车型由于排量相对较低(与其他 5 缸车型比较可以看出)，为 163 立方英寸，故被拟合称为省油车型，但是其实测 MPG 为 17，小于分类标准 23，又被归类于非省油车型。可以看出，其油耗与排量比较不匹配(与 121 行数据对比也可以得出同样结论，它们有相似的油耗，但是排量都比 275 行大很多)，沃尔沃的 264gl 车型应该属于小排量的油老虎，原因是它的马力数相对较大。因此，如果加入 hp 这一参数与 disp 一起做逻辑回归，应该能得到更好的油耗分类模型。读者可以按照这个思路自行尝试。

	MPG	cyl	disp	hp	wt	acc	year	orig	name	economy	predict
283	20.2	6	232.0	90.00	3265.0	18.2	79	1	amc concord dl 6	0	0
302	34.5	4	105.0	70.00	2150.0	14.9	79	1	plymouth horizon tc3	1	1
239	30.0	4	97.0	67.00	1985.0	16.4	77	3	subaru dl	1	1
348	37.7	4	89.0	62.00	2050.0	17.3	81	3	toyota tercel	1	1
275	17.0	6	163.0	125.0	3140.0	13.6	78	2	volvo 264gl	0	1
58	25.0	4	97.5	80.00	2126.0	17.0	72	1	dodge colt hardtop	1	1
62	13.0	8	350.0	165.0	4274.0	12.0	72	1	chevrolet impala	0	0
121	15.0	8	318.0	150.0	3399.0	11.0	73	1	dodge dart custom	0	0
273	23.9	4	119.0	97.00	2405.0	14.9	78	3	datsun 200-sx	1	1
163	18.0	6	225.0	95.00	3785.0	19.0	75	1	plymouth fury	0	0

图 6-13　随机采样查看是否省油的拟合结果

本章小结

回归分析是人工智能和机器学习的基础，用于找到已知变量之间的关系，并使用这些关系预测未知变量的值。当未知变量是连续分布时，即为回归问题；当未知变量是离散分布时，即为分类问题。

回归问题中最简单的是线性回归，线性回归中最简单的是一元线性回归。以一元线性回归为例，讲解了回归分析建模的三大步骤：获取假设函数、找到损失函数、优化损失函数，最终获得假设函数中的参数(回归系数)建立模型。优化损失函数通常可以采用最小二乘法和梯度下降法。其中梯度下降法作为一种迭代算法，适用性较广。这种建模方式和优化方式在其他的机器学习模型中也得到了广泛的应用，这也是本章的重点。

逻辑回归作为分类方式的一种，采用了线性回归套上 Logistic 函数的方式，将线性回归的输出从负无穷到正无穷区间进行非线性变换，压缩到[0, 1]区间，从而拟合了正类的概率，这个概率大于 0.5 时被视为正类，否则为负类。这样就可以继续使用梯度下降来优化损失函数的方法对这个非线性模型进行优化。

第7章 分 类

分类(Classification)是一种将采集到的数据分为不同类别的技术。如区分邮件是否为垃圾邮件，银行区分客户是否有信用违约风险，医生将癌症病人分为一期、二期、三期、四期等。分类与回归分析都属于有监督式机器学习，也就是说分类也需要有一些已知类别的样本进行训练，才能建立分类模型，从而对未知样本进行分类。与回归分析不同的是，回归分析的模型用于预测数量，而分类模型用于预测类别。从这个定义上来说，在第 6 章的回归分析中学到的逻辑回归其实已经属于分类的范畴。因此，可借助逻辑回归的经验，找到对类别影响最大的若干因素，即样本的属性，然后对这些属性进行分析建模，从而可以根据这些属性预测出该样本的类别。本章将带领读者了解还有哪些常见的分类算法，它们适用的场景，以及如何使用机器学习技术实现分类模型。本章最后通过一个实际的例子，分析数据之间的关系，建立分类模型，进行类别预测，并对预测结果进行评估，从而使读者在实践中掌握常见的分类算法。

通过本章的学习，读者应了解和掌握以下知识技能：

- 分类的基本概念；
- 常见的决策树和贝叶斯分类算法；
- 机器学习解决分类问题的基本工作流程；
- 分类模型的评估方式；
- 使用分类算法解决预测问题。

使用人工智能对数据进行分析和挖掘，常常包含两种类型的任务：预测任务与描述任务。其中，预测任务是根据已知样本的属性和值，预测未知样本的值。如果这个预测值是连续的，则可划分为回归问题；如果这个预测值是离散的，则这个离散的预测值往往可以作为样本的标签，即类别，这就是预测中的分类问题。如第 6 章中对油耗的预测是一个线性回归问题，而后面用逻辑回归预测一辆车属于经济型车还是高油耗型车则是分类问题。

图 7-1 是一个直观的生物分类器，它可以完成对植物、哺乳动物、昆虫和鸟的分类。

图 7-1　生物分类器(植物，哺乳动物、昆虫和鸟)

商业数据的分析中有很多分类问题，比如根据消费者的购买、浏览等习惯将消费者分为是否会购买某一种商品的人；银行会根据申请贷款者的收入、年龄、职业、负债情况等将其分为优质客户和高风险客户；税务部门会根据企业的销售模式、销量、利润率、缴税率等属性将其分为守信企业和有偷漏税嫌疑的企业等。

如何才能正确地将样本分类呢？以贷款者不失信为例，是什么使得一个贷款者会失信？一个贷款者是否会失信跟他/她的很多属性是有关系的，如一个贷款者借了太多的钱，或者工资不够还款，又或者其年龄太、不够成熟从而不能控制自己的消费，这些都可能导致贷款者失信。分类算法就是找出这些属性在决定类别中所起的作用的大小，然后建立分类模型，从而可以对贷款者是否会违约进行预测。

7.1　分类算法的基础知识

仍以银行贷款违约为例，如果已知贷款者的一系列属性，希望找到这些属性与贷款者是否会违约之间的关系，那么该采用什么样的分类算法来建立属性与违约关系的分类模型？怎样才能评估分类模型的优劣，进而使用模型来预测未知的贷款者是否会违约？下面将对这些问题进行讲解。

7.1.1 分类的基本思想

已知一些样本的属性，并且已经知道他/她们是否在贷款时违约。那么如何总结规律，以判断出是否该给一些新人发放贷款呢？

如果银行信贷部经理的经验丰富，有一套自己的判断方式，假设“年轻”“工资低”“信用卡负债高”是信贷部经理认为的区分是否可能违约的三项关键属性，那么一个有先后次序的判断逻辑就构成了一个决策树模型。在决策树中，最能区分类别的属性将作为优先判断的特征，然后依次向下判断各个次重要特征。决策树算法的核心就是判断出每个属性的重要性顺序，比如年轻更容易违约，还是低收入者更容易违约，或者不管年龄和收入，是否欠钱多的人最容易违约。信贷部经理依靠他的经验和直觉，而分类算法靠历史数据(即已知样本)进行统计和分析来确定优先级。确定优先级后，则应考虑如何判断每个节点的区分条件，比如年轻，小于 25 算年轻，还是小于 30 算年轻；比如收入低，是月入 5000 元算低收入，还是和马云比，月入 10 万元都算低收入，这些也需要算法来帮助确定。

图 7-2 是一种可能的信贷部经理头脑中的贷款违约决策树，他首先判断此人已有贷款是否超过 5 万元，如果超过 5 万元，那么根据经验，此人很可能违约，不能给他放贷。如果小于 5 万元，再判断月收入是否超过 5000 元，如果超过，贷款应该还得上，可能不会违约，可以放贷。如果月收入小于 5000 元，再判断年龄是否小于 30 岁，年纪太轻就欠这么多，可能会违约，年龄大的可能不容易违约。因此，信贷部经理就完成了对一个贷款者是否放贷的判断。这就是典型的决策树分类模型。

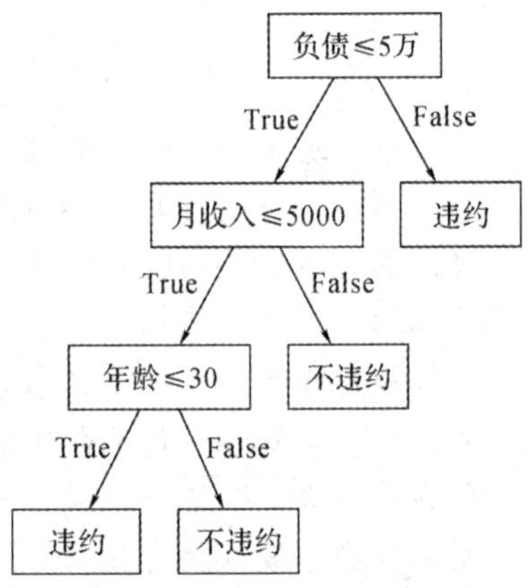

图 7-2 假想的简化版决策树模型

又或者根据以前贷款违约的情况来看，10 个消费贷款(如买苹果手机)违约的人中，有 9 个都是月收入 2000 元以下的，则信贷部经理很可能是通过朴素贝叶斯算法来区分贷款客户的。10 个违约者中有 9 个是月收入 2000 元以下的，写成条件概率公式就是 P(月收入 < 2000|违约) = 0.9。假设该信贷部以往的违约记录如表 7-1 所示。

表 7-1 违约与收入数据统计表

月收入/元	违约	不违约
＜2000	9	0
≥2000	1	90

由表 7-1 可知，在信贷处进行消费贷的贷款者中月收入小于 2000 元的占 9/100。即 P(月

收入＜2000) = 0.09。总的违约的概率是(9+1)/100，即 P(违约) = 0.1。如果又有一个月入 2000 元以下的消费贷款者，则他/她违约的概率有多大呢？这就是求 P(违约|月收入＜2000)。根据统计学中的贝叶斯公式：

$$P(\text{违约}|\text{月收入}<2000)=\frac{P(\text{月收入}<2000|\text{违约})\times P(\text{违约})}{P(\text{月收入}<2000)}=0.9\times0.1/0.09=1$$

也就是说，这个人违约的可能性是 100%。

当然，在单属性的例子中，这个 100%是可以直接在历史数据中计算出来的，即 9/9=1。然而当影响分类的属性数量增多时，贝叶斯公式就很有用了，可以从历史数据统计的角度对未知数据进行分类。

以上就是本章要讨论的两种分类算法的基本思想。其实分类算法的种类繁多，除了第 6 章讲到的逻辑回归，还有第 9 章重点讨论的支持向量机(SVM)算法，都是分类的重要算法。神经网络也常常用于分类模型，特别是图像的分类，这些在后面的章节会进行重点讲述。

7.1.2 贷款违约风险评估数据准备

这里使用一组脱敏后的某银行的个人消费贷款历史数据来进行违约分析。共有 700 个样本，每个样本 9 个属性。各属性的含义和取值范围如表 7-2 所示。

表 7-2 某银行个人消费贷款数据表各列含义及取值区间

列	含义与取值区间
年龄	贷款者的年龄，介于 20 岁到 56 岁之间
教育	教育程度指数，取值为 1～5
工龄	工作年数，介于 0 到 31 年之间
地址	省份，数值化为 0～34
收入	年收入(单位为千元)，介于 14 到 446 之间
负债率	负债与存款的比例(百分数)，介于 0.4 到 41.3 之间
信用卡负债	信用卡负债(单位为千元)，介于 0.012 到 20.56 之间
其他负债	信用卡以外的负债(单位为千元)，介于 0.046 到 26.033 之间
违约	是否有违约，拖欠还款，0 为无违约，1 为有违约

数据集已经提前进行了处理，因此没有缺失值。使用 Pandas 库读入这些数据，代码如下：

```
df=pd.read_excel('bankloan.xls')    #读入数据文件，Excel 格式
df.head(10)                         #查看前 10 行数据
```

结果如图 7-3 所示。

	年龄	教育	工龄	地址	收入	负债率	信用卡负债	其他负债	违约
0	41	3	17	12	176	9.3	11.359392	5.008608	1
1	27	1	10	6	31	17.3	1.362202	4.000798	0
2	40	1	15	14	55	5.5	0.856075	2.168925	0
3	41	1	15	14	120	2.9	2.658720	0.821280	0
4	24	2	2	0	28	17.3	1.787436	3.056564	1
5	41	2	5	5	25	10.2	0.392700	2.157300	0
6	39	1	20	9	67	30.6	3.833874	16.668126	0
7	43	1	12	11	38	3.6	0.128592	1.239408	0
8	24	1	3	4	19	24.4	1.358348	3.277652	1
9	36	1	0	13	25	19.7	2.777700	2.147300	0

图 7-3　某银行个人消费贷款数据(前 10 行)

图 7-3 中最后一列的违约数据是用户的类别，在机器学习中也称为标签。使用 describe( )函数对这些数据的分布进行基本的探索，代码如下：

```
df.describe()
```

结果如图 7-4 所示。

	年龄	教育	工龄	地址	收入	负债率	信用卡负债	其他负债	违约
count	700.000000	700.000000	700.000000	700.000000	700.000000	700.000000	700.000000	700.000000	700.000000
mean	34.860000	1.722857	8.388571	8.278571	45.601429	10.260571	1.553553	3.058209	0.261429
std	7.997342	0.928206	6.658039	6.824877	36.814226	6.827234	2.117197	3.287555	0.439727
min	20.000000	1.000000	0.000000	0.000000	14.000000	0.400000	0.011696	0.045584	0.000000
25%	29.000000	1.000000	3.000000	3.000000	24.000000	5.000000	0.369059	1.044178	0.000000
50%	34.000000	1.000000	7.000000	7.000000	34.000000	8.600000	0.854869	1.987568	0.000000
75%	40.000000	2.000000	12.000000	12.000000	55.000000	14.125000	1.901955	3.923065	1.000000
max	56.000000	5.000000	31.000000	34.000000	446.000000	41.300000	20.561310	27.033600	1.000000

图 7-4　某银行个人消费贷款数据分布情况

接下来，我们讲解如何从这些属性和历史数据中学习得到一个分类模型，使得可以根据这些属性预测某个具备特定属性的新用户是否会违约，从而决定是否发放贷款。这正是本章要讲解的重点问题。

7.2　决策树分类器

决策树是一种基本的分类和回归方法。决策树模型是一种树状结构，在分类问题中，表示基于特征对实例进行分类的过程。它可以被认为是 if-then 规则的一个集合，也可以被认为是定义在特征空间与类空间上的条件概率分布。通常情况下，决策树学习主要包含三个步骤：特征选择、决策树的生成和决策树的修剪。本节主要介绍决策树的 ID3 算法和 CART 算法两种典型算法。

7.2.1　决策树模型原理

分类的决策树模型是一种描述对实例进行分类的树形结构模型。决策树由节点(Node)和有向边(Directed Edge)组成。节点的表示形式有两种，分别是内部节点(Internal Node)和叶子节点(Leaf Node)。内部节点代表的是一个特征或者属性，叶子节点则代表一个类别。

用决策树进行分类，由于决策树是有向的，因此它的起始位置是从根节点开始的，根节点对实例的某一个特征进行测试，根据测试结果，将实例分配到其子节点，每一个子节点对应着该特征的一个取值。如此递归，将实例进行测试并分配，直至达到叶子节点。图 7-5 为一个决策树模型，其中圆圈代表了内部节点，方块代表了叶子节点。

图 7-5　决策树模型

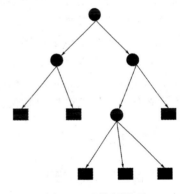

在介绍决策树时，提到了决策树可以看成一个 if-then 规则的集合。之所以这样说，是由于决策树的根节点到叶子节点的每一条有向的路径上都有一条规则，路径上内部节点的特征对应着规则的条件，而叶子节点的类别则对应着规则的结论。决策树从同一个内部节点出发的不同路径之间是互斥的关系。

假设给定训练数据集：

$$D = \{(\boldsymbol{x}_1,\ y_1),(\boldsymbol{x}_2,\ y_2),\ \cdots,(\boldsymbol{x}_i,\ y_i)\} \tag{7-1}$$

式中：$\boldsymbol{x}_i$ 为输入样本的特征向量；y_i 为该样本的分类标记。学习目标是根据训练数据集构建一个决策树，使它能够对实例进行正确的分类。它的本质是从训练数据集中归纳出一组分类规则。能够满足训练规则的树可能有多个，也可能一个也没有，因此需要一个与训练数据矛盾较小的决策树，同时具有很好的泛化能力。同时，要定义损失函数用以判断矛盾较小的决策树。如果从所有可能的决策树中选取最优决策树，则是 NP 完全问题。为了避免这样的问题出现，通常递归地选择最优特征，并根据该特征对训练数据进行分割，使得各个子数据集有一个最好的分类过程。

开始构建根节点时，会将所有的训练数据都作为根节点的备选节点，从所有的训练数据中选择一个最优特征，按照这一特征将训练数据集分割成子集，使得各个子集有一个在当前条件下最好的分类。如果这些子集已经能够被基本正确地分类，则构建叶子节点，并将这些子集分到所对应的叶子节点中去；如果还有子集不能被基本正确地分类，则对这些子集选择新的最优特征，继续对其进行分割，构建相应的节点。如此递归地进行下去，直至所有训练数据子集都被正确分类，或者没有合适的特征位置。最后每个子集都会被分到叶子节点上，即所有的子集都会有明确的分类。此时，一棵决策树就生成了。

决策树学习常用的算法有 ID3、C4.5 与 CART 三种，本章从数据的离散型和连续型两点出发，分别选择善于做离散决策树分类的 ID3 算法和善于做连续决策树分类的 CART 算法进行讲解。但无论是 ID3 算法还是 CART 算法，都需要做共同的前期工作，即特征选择。特征选择主要在于选取对训练数据具有分类能力的特征，这样可以提高决策树的学习效率。如果利用一个特征进行分类的结果与随机分类的结果没有很大差别，则说明这个特征是没有分类能力的。在实际中可以通过专家判断来判断这个特征是否有分类能力，比如要判断对方是男孩子还是女孩子，如果以头发的长短来判断，则这个特征就这个问题来说是不具备分类能力的，因为有些男孩子的头发比女孩子的还长。在现实中可以根据经验，而在信息学中，或者说在机器学习过程中，可以根据“信息熵”来判断对方是否具有分类能力。下面就来介绍“信息熵”的概念。

7.2.2 信息增益

所谓信息熵，是代表随机变量不确定性的一个度量。熵的概念起源于物理学，在物理学中熵是用来度量一个热力学系统的无序程度的；而在信息学里面，熵是对不确定性的度量。1948 年，香农引入了信息熵，将其定义为离散随机事件出现的概率，一个系统越是有序，信息熵就越低；反之，一个系统越是混乱，它的信息熵就越高。所以，信息熵可以被认为是系统有序化程度的一个度量。

设 X 是一个取有限值的离散随机变量，其概率分布为

$$P(X=x_i)=p_i，\ i=1,2，\cdots,n$$

则随机变量 X 的熵定义为

$$H(X)=-\sum_{i=1}^{n}p_i\ln p_i \tag{7-2}$$

熵只依赖于 X 的分布，而与 X 的取值无关，所以也可以将 X 的熵记作 $H(p)$，即 $H(p)=H(x)$。由式(7-2)可以看出，当 $X=0$ 或者 $X=1$ 时，$H(X)=0$，随机变量完全没有不确定性。当 $X=0.5$

时，$H(X)=1$，熵取值最大，随机变量不确定性最大。因此可以将熵与概率的关系图画出来，如图 7-6 所示。

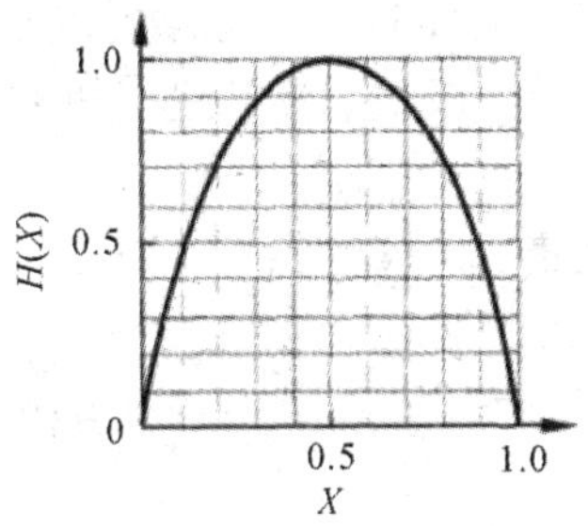

图 7-6　熵与概率之间的关系图

由上面单一事件的概率分布，可以推广到随机变量(X, Y)的概率分布，其联合概率分布为

$$P(X=x_i,\ Y=y_i)=p_{ij},\ i=1,2,\ \cdots,\ n;\ j=1,2,\ \cdots,\ m$$

条件熵 $H(Y|X)$表示在已知随机变量 X 的条件下随机变量 Y 的不确定性。随机变量 X 在给定的条件下，随机变量 Y 的条件熵(Conditional Entropy)$H(Y|X)$定义为 X 给定条件下 Y 的条件概率分布的熵对 X 的数据期望：

$$H(Y \mid X)=-\sum_{i=1}^{n} p_i H(Y \mid X=x_i) \tag{7-3}$$

当熵和条件熵中的概率由数据估计(特别是极大似然估计)得到时，所对应的熵与条件熵分别称为经验熵(Empirical Entropy)和经验条件熵(Empirical Conditional Entropy)。此时，如果有 0 概率，则令 $0\ \ln 0=0$。

信息增益(Information Gain)表示得知特征 X 的信息而使得类 Y 的信息的不确定性减少的程度。通过式(7-4)可以看到，信息增益其实就是熵 $H(Y)$与条件熵 $H(Y|X)$之差。

特征 A 对训练数据集 D 的信息增益 $g(D, A)$，定义为集合 D 的经验熵 $H(D)$与特征 A 在给定条件下 D 的经验条件熵 $H(D|A)$之差，即

$$g(D,\ A)=H(D)-H(D \mid A) \tag{7-4}$$

在决策树的学习中，信息增益就等价于训练数据集中类与特征的互信息，即给定训练数据集 D 和特征 A，经验熵 $H(D)$表示对数据集 D 进行分类的不确定性，而经验条件熵 $H(D|A)$表示在特征 A 给定的条件下对数据集 D 进行分类的不确定性，它们的差(即信息增益)则表示由于特征 A 而使得对数据集 D 的分类的不确定性减少的程度。

7.2.3　ID3 决策树原理

ID3 算法的核心就是在决策树各个节点上应用信息增益准则选择特征，递归地构建决

策树。具体的方式是：从根节点开始，对节点计算所有可能的特征的信息增益，选择信息增益最大的特征作为节点的特征，由该特征的不同取值建立子节点，再对子节点递归地调用以上方法，构建决策树，直到所有特征的信息增益均很小或没有特征可以选择时为止，最后得到一个决策树。ID3 相当于用极大似然法进行概率模型的选择。

ID3 算法的过程如下：

输入：训练数据集 D、特征集 A、阈值 ε；

输出：决策树 T。

(1) 若 D 中所有实例属于同一类 C_k，则 T 为单节点树，并将类 C_k 作为该节点的类标记，范围为树 T 的节点；

(2) 若 $A=\varnothing$，则 T 为单节点树，并将 D 中实例数最大的类 C_k 作为该节点的类标记，返回 T；

(3) 否则，按式(7-1)计算 A 中各特征对 D 的信息增益，选择信息增益最大的特征 A_g；

(4) 如果 A_g 的信息增益小于阈值 ε，则置 T 为单节点树，并将 D 中实例数最大的类 C_k 作为该节点的类标记，返回 T；

(5) 否则，对 A_g 的每一可能值 a_i，依 $A_g=a_i$ 将 D 分割为若干非空子集 D_i，将 D_i 中实例数最大的类作为标记，构建子节点，由节点及其子节点构成树 T，返回 T；

(6) 对第 i 个子节点，以 D_i 为训练集，以 $A-\{A_g\}$ 为特征集，递归地调用步骤(1)～(5)，得到子树 T_i，返回 T_i。

由上面的算法可以看出，决策树生成算法递归地产生决策树，直到不能继续下去为止。这样产生的树往往对训练数据的分类很准确，但对未知的测试数据的分类却没有那么准确，即会出现过拟合现象。

为了避免这样的现象出现，需要对已生成的树进行简化，这个过程称为剪枝(Pruning)。具体来说，就是从已生成的决策树剪裁掉一些子树或者叶子节点，并将其根节点或父节点作为新的叶子节点，从而简化分类树模型。

决策树的剪枝往往通过极小化决策树整体的损失函数(Loss Function)或代价函数(Cost Function)来实现。

将决策树学习的损失函数定义为

$$C_a(T)=\sum_{i=1}^{r} N_i H_i(T)+a|T| \tag{7-5}$$

通过推导，可以将损失函数化简为

$$C_a(T)=C(T)+a|T| \tag{7-6}$$

式中：$C(T)$表示模型对训练数据的预测误差，即模型与训练数据的拟合程度；$|T|$表示模型的复杂度，参数 $a\geqslant 0$ 控制两者之间的影响。较大的 a 促使选择较简单的模型(树)；较小的

a 促使选择较复杂的模型(树)；$a=0$ 则意味着只考虑模型与训练数据的拟合程度，不考虑模型的复杂度。

剪枝就是当 a 确定时，选择损失函数最小的模型，即损失函数最小的子树。

剪枝的算法过程可总结如下：

输入：生成算法产生的整个树 T、参数 a；

输出：修剪后的子数 T_a。

(1) 计算每个节点的经验熵。

(2) 递归地从树的节点向上回缩。

设一组叶子节点回缩到父节点之前与之后的整体树分别为 T_B 和 T_A，其对应的损失函数值分别为 $C_a(T_B)$与 $C_a(T_A)$，如果 $C_a(T_B) \geqslant C_a(T_A)$，则进行剪枝，将父节点变为新的叶子节点。

(3) 返回步骤(2)，直至不能继续为止，可得到损失函数最小的子树 T_a。

剪枝的过程如图 7-7 所示，其中“YES”和“NO”分别代表满足当前条件和不满足当前条件。

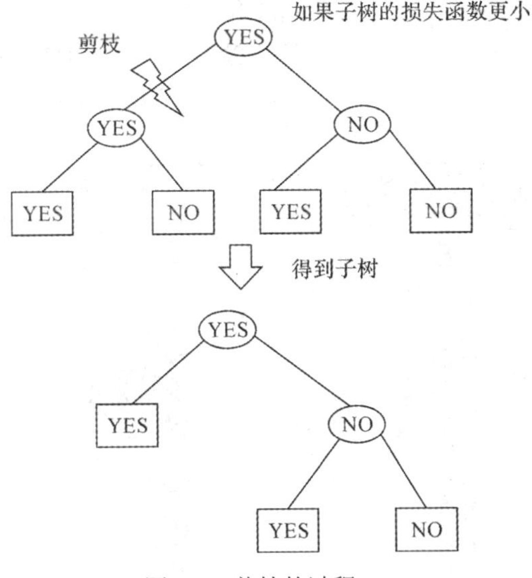

图 7-7　剪枝的过程

7.2.4　ID3 决策树模型的实现

首先加载相关库，设置 matplotlib 支持中文的两个属性，然后加载数据集。代码如下：

```
import numpy as np
import pandas as pd
```

```
import matplotlib.pyplot as plt
plt.rcParams['font.sans-serif']=['SimHei']          #用来正常显示中文标签
plt.rcParams['axes.unicode_minus']=False            #用来正常显示负号
df=pd.read_excel('bankloan.xls')
```

为了适应 ID3 算法，属性必须为离散值，因此将各属性进行二值化，比平均值低的设为 0，比平均值高的设为 1。由于地址列的平均值没有意义，将其从属性中去除。参考代码如下：

```
x=df.drop(columns=['地址','违约'])
y=df['违约']
```

然后依次显示 x 各列的直方图，代码如下：

```
plt.figure(figsize=(16,8))              #设置画布的宽和高
for i in range(x.columns.size):         #遍历 x 的每个列
    plt.subplot(2,4,i+1)                #画子图，共 2 行，每行 4 个子图
    index = x.columns[i]                #获取第 i 个列名
    plt.hist(x[index])                  #在子图上显示 x[i]这一列的数据的直方图
    plt.xlabel(index)                   #将该列列名显示在横坐标轴上
plt.show()
```

各列数据的直方图如图 7-8 所示。

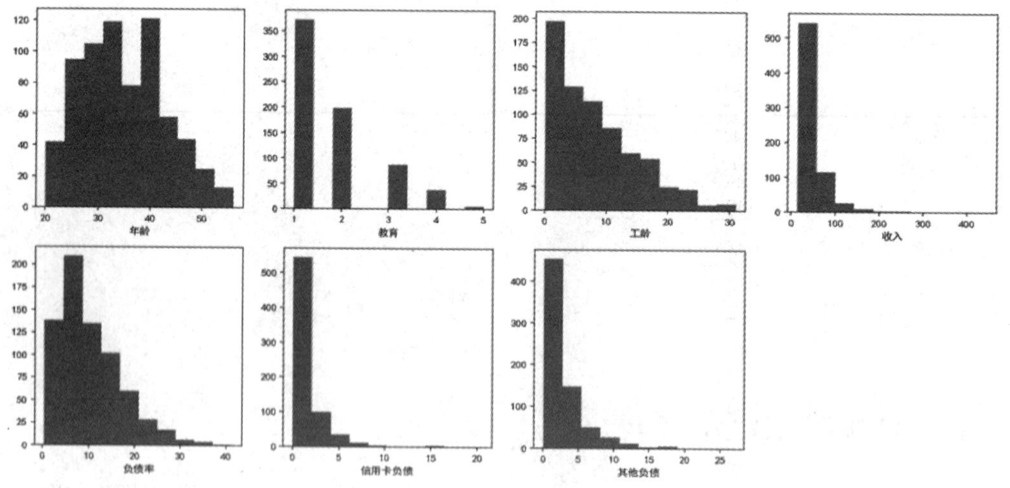

图 7-8　各列数据的直方图

可使用 mean()函数查看各列数据的平均值，代码如下：

```
print(x.mean())              #使用 mean 函数查看每列数据的平均值
```

结果如图 7-9 所示。

```
年龄        34.860000
教育         1.722857
工龄         8.388571
收入        45.601429
负债率      10.260571
信用卡负债      1.553553
其他负债       3.058209
dtype: float64
```

图 7-9　各列数据的平均值

根据平均值将连续数据二值化，并修改列名以反映数据的真实意义。rename()函数加上 columns 参数用于修改列名，参数是一个字典，字典的键为原列名，值为新列名。参考代码如下：

```
x[x<x.mean()]=0                    #所有小于平均值的设为 0
x[x>0]=1                           #剩下非零的就是原来大于平均值的数据，设为 1
x.rename(columns={'年龄':'年龄大', '教育':'教育高',' 工龄':'工龄长', '收入':'收入高',
                 '负债率':'负债率高', '信用卡负债':'信用卡负债多',
                 '其他负债':'其他负债多'}, inplace=True)
x=x.astype('int')                   #将数据类型改为整数
```

图 7-10 对比了二值化前和二值化后的 x 数据，读者可以参照各列数据的平均值验证二值化的结果是否正确。

	年龄	教育	工龄	收入	负债率	信用卡负债	其他负债
0	41	3	17	176	9.3	11.359392	5.008608
1	27	1	10	31	17.3	1.362202	4.000798
2	40	1	15	55	5.5	0.856075	2.168925
3	41	1	15	120	2.9	2.658720	0.821280
4	24	2	2	28	17.3	1.787436	3.056564
5	41	2	5	25	10.2	0.392700	2.157300
6	39	1	20	67	30.6	3.833874	16.668126
7	43	1	12	38	3.6	0.128592	1.239408
8	24	1	3	19	24.4	1.358348	3.277652
9	36	1	0	25	19.7	2.777700	2.147300

	年龄大	教育高	工龄长	收入高	负债率高	信用卡负债多	其他负债多
0	1	1	1	1	0	1	1
1	0	0	1	0	1	0	1
2	1	0	1	1	0	0	0
3	1	0	1	1	0	1	0
4	0	1	0	0	1	1	0
5	1	1	0	0	0	0	0
6	1	0	1	1	1	1	1
7	1	0	1	0	0	0	0
8	0	0	0	0	1	0	1
9	1	0	0	0	1	1	0

图 7-10　原始数据(左)和二值化后的数据(右)

将样本按照 7∶3 的比例划分为训练集和测试集，从输出中可以看到，原始数据为 700 个，训练集有 490 个，测试集有 210 个。参考代码如下：

```
from sklearn.model_selection import train_test_split
x_train,x_test,y_train,y_test = train_test_split(x,y,test_size=0.3, random_state=0)
print(x.shape, y.shape, x_train.shape, x_test.shape, y_train.shape, y_test.shape)
```

使用训练集训练决策树分类模型。criterion 参数设为 'entropy' 表明需要使用 ID3 算法，这个算法是基于信息熵的。参考代码如下：

```
from sklearn.tree import DecisionTreeClassifier as DTC
dtc=DTC(criterion='entropy')        #建立决策树模型，基于信息熵
dtc.fit(x_train, y_train)           #训练模型
print('训练集准确率：', dtc.score(x_train, y_train))
Print('测试集准确率:', dtc.score(x_test, y_test))
```

输出的训练集准确率为 0.8204，测试集准确率为 0.6095。这里已经出现了不太明显的过拟合现象。出现过拟合时，训练集的准确度很高，但是模型的泛化能力很差，表现为测试集的准确度很低。决策树算法如果不限定决策树的层数，而只是无限制地加大深度，训练集的准确度可以达到 1(参看后面的 CART 算法例子)，即 100%准确，但是测试集准确度则会明显变差。可以尝试限制最大深度为 3 层，代码如下：

```
dtc=DTC(criterion='entropy', max_depth=3)        #限定最大深度为 3 层
dtc.fit(x_train, y_train)                        #训练模型
print('训练集准确率：', dtc.score(x_train, y_train))
Print('测试集准确率:', dtc.score(x_test, y_test))
```

输出的训练集准确率为 0.6592，比 0.8204 低，但是测试集的准确度为 0.6283，比 0.6095 更高，测试集的准确度也和训练集的准确度更接近。这说明过拟合现象减弱了，模型的泛化能力有所提升。

7.2.5 决策树模型的可视化

决策树分类模型的一大优点是易于解释。可以将模型输出为 graphviz 格式，然后将其可视化。参考代码如下：

```
from sklearn.tree import export_graphviz
export_graphviz(dtc, feature_names=x.columns, out_file='tree.dot')
```

输出的 tree.dot 是一个文本文件，内容如图 7-11 所示。

```
digraph Tree {
node [shape=box] ;
0 [label="负债率高 <= 0.5\nentropy = 0.829\nsamples = 490\nvalue = [362, 128]"] ;
1 [label="工龄长 <= 0.5\nentropy = 0.583\nsamples = 287\nvalue = [247, 40]"] ;
0 -> 1 [labeldistance=2.5, labelangle=45, headlabel="True"] ;
2 [label="教育高 <= 0.5\nentropy = 0.732\nsamples = 161\nvalue = [128, 33]"] ;
1 -> 2 ;
3 [label="entropy = 0.597\nsamples = 76\nvalue = [65, 11]"] ;
2 -> 3 ;
4 [label="entropy = 0.825\nsamples = 85\nvalue = [63, 22]"] ;
2 -> 4 ;
5 [label="信用卡负债多 <= 0.5\nentropy = 0.31\nsamples = 126\nvalue = [119, 7]"] ;
1 -> 5 ;
6 [label="entropy = 0.244\nsamples = 99\nvalue = [95, 4]"] ;
5 -> 6 ;
7 [label="entropy = 0.503\nsamples = 27\nvalue = [24, 3]"] ;
5 -> 7 ;
8 [label="工龄长 <= 0.5\nentropy = 0.987\nsamples = 203\nvalue = [115, 88]"] ;
0 -> 8 [labeldistance=2.5, labelangle=-45, headlabel="False"] ;
9 [label="收入高 <= 0.5\nentropy = 0.996\nsamples = 119\nvalue = [55, 64]"] ;
8 -> 9 ;
10 [label="entropy = 1.0\nsamples = 109\nvalue = [55, 54]"] ;
9 -> 10 ;
11 [label="entropy = 0.0\nsamples = 10\nvalue = [0, 10]"] ;
9 -> 11 ;
12 [label="信用卡负债多 <= 0.5\nentropy = 0.863\nsamples = 84\nvalue = [60, 24]"] ;
8 -> 12 ;
13 [label="entropy = 0.469\nsamples = 20\nvalue = [18, 2]"] ;
12 -> 13 ;
14 [label="entropy = 0.928\nsamples = 64\nvalue = [42, 22]"] ;
12 -> 14 ;
}
```

图 7-11　决策树的 graphviz 格式文本内容

很多工具可以打开并显示 graphviz 格式的文件。这里介绍一个最简单的在线 graphviz 显示网站：http://viz-js.com/，在网站的左边代码区粘贴上 tree.dot 文件的内容，右边就可以显示决策树的图像了，如图 7-12 所示。

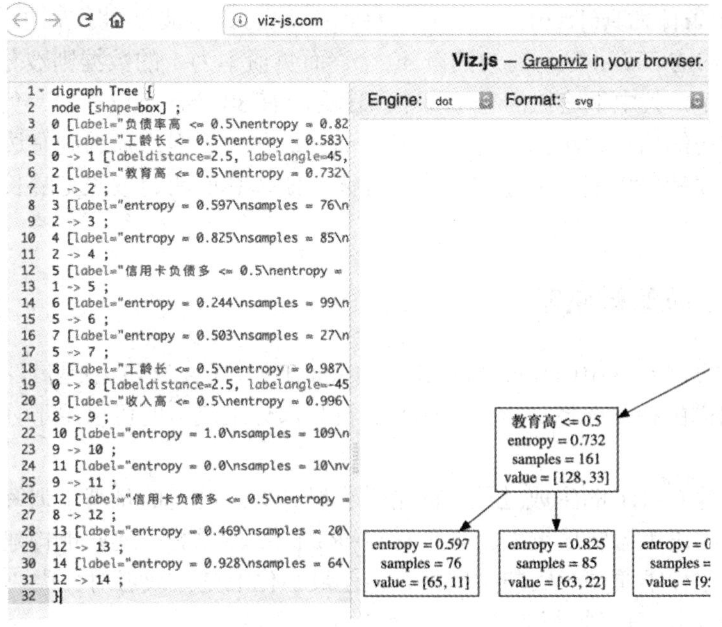

图 7-12　使用 viz-js.com 可视化决策树

第7章　分类

图 7-13 展示了训练生成的决策树模型。每个节点的判断条件、信息熵以及该判断条件的分类结果都展示在模型图上。

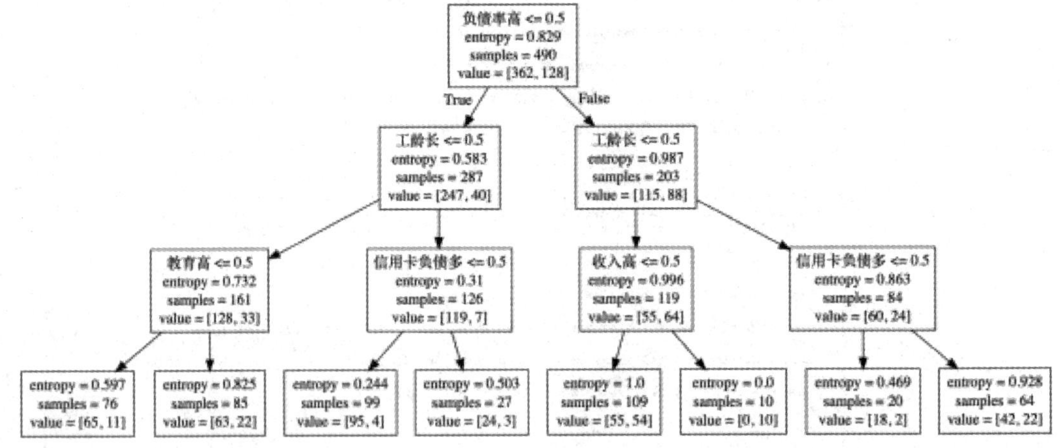

图 7-13　ID3 决策树模型

从模型图上可以看出，对于个人贷款违约分类来说，最重要的属性是负债率，该属性的信息熵为 0.829。按照负债率，分类前总样本数为 490，其中违约为 0(不违约)的样本有 362 个，违约的样本有 128 个。由于属性负债率的取值只有 0(不高)和 1(高)，因此“负债率高<=0.5”这个条件为真(True)，即负债率为 0(不高)的数据被分到了左边，这些样本有 286 个，其中不违约的有 246 个，违约的有 40 个。而负债率为 1 的数据则被分到了右边，这样的数据有 203 个，其中不违约的有 115 个，违约的有 88 个。可以看出，负债率这一属性可以将大部分的违约用户筛选到右边，而将大部分的非违约用户筛选到左边，然后再按照工龄继续分类。读者可以模仿上述例子继续解读负债率高低两边按照工龄长短分类后的违约情况。

7.2.6　CART 决策树原理

分类与回归树(Classification And Regression Tree，CART)模型是广泛的决策树学习方法。CART 同样由特征选择、树的生成及剪枝几部分组成，既可以用于分类，也可以用于回归。

这里先讲解 CART 的生成过程。首先要了解 CART 的目的是基于训练数据集生成决策树，而且生成的决策树要尽量大。再来看 CART 的主体思想：递归地构建二叉决策树的过程，在递归的过程中通过对回归树用平方误差最小化准则，或者对分类树用基尼指数(Gini Index)最小化准则，进行特征的选择，从而生成二叉树。

1. 回归树生成的算法过程

输入：训练数据集 D；

输出：回归树 $f(x)$。

在训练数据集所在的输入空间中，递归地将每个区域分为两个子区域并决定每个子区域上的输出值，构建二叉决策树。

(1) 选择最优切分变量 j 与切分点 s，求解：

$$\min_{j,\ s}[\min_{c_1} \sum_{x_i \in R_1(j,\ s)} (y_i - c_1)^2 + \min_{c_2} \sum_{x_i \in R_2(j,\ s)} (y_i - c_2)^2] \tag{7-7}$$

遍历变量 j，对固定的切分变量 j 扫描切分点 s，选择使式(7-7)达到最小值的对$(j，s)$。

(2) 用选定的对$(j，s)$划分区域并得到相应的输出值为

$$R_1(j,\ s) = \{x \mid x^{(j)} \leqslant s\},\ R_2(j,\ s)=\{x \mid x^{(j)} \leqslant s\}$$

$$c_m = \frac{1}{N_m} \sum_{x_i \in R_m(j,\ s)} y_i,\ x_i \in R_m,\ m = 1,2 \tag{7-8}$$

(3) 继续对两个子区域调用步骤(1)、(2)，直到满足停止条件。

(4) 将输入空间划分为 M 个区域 R_1，R_2，…，R_m，生成决策树：

$$f(x) = \sum_{m=1}^{M} c_m I(x \in R_m) \tag{7-9}$$

2. 分类树生成的算法

在进行分类树生成的过程中，可以用基尼指数选择最优特征，同时决定该特征的最优二值切分点。在分类问题中，假设有 K 个类，样本点属于第 k 类的概率为 p_k，则概率分布的基尼指数定义为

$$\text{Gini}(p) = \sum_{k=1}^{K} p_k(1 - p_k) = 1 - \sum_{k=1}^{K} p_k^2 \tag{7-10}$$

对于二类分类问题，若样本点属于第 1 个类的概率是 p，则概率分布的基尼指数为

$$\text{Gini}(p) = 2p(1-p) \tag{7-11}$$

对于给定的样本集合 D，其基尼指数为

$$\text{Gini}(D) = 1 - \sum_{k=1}^{K} \left(\frac{|C_k|}{D} \right)^2 \tag{7-12}$$

式中：C_k 是 D 中属于第 k 类的样本子集；K 是类的个数。

如果样本集合 D 根据特征 A 是否取某一可能值 a 被分割成 D_1、D_2 两部分，即

$$D_1=\{(x, y)\in D \mid A(x)=a\}, \quad D_2=D-D_1$$

则在特征 A 的条件下，集合 D 的基尼指数定义为

$$\text{Gini}(D, A)=\frac{|D_1|}{|D|}\text{Gini}(D_1)+\frac{|D_2|}{|D|}\text{Gini}(D_2) \tag{7-13}$$

式中：基尼指数 Gini(D)表示集合 D 的不确定性；基尼指数 Gini(D，A)表示 $A=a$ 分割后集合 D 的不确定性。基尼指数值越大，样本集合的不确定性也就越大，这一点与熵相似。

3. CART 生成算法

输入：训练数据集 D、停止计算的条件；

输出：CART 决策树。

根据训练数据集，从根节点开始，递归地对每个节点进行以下操作，构建二叉树。

(1) 设节点的训练数据集为 D，通过基尼指数在现有特征的基础上选择最优特征。对每个特征 A，当 $A=a$ 时的基尼指数可以这样求出：首先将每一个样本对 $A=a$ 进行测试，测试结果为“真”(Yes)或“假”(No)，从而将 D 分割成 D_1 和 D_2 两个部分，再利用式(7-13)计算 $A=a$ 时的基尼指数。

(2) 在所有可能的特征 A 以及它们所有可能的切分点 a 中，选择基尼指数最小的特征及其对应的切分点作为最优特征与最优切分点。根据最优特征与最优切分点，从现节点生成两个子节点，将训练数据集按照特征分配到两个子节点中去。

(3) 对两个子节点递归需要进行步骤(1)和(2)，直到满足停止条件。

(4) 生成 CART 决策树。

算法停止计算的条件是节点中的样本个数小于预定阈值，或样本集的基尼指数小于预定阈值(样本基本属于同一类)，或者没有更多特征。

4. CART 剪枝算法

输入：CART 算法生成的决策树 T_0；

输出：最优决策树 T_a。

(1) 设 $k=0$，$T=T_0$。

(2) 设 $a=+\infty$。

(3) 自下而上地对各内部节点 t 计算 $C(T_t)$、$|T_t|$以及 $g(t)=\dfrac{C(t)-C(T_t)}{|T_t|-1}$，选择基尼系数小的那个值，如下所示：

$$\alpha=\min(\alpha, g(t)) \tag{7-14}$$

式中：T_t 表示以 t 为根节点的子树；$C(T_t)$是对训练数据的预测误差；$|T_t|$是 T_t 的叶子节点个数。

(4) 自上而下地访问内部节点 t，如果有 $g(t) = \alpha$，则进行剪枝，并对叶子节点 t 以多数表决法决定其类，得到树 T。

(5) 设 $k = k + 1$，a_k=a，T_t= T。

(6) 如果 T 不是由根节点单独构成的树，则回到步骤(4)。

(7) 采用交叉验证法在子数序列 T_0，T_1，T_2，…，T_n 中选取最优子树 T_a。

7.2.7 CART 决策树模型的实现

与 ID3 算法不同，CART 算法既支持离散属性，也支持连续属性，因此不再需要人为地找一个点将连续属性进行离散化(比如前面使用每个属性的平均值对属性进行二值化)。现在，我们来示范一个案例。首先，导入数据和划分训练集与测试集，代码如下：

```
import numpy as np
import pandas as pd
import matplotlib.pyplot as plt
plt.rcParams['font.sans-serif']=['SimHei']                #用来正常显示中文标签
plt.rcParams['axes.unicode_minus']=False                  #用来正常显示负号

df=pd.read_excel('bankloan.xls')

x=df.drop(columns=['地址','违约'])                         #为了与 ID3 算法一致，也去除地址属性
y=df['违约']

from sklearn.model_selection import train_test_split

x_train,x_test,y_train,y_test = train_test_split(x,y,test_size=0.3, random_state=0)

from sklearn.tree import DecisionTreeClassifier as DTC
dtc = DTC()                                          #建立决策树模型，无参数默认采用 CART 算法
dtc.fit(x_train, y_train)                            #训练模型
print('训练集准确率：', dtc.score(x_train, y_train))
print('测试集准确率:', dtc.score(x_test, y_test))
```

可以看到，输出的训练集准确度为 1，测试集准确度为 0.6614，这里能明显看到决策树的过拟合现象。经过尝试，发现最佳的深度为 4，于是重新建立模型，代码如下：

```
dtc = DTC(max_depth=4)                          #设置最大深度为 4 层
dtc.fit(x_train, y_train)                       #训练模型
print('训练集准确率：', dtc.score(x_train, y_train))
print('测试集准确率:', dtc.score(x_test, y_test))
```

此时的训练集准确度为 0.8224，而测试集的准确度提高到了 0.6614，明显减少了过拟合现象，提升了模型的泛化能力。

同样可以生成决策树模型图，但是由于层数多了一层，因此整个决策树打印会不够清楚。图 7-14 中显示了决策树模型的局部图形。

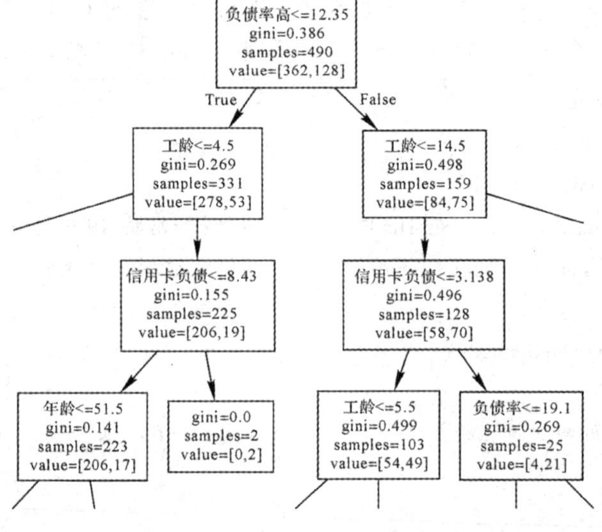

图 7-14　决策树局部图形

从图 7-14 的模型中可以看出，CART 算法自动找到了负债率多高才算是高(高于 12.35 算高)，而 ID3 算法则需要人为按照平均值(由图 7-9 可知，负债率平均值为 10.26)进行划分。此外，在负债率低的左树上，下一个评判属性工龄是按照 4.5 年为标准进行分类的，在负债率高的右树上，又按照工龄 14.5 年进行分类，而在 ID3 的案例中每个属性只能有一个分类标准。可以看出，CART 算法要灵活很多，这也是 CART 决策树模型在训练集和测试集上的准确度都优于 ID3 决策树的原因。

7.3　朴素贝叶斯分类器

朴素贝叶斯分类器是基于贝叶斯定理与特征条件独立假设的原理，它来源于对历史数

据的统计，拥有稳定的统计学基础和分类效率。它是一种直接依赖于历史数据中各种特征的概率的分类算法，具有良好的可解释性，也便于理解。通过对给出的待分类项求解各项属性特征的历史概率大小，来判断此待分类项属于哪个类别，而在没有多余条件的情况下，朴素贝叶斯分类器会选择在已知条件下概率最大的类别。

7.3.1 预测贷款违约数据准备

首先导入数据，将数据文件“bankloan.xls”与代码存放在同一个目录下，避免发生找不到文件的错误。代码如下：

```
#导入库
import numpy as np
import pandas as pd
import matplotlib.pyplot as plt
plt.rcParams['font.sans-serif']=['SimHei']          #用来正常显示中文标签
plt.rcParams['axes.unicode_minus']=False            #用来正常显示负号

#获取数据
df=pd.read_excel('bankloan.xls')
```

然后提取出 x 和 y，为了和决策树结果相比较，同样排除地址属性，再按照 6:3 的比例划分训练集和测试集。代码如下：

```
x=df.drop(columns=['地址', '违约'])        #为了与决策树算法一致，也去除地址属性
y=df['违约']

from sklearn.model_selection import train_test_split

x_train, x_test, y_train, y_test=train_test_split(x, y, test_size=0.3, random_state=0)
```

7.3.2 条件概率与贝叶斯公式

贝叶斯分类算法的实质就是计算条件概率的公式。在事件 A 发生的条件下，事件 B 发生的概率为 $P(B|A)$。若事件 A 和事件 B 同时发生的概率为 $P(AB)$，则事件 A 和事件 B 同时发生的概率等于事件 A 发生的概率乘以事件 A 发生的条件下事件 B 发生的概率，即 $P(AB) = P(B|A)\times P(A)$。同样，它也等于事件 B 发生的概率乘以事件 B 发生的条件下事件 A 发生

的概率，即 $P(AB)=P(A|B)\times P(B)$。其中，

$$P(B\mid A)=\frac{P(AB)}{P(A)} \tag{7-15}$$

$P(AB)$为

$$P(AB)=P(A)P(B|A)=P(B)P(A|B) \tag{7-16}$$

将式(7-16)带入式(7-15)中，就得出了贝叶斯公式：

$$p(B\mid A)=\frac{P(A\mid B)P(B)}{P(A)} \tag{7-17}$$

可以把 A、B 替换为分类问题中的类别和特征，即

$$P(\text{类别}\mid\text{特征})=\frac{P(\text{特征}\mid\text{类别})P(\text{类别})}{P(\text{特征})} \tag{7-18}$$

这也就是说已知一个样本的特征，若想得到它属于某个类别的概率 P(类别|特征)，则可以用历史数据中这个类别下该特征的概率 P(特征|类别)、类别的概率 P(类别)以及特征的概率 P(特征)(都可以从历史数据中统计得出)，再利用贝叶斯公式求得。

具体到贷款违约案例中，若想知道一个年龄小于 20 的贷款者是否会违约，则要计算 $P(\text{违约}\mid\text{年龄}<20)$和 $P(\text{不违约}\mid\text{年龄}<20)$哪个概率更大。如果违约的概率大于不违约的概率，则这个贷款者就会被分类到违约类别中。

根据贝叶斯公式，可得：

$$P(\text{违约}\mid\text{年龄}<20)=\frac{P(\text{年龄}<20\mid\text{违约})\times P(\text{违约})}{P(\text{年龄}<20)}$$

该式右边的三个概率都可以在历史样本中(即训练集中)统计出来，这样就可以计算出小于 20 岁的人违约的概率。同理，可以计算出他/她不违约的概率。比较这两个概率的大小就可以分出类别。

这是单一特征的情况，如果是多特征的情况，如一个 20 岁、月收入 5000 元、已工作 15 年的贷款申请者，要计算他/她的违约概率，则需要使用极大似然估计。

7.3.3 极大似然估计

贝叶斯分类器的核心就是在已知 X 的情况下，计算样本属于某个类别的概率：

$$P(C_i|X)=\frac{P(C_iX)}{P(X)}=\frac{P(C_i)P(X\mid C_i)}{\sum_{i=1}^{k}P(C_i)P(X\mid C_i)} \tag{7-19}$$

式中：C_i 表示样本所属的某个类别。样本最终属于哪个类别 C_i，应该将计算所得的最大概率值 $P(C_i\mid X)$对应的类别作为样本的最终分类：

$$y = f(X) = P(C_i \mid X) = \arg\max \frac{P(C_i)P(X \mid C_i)}{\sum_{i=1}^{k} P(C_i)P(X \mid C_i)} \tag{7-20}$$

对于已知的 X，朴素贝叶斯分类器就是计算样本在各分类中的最大概率值。式(7-20)中，分母 $P(X) = \sum_{i=1}^{k} P(C_i)P(X \mid C_i)$。在绝大多数情况下，$P(C_i)$是已知的，它以训练数据集中类别 C_i 的频率作为先验概率，可以表示为 N_{Ci}/N。因此，现在的主要任务就是计算 $P(X \mid C_i)$ 的值，即已知某个类别的情况下自变量 X 为某种值的概率。

假设数据集一共包含 p 个自变量，则 X 可以表示为(x_1，x_2，…，x_p)，条件概率可以表示为

$$P(X \mid C_i)=P(x_1，x_2，\cdots，x_p \mid C_i) \tag{7-21}$$

为了提高分类器的计算速度，这里提出了一个假设，即自变量是条件独立的(自变量之间不存在相关性)，这就是朴素贝叶斯中“朴素”两个字的由来。因此：

$$P(X \mid C_i) = P(x_1，x_2，\cdots，x_p \mid C_i) = P(x_1 \mid C_i)P(x_2 \mid C_i)\cdots P(x_p \mid C_i) \tag{7-22}$$

这里需要统计 C_i 类别下 X 的概率，假如 X_i 是月收入，则违约类别下月收入为 5000 元的人的违约概率可能统计到。但是如果这个人的月收入为 5001 元，历史数据里面没有这个月收入数目的数据，又该如何得到这个违约类别下月收入 5001 元的人的违约概率呢？这就需要根据数据的不同分布情况，使用不同模型估计求解该类别下 X_i 取特定值的概率，从而估算出最大的 $P(C_i)P(X_1 \mid C_i)P(X_2 \mid C_i)\cdots P(X_p \mid C_i)$。

7.3.4 高斯贝叶斯模型的实现

如果数据集中的自变量 X 均为连续的数值型变量，则在计算 $P(X|C_i)$时可以假设自变量 X 服从高斯正态分布，所以自变量 X 的条件概率可以表示为：

$$P(x_j \mid C_i) = \frac{1}{\sqrt{2\pi}\sigma_{ji}} \exp\left(-\frac{(x_j - \mu_{ji})^2}{2\sigma_{ji}^{\ 2}}\right) \tag{7-23}$$

式中：μ_{ji} 为 i 类别里属性 j 的平均值；σ_{ji} 为 i 类别里属性 j 的标准差。可知，只要 X 是高斯分布的连续变量，不管历史记录里 C_i 类下有没有 x_j，都可以计算得出 $P(x_j \mid C_i)$。

因为 X 的各个属性都是连续值，从图 7-3 可以看出，这些属性基本可以看作带一定倾斜的高斯分布。现在先来看在代码中怎样使用高斯贝叶斯模型来训练数据集，代码如下：

```
from sklearn import naive_bayes
```

```
#调用高斯朴素贝叶斯分类器
gnb=naive_bayes.GaussianNB()
#模型拟合
Gnb.fit(x_train, y_train)
#输出准确度
print('训练集准确度:', gnb.score(x_train, y_train))
print('测试集准确度:', gnb.score(x_test, y_test))
```

输出的训练集准确度为 0.6592，测试集准确度为 0.6238，与决策树的结果相似。

7.3.5 多项式贝叶斯模型的实现

如果数据集中的自变量 X 均为离散型变量，则无法使用高斯贝叶斯分类器，而应该选择多项式贝叶斯分类器。在计算概率值 $P(X|C_i)$时，会假设自变量 X 的条件概率满足多项式分布，因此概率值 $P(X|C_i)$的计算公式可以表示为

$$P(x_j = x_{jk} | C_i) = \frac{N_{ik} + \alpha}{N_i + n\alpha} \tag{7-24}$$

式中：x_{jk} 表示属性 X_j 的取值；N_{ik} 表示类别 C_i 下 x_j 取值为 x_{jk} 的样本个数；N_i 表示类别为 C_i 的样本个数；α 为平滑系数，用于防止 x_{jk} 不存在时概率取 0 值的可能，通常取 $\alpha = 1$，表示对概率值做拉普拉斯平滑；n 是类别的个数。

通常数据集中的“教育层级”可能的值有小学、中学、高中、大专、本科、研究生、博士等，这种属性就是典型的离散值，这种离散值是没有办法通过高斯贝叶斯分类器进行训练的。现在尝试在代码中完成多项式贝叶斯模型的数据训练，代码如下：

```
from sklearn.naive_bayes import MultinomialNB

#使用默认配置初始化朴素贝叶斯
mnb=MultinomialNB()
#利用训练数据对模型参数进行估计
mnb.fit(x_train,y_train)

print('训练集准确度:',mnb.score(x_train, y_train))
print('测试集准确度:',mnb.score(x_test, y_test))
```

输出的训练集准确度为 0.6612，测试集准确度为 0.6523，比高斯贝叶斯模型的效果略佳。

7.3.6 伯努利贝叶斯模型的实现

当数据集中的自变量 X 均为 0、1 二值时(例如在本章前面 ID3 决策树的案例中，每个属性都被二值化后的数据)，通常会优先选择伯努利贝叶斯分类器。利用该分类器计算概率值 $P(X|C_i)$时，会假设自变量 X 的条件概率满足伯努利分布，因此概率值 $P(X|C_i)$的计算公式可以表示为

$$P(x_j|C_i) = px_j + (1 - p)(1 - x_j) \tag{7-25}$$

式中：x_j 表示属性 x_j，取值为 0 或 1；p 表示类别为 C_i 时 x_j 取 1 的概率，由于 X 满足伯努利分布，因此类别为 C_i 时 x_j 取 0 的概率就是 $1 - p$。这个 p 可以用经验频率代替：

$$p = p(x_j = 1|C_i) = \frac{N_{x_j} + \alpha}{N_i + n\alpha} \tag{7-26}$$

式中：N_i 表示类别为 C_i 的样本个数；N_{x_j} 表示类别 C_i 下 x_j 取值为 1 的样本个数；与多项式贝叶斯相似，α 为平滑系数，用于避免概率取 0 值的可能；n 是类别的个数。

x 的属性的值并不是 0-1 分布的，从理论上来讲，不应该采用伯努利贝叶斯模型，但可以尝试伯努利贝叶斯模型，代码如下：

```
from sklearn.naive_bayes import BernoulliNB
bnb=BernoulliNB()
#基于训练数据集的拟合
bnb.fit(x_train, y_train)


print('训练集准确度:',bnb.score(x_train, y_train))
print('测试集准确度:',bnb.score(x_test, y_test))
```

输出的训练集准确度为 0.6490，测试集准确度为 0.6238，基本上和高斯贝叶斯模型的结果相当，这说明伯努利贝叶斯模型有很高的容错度，能自动识别非伯努利分布的属性数据。

7.4 分类模型的评估

以上案例中每个模型中都有 score()函数，用于计算分类的准确度，但不是这个值高就代表分类模型非常优秀。当样本的类别不是均匀分布，而是某种类别的样本严重比别的类

别样本偏少时(比如贷款违约的客户一般远少于不违约的客户)，单凭准确度就不足以评估模型的优劣了，因为有可能准确度高是以牺牲某个少数类别的识别能力为代价的。

例如，大家会认为一种检测艾滋病准确度达到 0.999 的试纸很靠谱，但是中国艾滋病感染率为万分之四，也就是说如果这个试纸完全无用，一个艾滋病人也检测不出来，它的准确度也有 0.9996。那么该如何评估一个分类模型的质量呢？为此，我们首先需要了解一下混淆矩阵的概念。

7.4.1 混淆矩阵

分类模型借鉴了医学检测中的阳性概念，有 4 个术语：

(1) 真阴性(True Negative，TN)：表示真实值为阴性，检测值也是阴性的样本数。

(2) 真阳性(True Positive，TP)：表示真实值为阳性，检测值也是阳性的样本数。

(3) 假阴性(False Negative，FN)：表示真实值为阳性，检测值为阴性的样本数。

(4) 假阳性(False Positive，FP)：表示真实值为阴性，检测值为阳性的样本数。

如果将这 4 个概念在一个田字格中画出来，就形成了混淆矩阵，如图 7-15 所示。

		预测值	
		0	1
真实值	0	TN	FP
	1	FN	TP

图 7-15　混淆矩阵

图 7-15 所示矩阵的行是真实类别，列是模型的预测类别。二分类问题中 0 表示阴性，1 表示阳性。多分类问题中的矩阵会是一个 $n \times n$ 的矩阵，n 为类别的个数，上述概念仍然适用。在这个 2×2 的矩阵中，对角线上的数字是模型预测正确的，包括 TN 和 TP，而对角线以外的数字都是模型预测错误的，包括 FN 和 FP。

前面提到的准确度(Accuracy)就是总样本中 TN + TP 所占的比例，即分类正确的样本在总样本中的比例。

$$\text{Accuracy} = \frac{\text{TN+TP}}{\text{TN+FN+TP+FP}} \tag{7-27}$$

sklearn 库中提供了混淆矩阵的计算方法。我们以多项式贝叶斯模型为例，来看看这个模型在贷款违约数据训练集上的混淆矩阵。首先需要调用模型的 predict()函数获得预测值，然后计算混淆矩阵，再将其可视化为图像。参考代码如下：

```
y_train_pred=mnb.predict(x_train)                          #获取模型对训练集样本的预测值

from sklearn.metrics import confusion_matrix               #导入混淆矩阵库
cm=confusion_matrix(y_train, y_train_pred)                 #计算混淆矩阵

import seaborn as sns               #导入 seaborn 可视化库
sns.heatmap(cm, annot=True, fmt='d', cmap=plt.cm.Blues)    #生成混淆矩阵
plt.show()     #显示混淆矩阵
```

图 7-16 显示了训练集的混淆矩阵，从图上可以看出，如果以不违约为阴性，违约为阳性，TN = 286，TP = 87，FN = 41，FP = 76，那么准确度就是(286 + 87) / (286 + 87 + 41 + 76) = 0.7612，这个值和前面输出端训练集准确度是一致的。

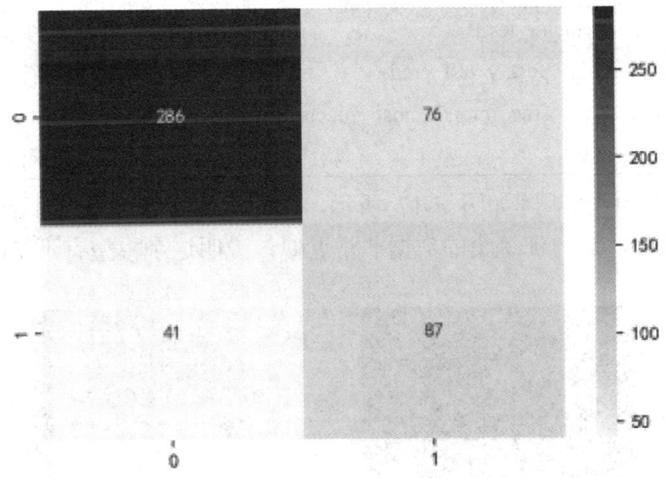

图 7-16　贷款违约数据训练集的多项式贝叶斯模型混淆矩阵

7.4.2　精确度与敏感度

仔细观察图 7-16，会发现第二行的真实违约用户一共有 41 + 87 = 128 个，而模型只识别出了 87 个，漏掉了不少(FN)；而第二列模型预测的违约用户共有 76 + 87 = 163 个，从数据 76 可以看出，在违约用户总数 163 中，将近一半都是预测错误的(FP)。这么看来，多项式贝叶斯模型训练出来的数据集似乎并不比刚才准确度为 0.76 的数据集好。

前面讲到的两个评价模型的方式就是精确度(Precision)和敏感度(Recall)的概念。精确度

表达式为

$$\text{Precision} = \frac{\text{TP}}{\text{FP+TP}} \tag{7-28}$$

精确度描述了模型识别为阳性中真正阳性的比例。以图 7-16 数据为例，违约用户的精确度为 87 / (76 + 87) = 0.53。

敏感度是指所有的真正阳性中，模型识别出来阳性样本的比例，即模型对阳性样本的敏感程度。其表达式为

$$\text{Recall} = \frac{\text{TP}}{\text{FN+TP}} \tag{7-29}$$

以图 7-16 中种数据为例，违约用户的敏感度为 87/(41+87)=0.68。

上面的测试是根据训练集的数据判断出来的，但是模型是在训练集的数据上优化出来的，所以要避免过拟合等问题，检测模型的泛化能力，而准确度和敏感度的检测应该使用测试集进行，代码如下：

```
y_test_pred=mnb.predict(x_test)                                  #获取测试集的预测值
cm=confusion_matrix(y_test, y_test_pred)                         #生成混淆矩阵
sns.heatmap(cm, annot=True, fmt='d', cmap=plt.cm.Blues)          #可视化
plt.show()                                                       #显示测试集混淆矩阵
```

所得到的测试集混淆矩阵如图 7-17 所示，用同样的计算可得到对违约用户的精确度为 0.52，敏感度为 0.65，这与训练集的数据非常近似，说明这个模型有不错的泛化能力。

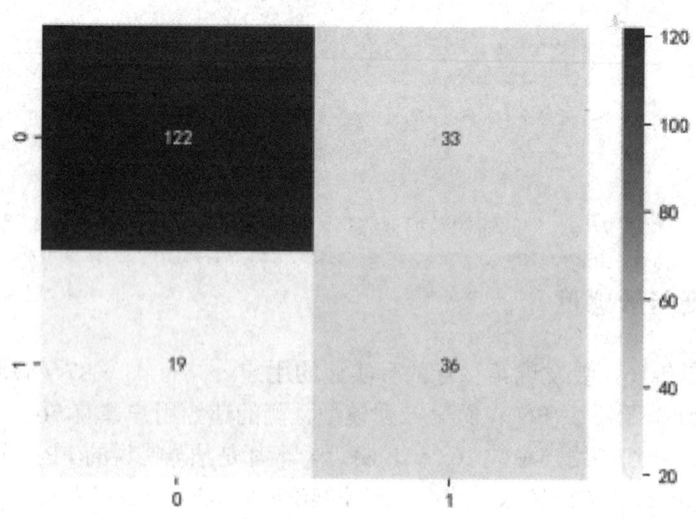

图 7-17　贷款违约数据测试集的多项式贝叶斯模型混淆矩阵

前面使用伯努利贝叶斯分类器得到的训练集准确度为 0.7490，测试集准确度为 0.7238，从这个角度来看，它与高斯贝叶斯分类器和多项式贝叶斯分类器训练出来的模型的准确度相差不大。现在检测一下伯努利贝叶斯模型的精确度和敏感度，代码如下：

```
from sklearn.naive.bayes import BernoulliNB
bnb = BernoulliNB()
bnb.fit(x_train, y_train)
y_train_pred=bnb.predict(x_train)                    #使用伯努利贝叶斯模型预测训练集

cm=confusion_matrix(y_train, y_train_pred)           #生成混淆矩阵
sns.heatmap(cm, annot=True, fmt='d', cmap=plt.cm.Blues)    #可视化
pltl.show()                                          #显示伯努利贝叶斯训练集混淆矩阵
```

结果如图 7-18 所示。

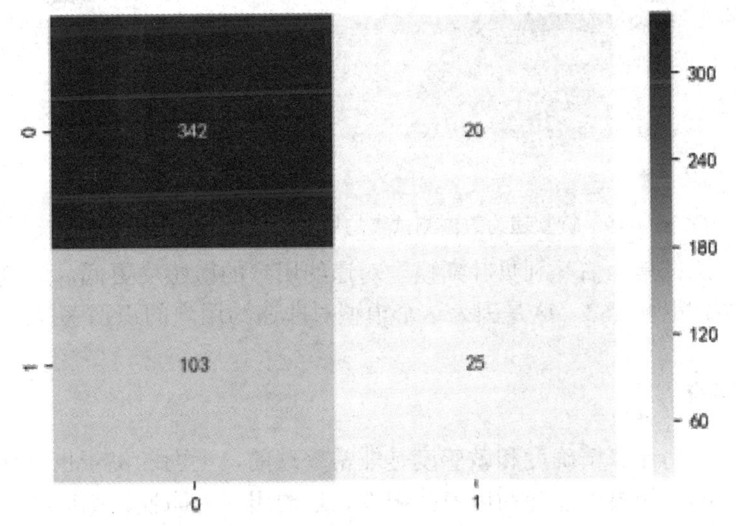

图 7-18　贷款违约数据训练集的伯努利贝叶斯模型混淆矩阵

从图 7-18 中可以看出，128 个违约用户只识别了 25 个，对违约用户的敏感度只有 0.20。由此可见，单看准确度确实是不可靠的。由于伯努利贝叶斯模型的假阳性(TP)降低了，因此掩盖了假阴性的升高。伯努利贝叶斯模型对违约用户的识别精确度为 0.56，与多项式贝叶斯模型的相当。

再来看看伯努利贝叶斯模型在测试集上的表现，代码如下：

```
y_test_pred=bnb.predict(x_test)
cm=confusion_matrix(y_test, y_test_pred)
sns.heatmap(cm, annot=True, fmt='d', cmap=plt.cm.Blues)
plt.show() #显示伯努利贝叶斯测试集混淆矩阵
```

结果如图 7-19 所示。

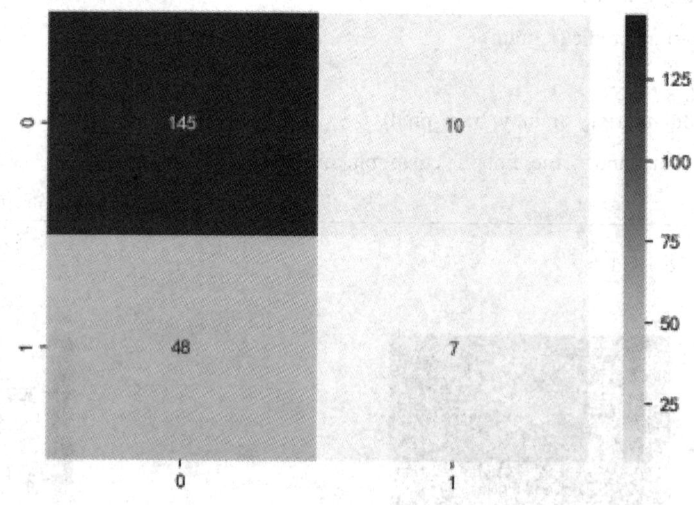

图 7-19　贷款违约数据测试集的伯努利贝叶斯模型混淆矩阵

可以看到，测试集上伯努利贝叶斯模型对违约用户的敏感度更低，为 0.13，精确度为 0.41，但它的准确度为 0.62，这是因为这个模型对非违约用户的识别率提高了。

7.4.3　分类报告

从混淆矩阵手动计算精确度和敏感度是非常繁琐的，上面的例子也只计算了违约用户的精确度和敏感度。如果以非违约用户为阳性，违约用户为阴性，则同样可以计算模型识别非违约用户的精确度和敏感度。幸运的是，sklearn 已经提供了分类报告，可以一次性给出所有类别的精确度和敏感度。

这里给出三种贝叶斯分类器的测试集分类报告如下：

```
from sklearn.metrics import classification_report          #导入分类报告库
print(classification_report(y_test, y_test_pred))           #打印分类报告
```

结果如图 7-20～图 7-21 所示。

	precision	recall	f1-score	support
0	0.78	0.88	0.82	155
1	0.46	0.29	0.36	55
micro avg	0.72	0.72	0.72	210
macro avg	0.72	0.58	0.59	210
weighted avg	0.69	0.72	0.70	210

图 7-20　高斯贝叶斯模型对贷款违约测试集的分类报告

	precision	recall	f1-score	support
0	0.87	0.79	0.82	155
1	0.52	0.65	0.58	55
micro avg	0.75	0.75	0.75	210
macro avg	0.69	0.72	0.70	210
weighted avg	0.78	0.75	0.76	210

图 7-21　多项式贝叶斯模型对贷款违约测试集的分类报告

	precision	recall	f1-score	support
0	0.75	0.94	0.83	155
1	0.41	0.13	0.19	55
micro avg	0.72	0.72	0.72	210
macro avg	0.58	0.53	0.51	210
weighted avg	0.66	0.72	0.67	210

图 7-22　伯努利贝叶斯模型对贷款违约测试集的分类报告

其中，标识为 0 的行是模型对非违约用户的识别精确度和敏感度；标识为 1 的行是模型对违约用户的识别精确度和敏感度；f1-score 为精确度和敏感度的调和平均值，将两个维度的评判统一到一起，这个值越接近 1 说明模型对该分类的识别能力越强；support 列为每个类别的样本数，可以看到测试集中有 155 个非违约用户，55 个违约用户。与此同时，分类报告中也会自动地将微平均(micro avg)、宏平均(macro avg)以及加权平均(weighted avg)计算出来。

从分类报告中可以看出，虽然三种贝叶斯模型的准确度相差无几，但是在对违约用户的识别能力上，多项式贝叶斯模型的效果明显较好，高斯贝叶斯模型的其次，最差的是伯努利贝叶斯模型。这说明选择哪种贝叶斯模型依赖于特征属性值的分布情况(这是贝叶斯分类器的基础假设)，非 0-1 分布的属性采用伯努利贝叶斯模型的效果是比较差的，而正态分布不明显的数据使用多项式贝叶斯模型看起来更优于高斯贝叶斯模型。

新手问答

1. 在逻辑回归、决策树、朴素贝叶斯中，到底应该选择哪种分类算法？

分类算法的种类很多，每种分类算法都有自己适合的领域，也有自己的局限性。如决策树模型可以清晰地可视化，且易于解读，但是决策树非常容易过拟合，需要小心控制最大深度参数。朴素贝叶斯有一个基本假设，即不同的特征要完全独立，这个假设在有些情况下难以满足，如第 6 章的油耗分类，发动机的马力(功率)和加速度两个特征明显是相关的，因此不适合朴素贝叶斯分类器。同时，朴素贝叶斯分类器需要根据特征属性的分布情况估算事件的概率，如果属性的分布情况和选取的贝叶斯模型不匹配，就会降低模型的质量。对于初学者，最简单的方式就是各种分类算法都尝试一遍，看看哪个模型更适合自己的数据集，这就要求掌握分类模型的评估能力。

2. 准确度、精确度和敏感度，它们三个到底是什么关系？

准确度是模型对所有样本的整体识别能力，而精确度和敏感度是模型对于某一个分类的识别能力。精确度是指模型识别出为某一类的样本中，真正为该类样本的比例，可以理解为精确度就是模型在某一类别上的准确度。而敏感度是指模型对某类别的敏感程度，该类型的样本被模型识别出的百分比。有的模型(如贷款违约模型)希望对违约用户的敏感度越高越好，而有的模型，如垃圾邮件识别模型，则希望垃圾邮件的精确度越高越好。

牛刀小试

1. 案例任务

4s.xls 是一个汽车销售商数据集，包含了销售类型、模式、销售毛利率、维修毛利率、维修收入占比等 14 项特征属性，同时还包含了一列该企业是否有偷漏税的标签。试用决策树模型对其进行分类，以预测识别汽车销售企业是否会偷漏税。

2. 技术解析

(1) 本题目要求使用决策树模型来进行分类。

(2) 学会调用决策树方法，为防止过拟合的出现，了解怎样调节选择决策树深度参数。

3. 操作步骤

(1) 数据收集。从 Excel 文件中读取汽车经销商偷漏税数据集，代码如下：

```
#导入库
import numpy as np
import pandas as pd
import matplotlib.pyplot as plt
plt.rcParams['font.sans-serif']=['SimHei']            #用来正常显示中文标签
plt.rcParams['axes.unicode_minus']=False              #用来正常显示负号
#获取数据
data=pd.read_excel('4s.xls',index_col='纳税人编号')
```

图 7-23 显示了该数据集前 10 个样本的内容。最后一列输出为异常的说明有偷漏税现象，为正常的则表示没有偷漏税现象。

	销售类型	销售模式	汽车销售平均毛利	维修毛利	企业维修收入占销售收入比重	增值税税负	存货周转率	成本费用利润率	整体理论税负	整体税负控制数	办牌率	单台办牌手续费收入	代办保险率	保费返还率	输出
纳税人编号															
1	国产轿车	4S店	0.0635	0.3241	0.0879	0.0084	8.5241	0.0018	0.0166	0.0147	0.4000	0.02	0.7155	0.1500	正常
2	国产轿车	4S店	0.0520	0.2577	0.1394	0.0298	5.2782	-0.0013	0.0032	0.0137	0.3307	0.02	0.2697	0.1367	正常
3	国产轿车	4S店	0.0173	0.1965	0.1025	0.0067	19.8356	0.0014	0.0080	0.0061	0.2256	0.02	0.2445	0.1301	正常
4	国产轿车	一级代理商	0.0501	0.0000	0.0000	0.0000	1.0673	-0.3596	-0.1673	0.0000	0.0000	0.00	0.0000	0.0000	异常
5	进口轿车	4S店	0.0564	0.0034	0.0066	0.0017	12.8470	-0.0014	0.0123	0.0095	0.0039	0.08	0.0117	0.1872	正常
6	进口轿车	4S店	0.0484	0.6814	0.0064	0.0031	15.2445	0.0012	0.0063	0.0089	0.1837	0.04	0.0942	0.2700	正常
7	进口轿车	4S店	0.0520	0.3868	0.0348	0.0054	16.8715	0.0054	0.0103	0.0108	0.2456	0.05	0.5684	0.1401	正常
8	大客车	一级代理商	-1.0646	0.0000	0.0000	0.0770	2.0000	-0.2905	-0.1810	0.0000	0.0000	0.00	0.0000	0.0000	异常
9	国产轿车	二级及二级以下代理商	0.0341	-1.2062	0.0025	0.0070	9.6142	-0.1295	0.0413	0.0053	0.7485	0.07	0.3070	0.0356	异常
10	国产轿车	二级及二级以下代理商	0.0312	0.2364	0.0406	0.0081	21.3944	0.0092	0.0112	0.0067	0.6621	0.06	0.3379	0.1306	正常

图 7-23　汽车销售商偷漏税数据集前 10 个样本

(2) 数据探索与数据变换。

可以看到，销售类型、销售模式和输出这三列数据为字符串，其他的特征使用 describe() 函数进行初步的数据探索，代码如下：

```
print(data.describe())
```

结果如图 7-24 所示。

	汽车销售平均毛利	维修毛利	企业维修收入占销售收入比重	增值税税负	存货周转率	成本费用利润率	整体理论税负	整体税负控制数	办牌率	单台办牌手续费收入	代办保险率	保费返还率
count	124.000000	124.000000	124.000000	124.000000	124.000000	124.000000	124.000000	124.000000	124.000000	124.000000	124.000000	124.000000
mean	0.023709	0.154894	0.068717	0.008287	11.036540	0.174839	0.010435	0.006961	0.146077	0.016387	0.169976	0.039165
std	0.103790	0.414387	0.158254	0.013389	12.984948	1.121757	0.032753	0.008926	0.236064	0.032510	0.336220	0.065910
min	-1.064600	-3.125500	0.000000	0.000000	0.000000	-1.000000	-0.181000	-0.007000	0.000000	0.000000	0.000000	-0.014800
25%	0.003150	0.000000	0.000000	0.000475	2.459350	-0.004075	0.000725	0.000000	0.000000	0.000000	0.000000	0.000000
50%	0.025100	0.156700	0.025950	0.004800	8.421250	0.000500	0.009100	0.006000	0.000000	0.000000	0.000000	0.000000
75%	0.049425	0.398925	0.079550	0.008800	15.199725	0.009425	0.015925	0.011425	0.272325	0.020000	0.138500	0.081350
max	0.177400	1.000000	1.000000	0.077000	96.746100	9.827200	0.159300	0.057000	0.877500	0.200000	1.529700	0.270000

图 7-24　数据集概况

先来探索一下 3 个非数字特征，使用以下代码可以看出输出的分布情况，如图 7-25 所示。

```
print(data.输出.describe())
```

```
data.输出.describe()

count       124
unique        2
top          正常
freq         71
Name: 输出, dtype: object
```

图 7-25　偷漏税标签的分布

从图 7-25 可以看出，总共有 124 个样本，没有缺失值。还可以看出，124 个样本中有 71 个正常的，剩下 53 个为非正常。

再来看一下“销售类型”属性，代码如下：

```
print(data.销售类型.unique())
```

从数据集中可以看到一共有 8 种销售类型，分别是：'国产轿车' '进口轿车' '大客车' '其他' '商用货车' '微型面包车' '卡车及轻卡'和 '工程车'。

最后来看“销售模式”属性，代码如下：

```
print(data.销售模式.unique())
```

从数据集中可以看到一共有 5 种销售模式，分别是：'4S 店' '一级代理商' '二级及二级以下代理商' '其他'和'多品牌经营店'。

我们首先进行数据变换，把字符串类型变换成为整数，便于后继的数据分析与建模。代码如下：

```
df=data.replace(['正常', '异常'], [0, 1])
```

以上代码把正常转换为 0，把异常转换为 1。然后替换销售类型和销售模式，由于这两列里面都有'其他'，因此在替换时不能针对整张表，而要指明对哪一列做替换。简易的替换方式就是将数组的每个元素替换为它的下标，代码如下：

```
df.销售类型.replace(df.销售类型.unique(), range(df.销售类型.unique().size),
                inplace=True)
df.销售模式.replace(df.销售模式.unique(), range(df.销售模式.unique().size),
                inplace=True)
```

然后查看各列数据的分布情况，代码如下，结果如图 7-26 所示。

```
plt.figure(figsize=(12,20))
for i in range(df.columns.size):
    plt.subplot(5, 3, i+1)
    index = df.columns[i]
    plt.hist(df[index])
    plt.xlabel(index)
plt.show()
```

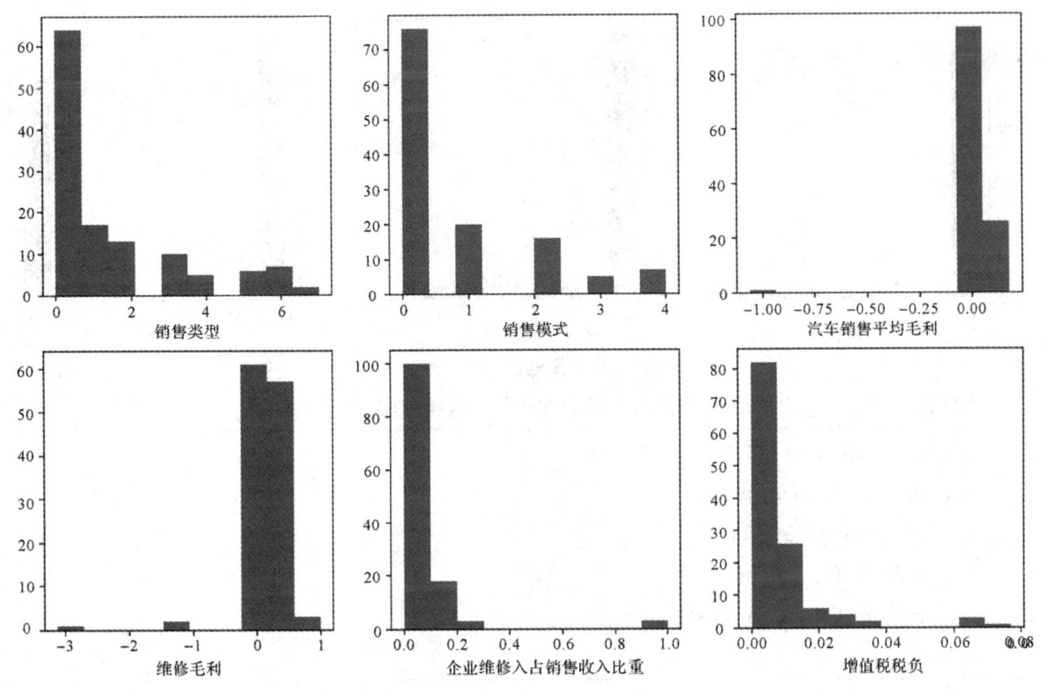

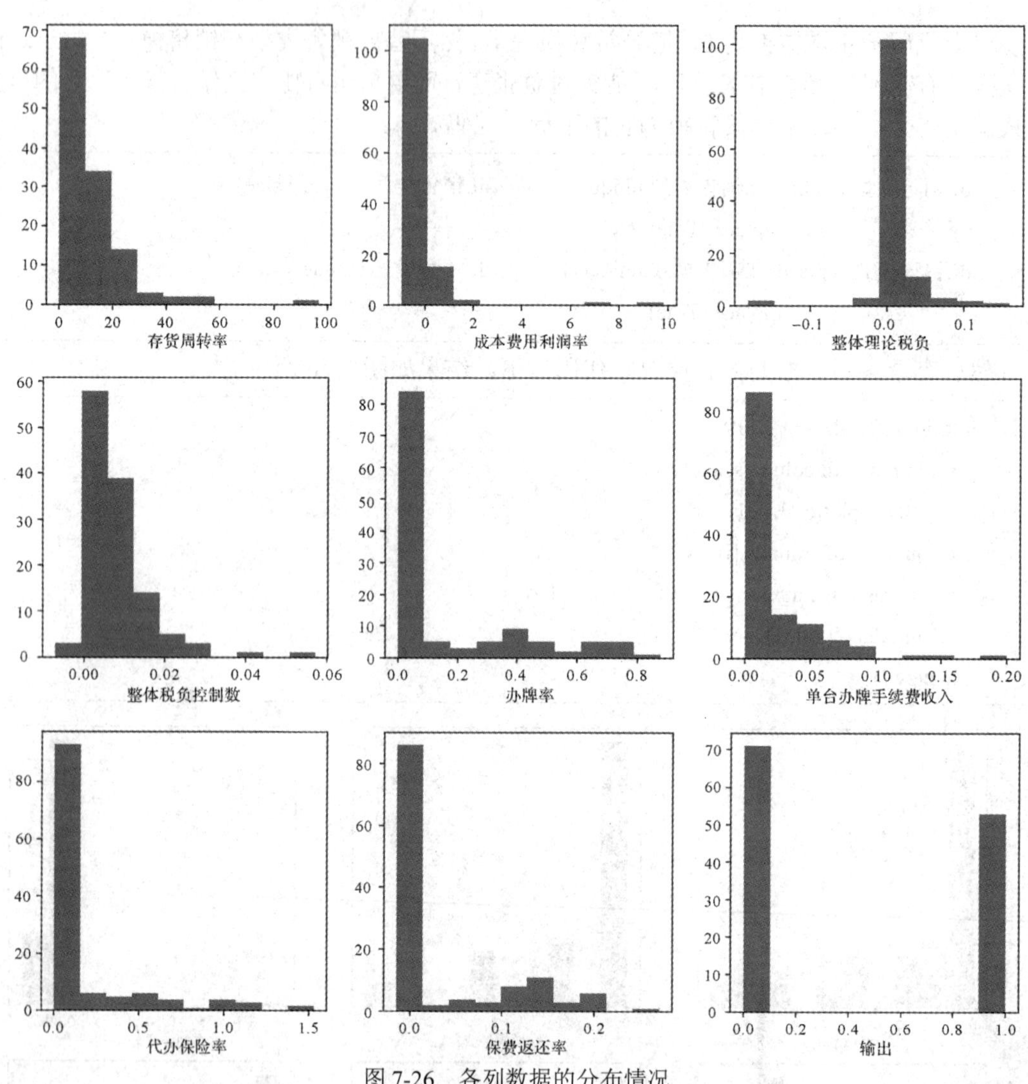

图 7-26 各列数据的分布情况

再查看各列数据的异常值情况，代码如下，结果如图 7-27 所示。

```
plt.figure(figsize=(12, 20))
for i in range(df.columns.size):
    plt.subplot(5, 3, i+1)
    index = df.columns[i]
    df[index].plot(kind='box')
plt.show()
```

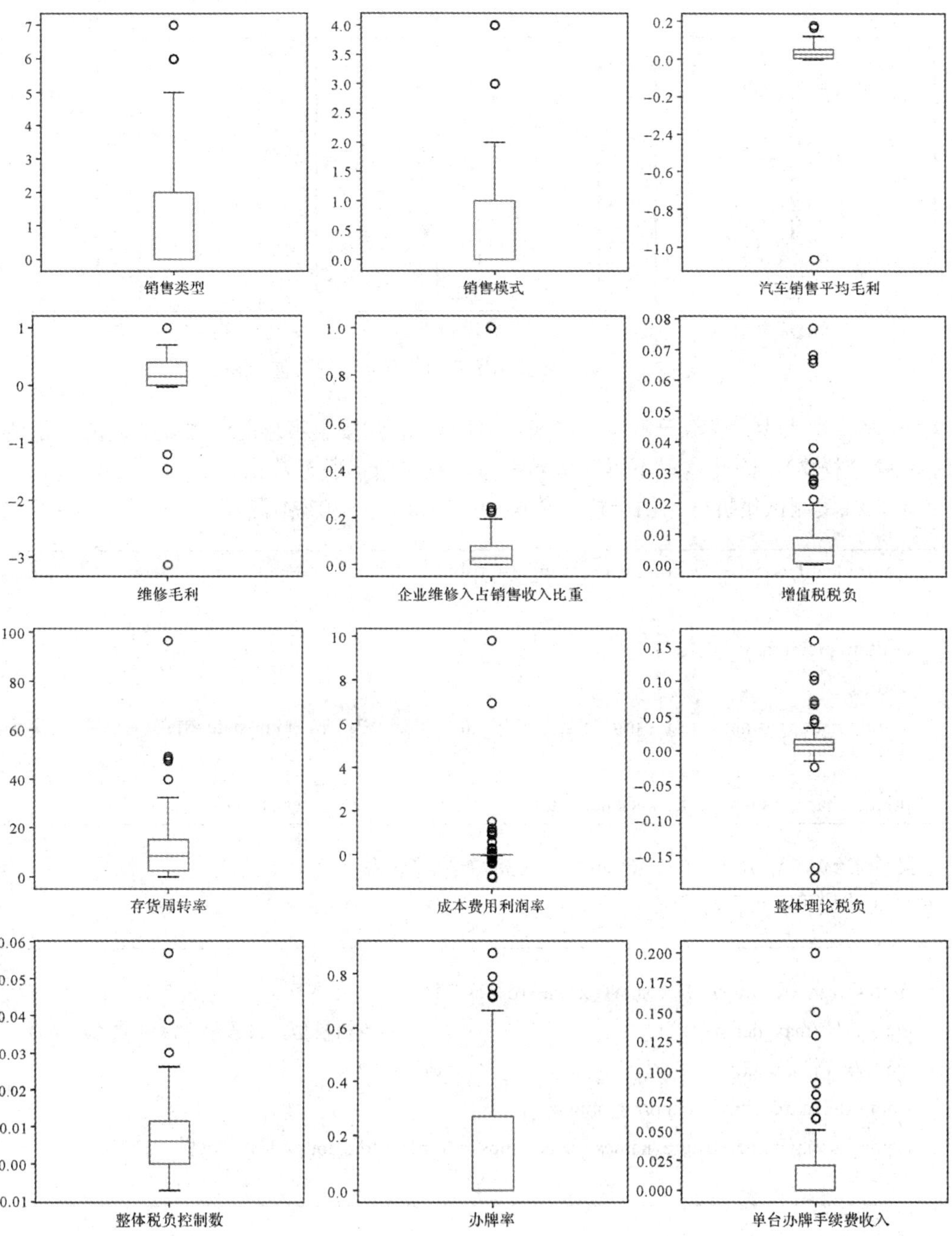
销售类型
销售模式
汽车销售平均毛利
维修毛利
企业维修入占销售收入比重
增值税税负
存货周转率
成本费用利润率
整体理论税负
整体税负控制数
办牌率
单台办牌手续费收入

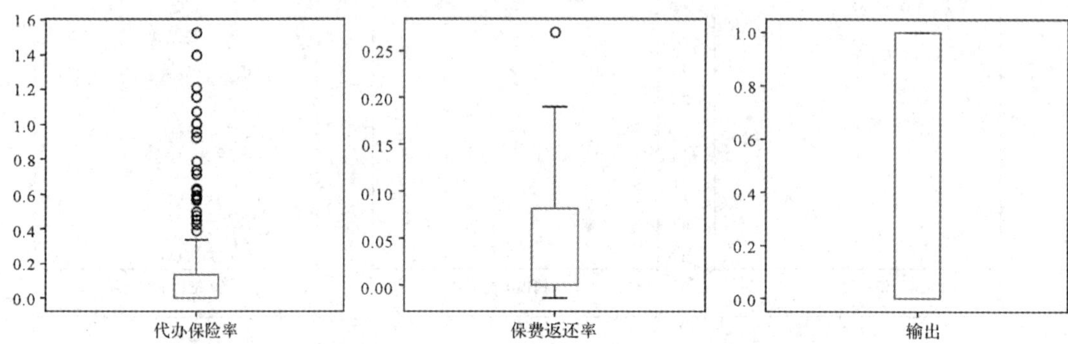

图 7-27　箱形图显示所有列的分布和异常值

由于样本数太少，清除异常值会造成数据严重不足(按照箱形图法去除共同的异常值后只剩余 34 个样本)，因此这里不再清除异常值，直接使用所有数据。

(3) 训练集测试集拆分。由于样本数偏少，因此划分 30%给测试集。代码如下：

```
from sklearn.model_selection import train_test_split

x=df.drop(columns=['输出'])
y=df.输出
x_train,x_test,y_train,y_test = train_test_split(x,y,test_size=0.3,    random_state=0)

print(x.shape, y.shape, x_train.shape, y_train.shape, x_test.shape, y_test.shape)
```

124 个样本，划分了 86 个给训练集，38 个给测试集。

(4) 训练模型，代码如下：

```
from sklearn.tree import DecisionTreeClassifier as DTC        #导入库
dtc = DTC(max_depth=3)                                         #建立决策树模型，设置最大深度避免过拟合
dtc.fit(x_train, y_train)                                      #训练模型
from sklearn.tree import export_graphviz
export_graphviz(dtc, feature_names = x.columns, out_file ='tree.dot')    #输出模型
```

结果如图 7-28 所示。

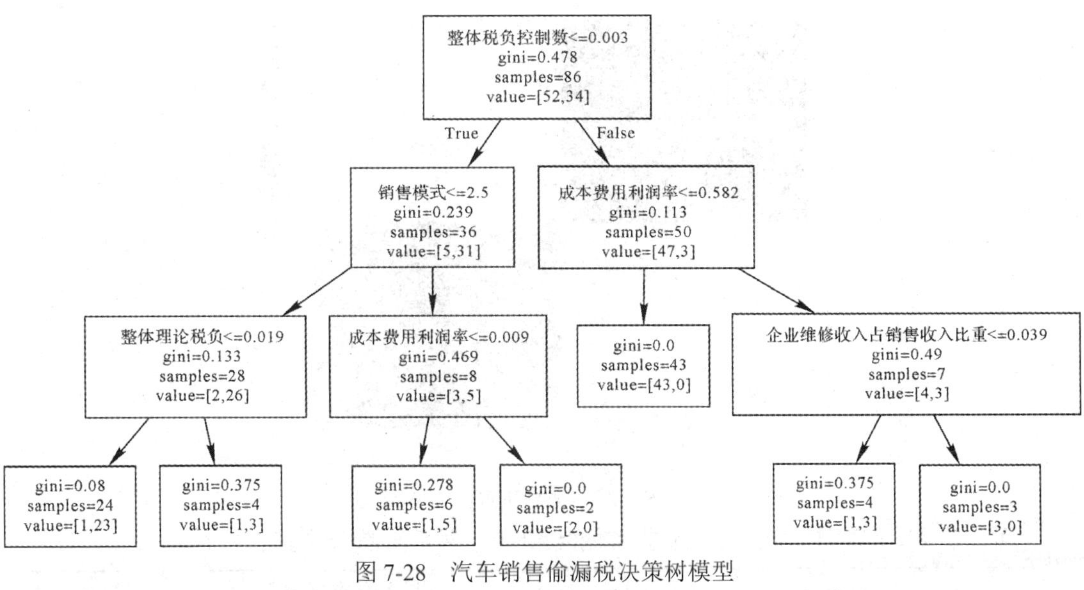

图 7-28　汽车销售偷漏税决策树模型

(5) 模型评估。先对训练集的拟合情况进行评估，代码如下：

```
#给出模型的准确度
print('模型在训练集上的准确度为：{}'.format(dtc.score(x_train, y_train)))
```

输出为 0.95，如果不控制最大深度，则输出很容易会到 1。再来看看混淆矩阵和分类报告，代码如下：

```
y_train_pred=dtc.predict(x_train)                    #对训练集进行分类预测

from sklearn.metrics import confusion_matrix         #导入混淆矩阵库
cm=confusion_matrix(y_train, y_train_pred)           #计算混淆矩阵

import seaborn as sns                                #导入 seaborn 可视化库
sns.heatmap(cm,annot=True,cmap=plt.cm.Blues)         #生成混淆矩阵图
plt.show()   #显示混淆矩阵
```

结果如图 7-29 所示。

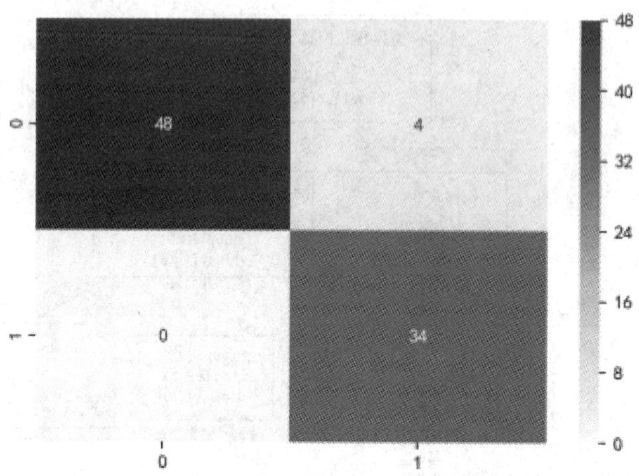

图 7-29 训练集混淆矩阵

可以看到，假阳性和假阴性都非常低(4 和 0)。然后查看分类报告，代码如下：

```
from sklearn.metrics import classification_report          #导入分类报告库
print(classification_report(y_train, y_train_pred))         #打印分类报告
```

结果如图 7-30 所示。

```
              precision    recall  f1-score   support

           0       1.00      0.92      0.96        52
           1       0.89      1.00      0.94        34

   micro avg       0.95      0.95      0.95        86
   macro avg       0.95      0.96      0.95        86
weighted avg       0.96      0.95      0.95        86
```

图 7-30 训练集分类报告

可见，决策树模型对于有无偷漏税的企业识别能力都很强，精确度和敏感度都不错。但是这只是训练集，还是要在测试集上才能体现模型真正的识别能力。参考代码如下：

```
print('模型在测试集上的准确度为：{}'.format(dtc.score(x_test,y_test)))
```

输出为 0.82，比训练集的低，但仍不错。再检查混淆矩阵和分类报告，代码如下：

```
y_test_pred=dtc.predict(x_test)                      #对测试集进行分类预测
cm=confusion_matrix(y_test_pred, y_test)             #计算混淆矩阵
sns.heatmap(cm,annot=True,cmap=plt.cm.Blues)         #可视化
plt.show()
```

结果如图 7-31 所示。

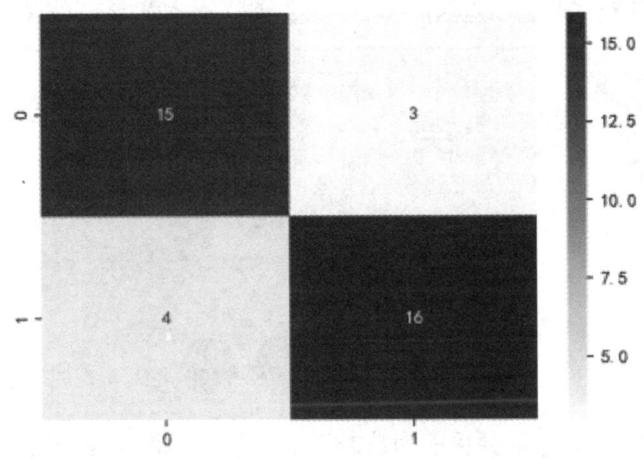

图 7-31　测试集混淆矩阵

可以看到，假阳性和假阴性仍然较低(3 和 4)。然后查看分类报告，代码如下：

```
print(classification_report(y_test_pred, y_test))
```

```
              precision    recall  f1-score   support

           0       0.79      0.83      0.81        18
           1       0.84      0.80      0.82        20

   micro avg       0.82      0.82      0.82        38
   macro avg       0.82      0.82      0.82        38
weighted avg       0.82      0.82      0.82        38
```

图 7-32　测试集分类报告

可以看到，测试集的精确度和敏感度还是很不错的，都在 0.8 以上，说明决策树模型在识别汽车销售企业的偷漏税现象上是比较成功的。

读者可以尝试用其他的分类方法进行模型搭建和评估，并与决策树模型进行对比。

本章小结

本章探讨了决策树和朴素贝叶斯两种常见的分类算法，并以实际案例讲解如何进行分类和预测，这是本章的重点。在分类算法中，模型的评估非常重要又容易被忽视。不能只查看模型的准确度，还要结合模型的精确度和敏感度进行细致的分析，才能合理评估模型的质量。针对性地对指标进行模型优化，才能真正掌握分类算法。

第8章 聚 类

本章导读

对于有监督式的学习，需要提前为数据打上“标签”。而本章中讲到的聚类则为无监督式的学习，那么在无监督式的学习中，如何进行分类呢？如何对分类出来的结果进行评估，以判断分类出来的结果是否正确呢？本章将主要讨论这些话题。本章主要围绕着什么是聚类分析，如何进行聚类分析以及在聚类分析过程中所用到的一些原理、方法等话题展开讨论。除此以外，本章以基站数据为案例，讲述了 K-means、层次聚类以及密度聚类三个具有典型代表的聚类方法。

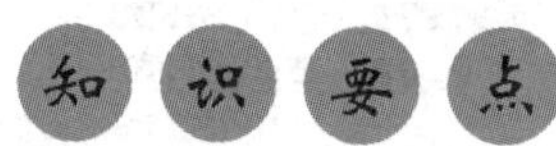
知识要点

读者学完本章后应该了解和掌握以下知识技能：

- 聚类的主要概念；
- K-means 聚类分析算法；
- 层次聚类分析算法；
- 密度聚类分析算法；
- 机器学习解决聚类的基本工作流程；
- 如何使用聚类分析算法解决预测问题。

机器学习算法可以分为两类：有监督式的学习和无监督式的学习。第 7 中讲到的分类属于有监督式的学习。从准确性和评估的角度来看，由于有监督式的学习有标签数据，因此无论从准确度还是从模型评估上来说，有监督式的学习都是比较有优势的，但是其标注过程往往占据着很大的工作量。曾经经历过一个项目，需要进行图像的识别，采取的是有监督式的学习方式来训练数据，整个训练过程只用了两天的时间，而前期标注图片的过程竟然需要 6 个人花费一星期的时间。所以期待有新的算法，可以摆脱这个繁杂的工作过程，不需要借助于前期标签工作，就可以完成数据的分类，这个时候聚类就闪亮地登上了历史舞台。

那么到底什么是聚类呢？聚类又在机器学习中扮演着一个什么样的角色呢？在实际的机器学习中，又是如何采用聚类方式辅助进行分析的呢？接下来会探讨这些问题。

8.1 聚类分析的基础知识

虽然聚类和分类一样也可以用来进行预测，但是由于学习方式发生了变化，导致聚类分析算法的基本思想完全地脱离出分类的思路。现在介绍聚类分析到底是如何做预测的。

8.1.1 聚类分析的基本思想

所谓的聚类就是按照数据内部存在的数据特征将大量未知标注的数据集划分为多个不同的类别，其目的是使类别内的数据比较相似，类别之间的数据相似度比较大。

聚类分析与分类不同，聚类分析是在没有给定划分类别的情况下，根据数据相似度来进行样本分组的一种方法。它是可以建立在无标记类别上的数据，是一种无监督式的学习算法。

聚类算法的输入是一组未被标记的样本，聚类根据数据自身的距离或相似度将样本划分成若干组，划分的原则是组内样本距离最小化而组间样本距离最大化。聚类的划分原理如图 8-1 所示。

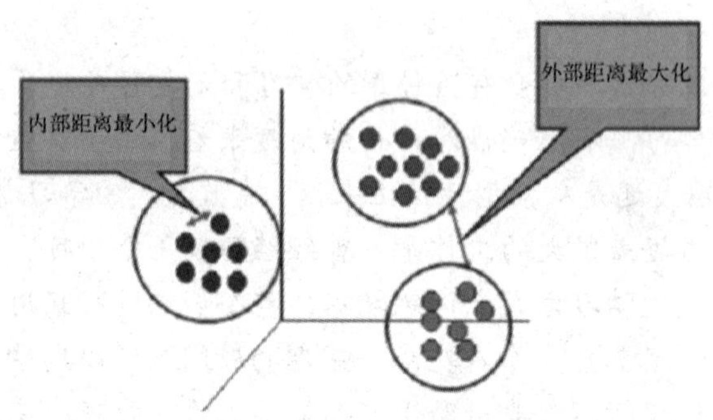

图 8-1 聚类的划分原理

常用的聚类分析方法，如表 8-1 所示。

表 8-1 常用的聚类分析方法

类　别	包括的主要算法
划分(分裂)方法	K-means (K-平均)算法、K-MEDOIDS (K-中心点)算法、CLARANS 算法(基于选择的算法)
层次分析方法	层次聚类算法、BIRCH (平衡迭代规约和聚类)算法、CURE (代表点聚类)算法、CHAMELEON (动态模型) 算法
基于密度的方法	DBSCAN (基于高密度链接区域)算法、DENCLUE (密度分布函数)算法、OPTICS (对象排序识别) 算法
基于网络的方法	STING(统计信息网络) 算法、CLIQUE (聚类高维空间)算法、WAVE-CLUSTER (小波变换)算法、谱系聚类算法
基于模型的方法	统计学方法、神经网络方法

本章主要针对的是 K-means 算法、层次聚类算法、谱系聚类算法三种算法开展详细的讲述，并将其应用于实际案例中。

8.1.2 聚类分析的距离计算

数据可以分为很多类，有连续属性的数据、文档数据等，不同数据的聚类分析是通过距离计算的方式来进行聚类的，而距离计算的方式根据不同类型的数据有如下不同的方法：

1. 连续属性数据的距离计算方式

机器学习领域开发的分类算法通常把属性分成离散的或连续的。离散型属性是指具有有限或无限可数个值，可以用或不用整数表示。如果属性不是离散的，则它就是连续的。

由于连续属数据都是具体的数值，因此要先对各属性值进行零–均值规范，再进行距离的计算。用 p 个属性来表示 n 个样本的数据矩阵如下：

$$\begin{bmatrix} x_{11} & \cdots & x_{1p} \\ \vdots & & \vdots \\ x_{n1} & \cdots & x_{np} \end{bmatrix}$$

对于两个矩阵求距离，最初始化的方式是通过欧几里得原理计算距离，像这种平方后再开方的目的是为了消除符号的影响，只关注其值的大小，即

$$d(i,\ j)=\sqrt{(x_{i1}-x_{j1})^2+(x_{i2}-x_{j2})^2+\cdots+(x_{ip}-x_{jp})^2} \tag{8-1}$$

当欧几里得原理提出以后，又有人会这样想，既然想要消除符号，那么也可以直接把绝对值加进去是不是也可以呢？于是就又出现了曼哈顿计算距离的方式：

$$d(i,\ j)=\left|x_{i1}-x_{j1}\right|+\left|x_{i2}-x_{j2}\right|+\cdots+\left|x_{ip}-x_{jp}\right| \tag{8-2}$$

如果说上面两种距离计算的公式都太特殊了，都是平方后再开方，那么闵可夫斯基计算距离公式的表示则更为泛化一些，即

$$d(i,\ j)=\sqrt[q]{\left|(x_{i1}-x_{j1})^q\right|+\left|(x_{i2}-x_{j2})^q\right|+\cdots+\left|(x_{ip}-x_{jp})^q\right|} \tag{8-3}$$

其中：q 为正整数，$q=1$ 时即为曼哈顿距离；$q=2$ 时即为欧几里得距离。

2. 文档数据的距离计算方式

文档数据可以使用余弦相似性进行度量，先将文档数据整理成文档词矩阵的格式，如表 8-2 所示。

表 8-2　文档数据

	Lost (失败)	Win (胜利)	Team （队名）	Score (分数)	Music (音乐)	Happy (高兴)	Sad (难过)	…
文档一	14	2	3	45	7	7	10	…
文档二	1	2	3	45	6	7	9	…
文档三	9	4	7	44	7	5	9	…

两个文档之间的相似程度的计算公式为

$$d(i,\ j)=\cos(i,\ j)=\frac{\vec{i}\times\vec{j}}{\left|\vec{i}\right|\times\left|\vec{j}\right|} \tag{8-4}$$

8.1.3 基站商圈数据准备

移动终端的普及通过手机用户时间序列的手机定位数据，映射到现实的地理空间位置，即可完整、客观地还原出手机用户的现实活动轨迹，从而挖掘出人口空间分布与活动联系的特征信息。(移动通信网络的信号覆盖范围逻辑上被设计成由若干六边形的基站小区相互邻接而构成的蜂窝网络状服务区)

本次分析的主要目标：

(1) 在用户历史定位数据的基础上，采用数据挖掘技术，对基站进行分群。

(2) 对不同的商圈分群进行特征分析，比较不同商圈类别的价值，从而选择合适的区域进行运营商的促销活动。

项目分析建模过程：

(1) 从移动通信运营商提供的特定接口上解析、处理并滤除用户属性后得到用户定位数据。

(2) 以单个用户为例，进行数据探索分析，研究用户在不同基站的停留时间，并进一步地进行预处理，包括数据规约和数据变换。

(3) 利用已完成的数据预处理的建模数据，基于基站覆盖范围区域的人流特征进行商圈聚类，对各个商圈分群进行特征分析，选择适合的区域进行运营商的促销活动。

本例设计工作日上班期间人均停留时间、工作日凌晨人均停留时间、周末人均停留时间和日均人流量作为基站覆盖范围区域的人流特征。

导入数据集：

```
import pandas as pd


data = pd.read_excel('business_circle.xls',index_col='基站编号')          #导入数据
data.head()
```

	工作日上班期间人均停留时间	工作日凌晨人均停留时间	周末人均停留时间	日均人流量
基站编号				
36902	78	521	602	2863
36903	144	600	521	2245
36904	95	457	468	1283
36905	69	596	695	1054
36906	190	527	691	2051

图 8-2 数据集展示

1. 异常值处理

对原始数据进行数据探索，了解数据中是否有异常值。可以通过以下代码来展开异常

值的探索，在下面的代码中，主要采用的是箱型图的方式将异常值找出来。

```
import matplotlib.pyplot as plt
plt.rcParams['font.sans.serif'] = ['SimHei']          #用来正常显示中文标签
plt.rcParams['axes.unicode_minus'] = False          #用来正常显示负号

plt.figure(figsize=(12, 20))
for i in range(data.columns.size):
    plt.subplot(5, 3, i+1)
    col = data.columns[i]
    data[col].plot(kind='box')
    plt.xlabel(col)
plt.show()
```

结果展示如图 8-3 所示。

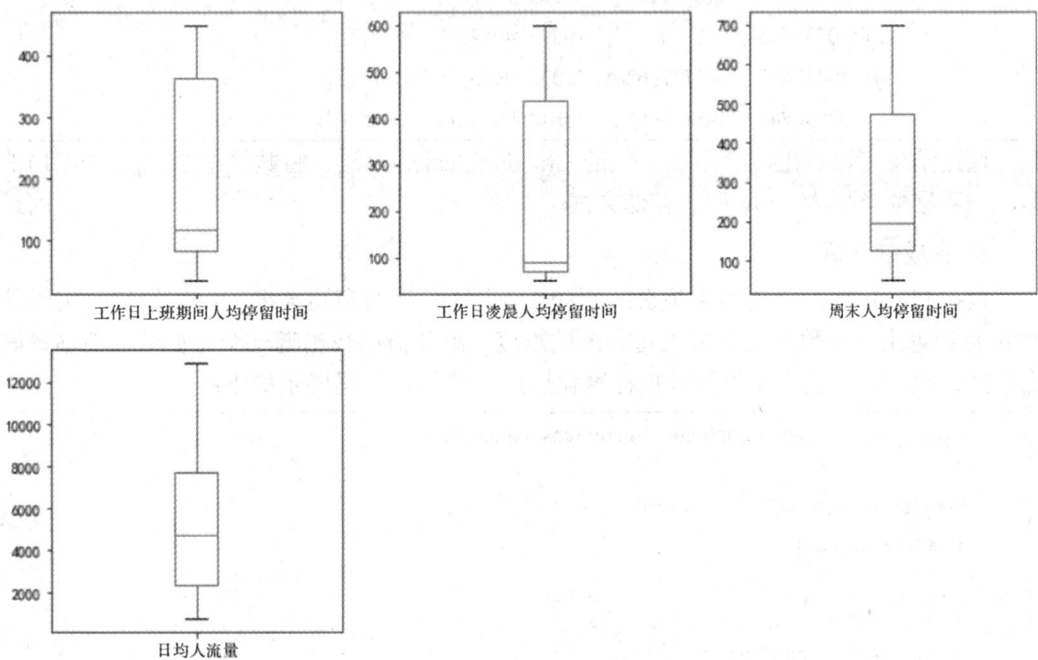

图 8-3 异常值显示图

通过本次数据对异常值的探索可以看到，这里面并没有异常数据。所以，后期在进行数据清洗时并不需要对异常值数据展开清洗。

2. 数据标准化

为了更方便地了解到数据的分布特征，通常将数据缩小到一个小范围内，再对数据特征进行观察分析，这个过程称为数据的标准化。代码展示如下：

```
#标准化处理：进行数据归一化

from Sklearn.preprocessing import StandardScaler

std = StandardScaler()
data_std= std.fit_transform(data)
data_std[:5]
```

标准化之前的数据如图 8-2 所示。

标准化后的结果如下：

```
array([[-0-72976075,   1-50651044,   1-56737376, -0-73470726],
       [-0-35714205,   1-79961004,   1-16257735, -0-91555391],
       [-0-70735745,   1-17705     ,   0-79704964, -1-1969077 ],
       [-0-79417603,   1-77970626,   2-03430975, -1-26377413],
       [-0-02936741,   1-5363661 ,   2-01427003, -0-97229274]])
```

通过结果可以看出，使用归一化的 StandardScaler 方法，将数据缩小到[-2,2]以内的数据，该数据的类型为 array 型的存储方式。

3. 主成分分析

数据归一化后，将使用主成分分析(PCA)来分析基站商圈数据的内在结构。由于使用 PCA 会计算出一个数据集上最大化方差的维度，因此需要找出哪一个特征组合能够最好地描绘基站数据。这里需要用到数据标准化以后的结果，代码展示如下：

```
D_data_std=pd.DataFrame(data_std,columns=data.columns)

from Sklearn.decomposition import PCA
import renders as rs

X= D_data_std
pca=PCA(n_components=4)
pca.fit(X)

#生成 PCA 的结果图
pca_results = rs.pca_results(X, pca)
```

其中，参数 D_data_std 为数据标准化后的数据，其数据类型为 array，PCA 传递进去的数据为 DataFrame，所以需要提前将数据转成 DataFrame 类型，代码如下：

```
D_data_std=pd.DataFrame(data_std,columns=data.columns)
D_data_std.head(10)
```

运行完代码后的结果如图 8-4 所示。

	工作日上班期间人均停留时间	工作日凌晨人均停留时间	周末人均停留时间	日均人流量
0	-0.829861	1.506510	1.568384	-0.734808
1	-0.358142	1.899610	1.162577	-0.915554
2	-0.708357	1.188050	0.897050	-1.196909
3	-0.894186	1.879706	2.034310	-1.263884
4	-0.029368	1.536366	2.014270	-0.972293
5	-0.665474	0.919349	0.907070	-0.844776
6	-0.343848	0.969108	0.731721	-0.820209
7	-0.508234	1.760284	1.723693	-1.017333
8	-0.565412	1.775211	1.894031	-1.299273
9	-0.715505	1.282593	1.848941	-0.884260
10	-0.136577	1.093507	0.942139	-1.320331

图 8-4　将标准化以后的数据转化成 DataFrame 类型

做好以上准备工作后，就可以直接运行 PCA，对数据展开主成分分析了，结果展示如图 8-5 所示(renders 是一个外置方法，主要用来展示 PCA 图形化结果)。

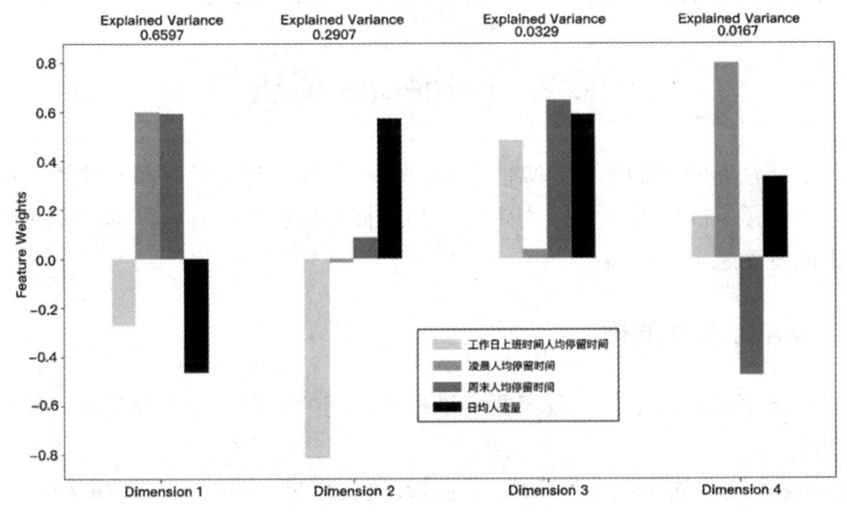

图 8-5　PCA 过后的可视化展示图

由于在主成分分析的参数中 n_components 参数的值设定为 4，因此主成分分析以后将原始数据维度构成了 4 种主成分。由于使用 PCA 会计算出一个数据集上最大化方差的维度，因此需要找出哪一个特征组合能够最好地描绘客户。由图 8-5 可以看出，第一种组合所占据的比例为 0.6597，即这种组合占据的比例为所有组合比例的 65.97%，比例为最高，这种组合的组成为工作日凌晨人均停留时间维度和周末人均停留时间维度为正值，而工作日上班时间人均停留时间维度和日均人流量维度为负值。

如果不将 PCA 可视化结果画出来，而直接通过参数获取各个成分各自的方差百分比也是可以的，explained_variance_ratio_参数就可以实现此功能，代码如下：

```
pca.explained_variance_ratio_                    #返回各个成分各自的方差百分比
```

输出结果如下：

```
array([0.65971121, 0.29065624, 0.03293324, 0.01669931])
```

也可以通过 components_参数，返回模型的各个特征向量，代码如下：

```
pca.components_                                  #返回模型的各个特征向量
```

输出结果如下：

```
array([[-0.27252793,   0.60224513,   0.59077206, -0.46260711],
       [-0.71447767, -0.01433072,   0.0777156 ,   0.57331744],
       [ 0.47397933,   0.03776764,   0.64537655,   0.57967577],
       [ 0.16763602,   0.79723564, -0.47617346,   0.33101712]])
```

8.2 K-means 算法

K-means 算法是典型的基于距离的非层次聚类算法，该算法在最小化误差函数的基础上将数据划分为预定的类数 K，采用距离作为相似性的评价指标，即认为两个对象的距离越近，其相似度就越大。

8.2.1 K-means 算法原理

在 K-means 聚类算法中，一般需要度量样本之间的距离、样本与簇之间的距离以及簇与簇之间的距离。

(1) 度量样本之间的相似性最常用的是欧几里得距离、曼哈顿距离和闵可夫斯基距离。

(2) 样本与簇之间的距离可以用样本到簇中心的距离 $d(e_i, x)$度量。其中，e_i 代表簇的集合，x 代表样本。

(3) 簇与簇之间的距离可以用簇中心的距离 $d(e_i, e_j)$度量。

1. K-means 聚类算法的过程

(1) 从 N 个样本数据中随机选取 K 个对象作为初始的聚类中心；

(2) 分别计算每个样本到各个聚类中心的距离，将对象分配到距离最近的聚类中；

(3) 所有对象分配完成后，重新计算 K 个聚类的中心；

(4) 与前一次计算得到的 K 个聚类中心比较，如果聚类中心发生变化，则转(2)，否则转(5)；

(5) 当中心不发生变化时停止并输出聚类结果。

图 8-6 的第一次分类中，首先随机地从原始数据中找出两个点作为簇的中心点，如图 8-6(b)所示，然后依次求每个点到中心点之间的距离，将距离较小的点分为一类，如图 8-6(c)所示，将所有数据集分类，再根据图 8-6(c)所分类出来的两个类别分别求出两个中心，如图 8-6(e)所示，将这两个中心与之前的中心点进行比较，如果中心点与前面的中心点相同，则聚类结果已经分完，如果中心点与前面的中心点不同，则再以它为中心，再次进行图 8-6(c)的过程。最终将数据分成图 8-7 中的样子。

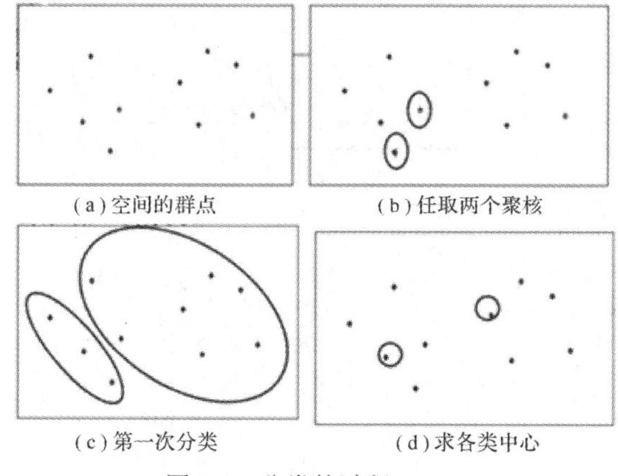
(a) 空间的群点　(b) 任取两个聚核　(c) 第一次分类　(d) 求各类中心

图 8-6　分类的过程

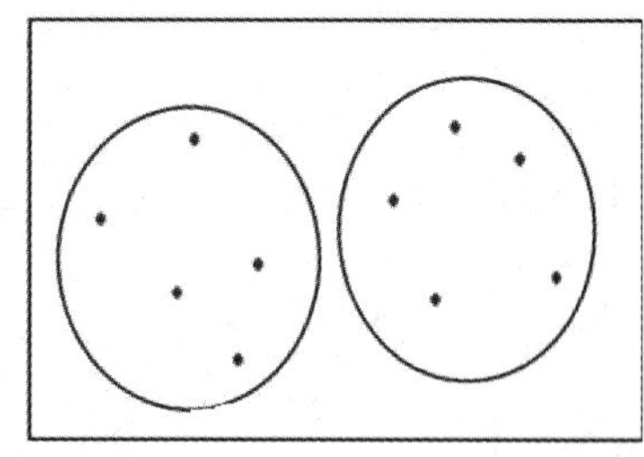

图 8-7　最终分类结果

2. K-means 算法的目标函数

由于在 K-means 算法中，主要是通过求所有样本到所属的簇中心的最小距离来进行分类的，因此将平方误差作为 K-means 的目标函数，则目标公式为

$$J(a_1, a_2, \cdots, a_k) = \frac{1}{2}\sum_{j=1}^{K}\sum_{i=1}^{n}(x_i - a_j)^2 \tag{8-5}$$

其中：K 为聚类簇的个数；n 为数据集中样本的个数；x_i 为对象(样本)；a_1，a_2，…，a_k 分别代表了 K 个簇中心。如果想要获取最优解，也就是想要获取目标函数的最小值，那么可以通过对 J 函数求偏导数的方式来进行，得到的簇中心点 a 的公式为

$$\frac{\partial J}{\partial a_j}=\sum_{i=1}^{n}(x_i-a_j)\to 0\Rightarrow a_j=\frac{1}{N_j}\sum_{i=1}^{N_j}x_j \tag{8-6}$$

其中：N_1，N_2，…，N_j 代表了每个簇的样本数量。

3. K-means 算法的优缺点

K-means 算法的优点是容易理解、聚类效果不错，在处理大数据集时，该算法可以保证较好的伸缩性和高效率。当簇近似高斯分布时，该算法的效果非常好。

但 K-means 算法并不是万能的，通过对该算法过程的理解可以看出来，K-means 算法对初始值很敏感，选择不同的初始值可能导致不同的簇划分结果。如图 8-8 所示，图 8-8(a)是理想的分类结果，图 8-8(b)是选择不同的初始值的划分结果。

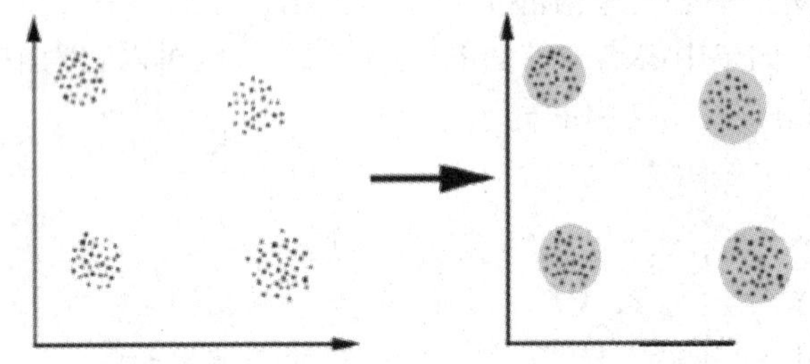

(a) 理想的分类结果

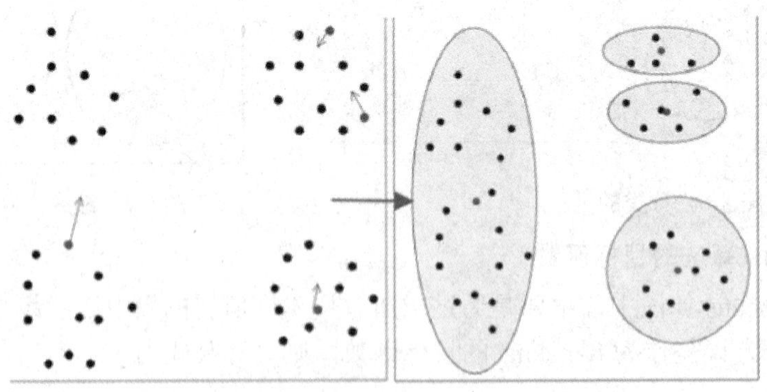

(b) 选择不同的初始值的划分结果

图 8-8　K-means 算法的分类结果

由图 8-8 可以看出，K-means 的缺点就是对初始簇中心点太过敏感。也正是因为这个原因，所以特殊值和异常值对模型的影响比较大，因此它不适合发现非凸形状的簇或者大小差别较大的簇。如图 8-9 为非凸数据类型。

图 8-9 的左图为原型环绕式的非凸数据，右图为上下抛物的非凸数据，如果按照 K-means 的原理对这两类数据进行聚类，则对于位置上比较接近的数据都不太好进行判断应该属于哪个聚类。

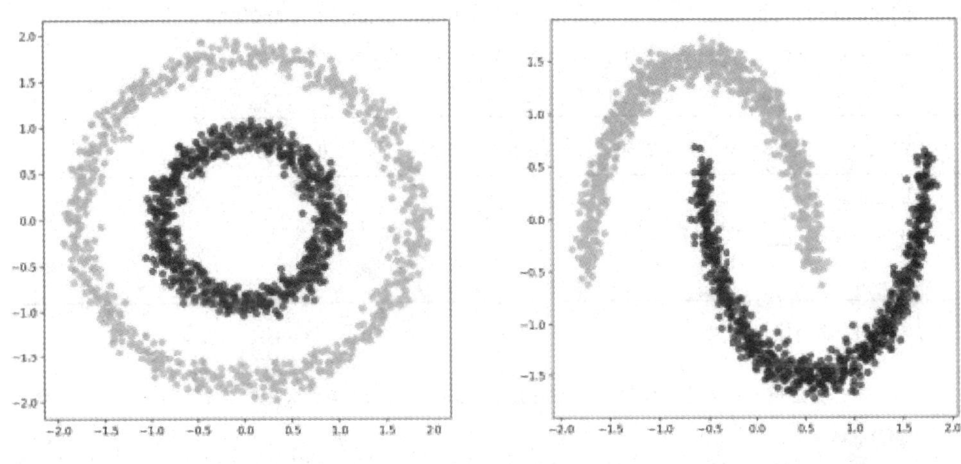

图 8-9　非凸数据类型

8.2.2　K-means 算法的应用

在 Sklearn 中集成了 K-means 算法，可以通过调用 KMeans()函数，对之前整理好的数据训练属于自己的模型。KMeans()函数中包含的主要参数有：

(1) n_clusters：即 K 值，一般需要多测试一些值以获得较好的聚类效果。

(2) max_iter：最大的迭代次数，一般如果是凸数据集，则可以不考虑这个值。如果数据集不是凸的，则可能很难收敛，此时可以指定最大的迭代次数让算法可以及时退出循环。

(3) n_init：用不同的初始化中心运行算法的次数，由于 K-means 是结果受初始值影响的局部最优的迭代算法，因此需要多试几次以选择一个较好的聚类效果。该值默认是 10，一般不需要修改。如果 K 值较大，则可以适当增大这个值。

(4) init：即初始值选择的方式，可以完全随机选择“random”，或者自己指定初始化的 K 个中心。一般建议使用默认的“K-means”。

(5) algorithm：有“auto”“full”或“elkan”三种选择。“full”就是传统的 K-means

算法，“elkan”是原理篇讲的 elkan K-means 算法。

这里引用 8.1 节中的基站商圈数据集来进行模型的训练，参考代码如下：

```
from Sklearn.cluster import KMeans
model = KMeans(n_clusters = 3, n_jobs = 4, max_iter = 500)        #分为 K 类，并发数 4
model.fit(data_std)                                               #开始聚类
```

创建出的模型结果如下所示：

```
KMeans(algorithm='auto', copy_x=True, init='k.means++', max_iter=500,
    n_clusters=3, n_init=10, n_jobs=4, precompute_distances='auto',
    random_state=None, tol=0.0001, verbose=0)
```

可以通过 labels_ 参数将分类的结果进行展示，代码如下：

```
df=data.copy()
df['type']=model.labels_
df.head(50)
```

结果如图 8-10 所示。

	工作日上班期间人均停留时间	工作日凌晨人均停留时间	周末人均停留时间	日均人流量	type
基站编号					
36902	78	521	602	2863	1
36903	144	600	521	2245	1
36904	95	457	468	1283	1
36905	69	596	695	1054	1
36906	190	527	691	2051	1
36907	101	403	470	2487	1
36908	146	413	435	2571	1
36909	123	572	633	1897	1
36910	115	575	667	933	1

图 8-10　基站分类展示

可以通过如下代码了解到聚类中的分类以及每个分类数据的个数：

```
df.type.value_counts()
```

结果展示如下，“1”类有 147 个数据，“0”类有 137 个数据，“2”类有 146 个数据。

```
1      147
2      146
0      137
Name: type, dtype: int64
```

8.3 层次聚类

层次聚类(Hierarchical Methods)和前面说到的 K-means 的方式一样，都是通过计算找出最相似的样本，每次将最相似的点合并到同一个类中，然后再将相似的类合并到一个大类中，通过这样不停地合并，直到将所有类合并成为一个类。

8.3.1 层次聚类的原理

层次聚类是通过距离来判断两个簇之间的相似度的，距离最小的两个簇之间的相似程度最高。有三种通过距离来进行判断两个簇之间相似度的方式。

(1) 最小距离，即单链接 Single Linkage，它是由两个簇之间最近的样本决定的。

(2) 最大距离，即全链接 Complete Linkage，它是由两个簇之间最远的样本决定的。

(3) 平均距离，即均链接 Average Linkage，它是由两个簇之间所有的样本共同决定的。

(1)和(2)都容易受到极端值的影响，而第(3)种方法的计算量比较大，但是这种度量的方式往往却是最合理的。

层次聚类算法根据分解的顺序分为自下而上和自上而下，也称为凝聚型的层次聚类算法(Agglomerative Hierarchical Clustering)和分裂型的层次聚类算法(Divisive Hierarchical Clustering)。凝聚型的层次聚类算法就是一开始每个个体都是单独的一个类，然后根据类与类之间距离的计算方法来判断是否为一类，将满足条件的两个类合并为一个类。而分裂型的层次聚类是指在初始化数据中将所有的个体都假设为一类，然后再根据类与类之间的计算距离来判断是否为一类，将不是一类的剔除出去。

1. 凝聚型的层次聚类过程

凝聚型的层次聚类过程主要由两步组成：

(1) 初始化定义两个簇，这两个簇是数据集中最相似(距离最接近)的两个簇。

(2) 将这两个簇进行合并，合并成为一个簇，再在剩下的簇(包含了刚才已经合并的那个簇)中去寻找距离最接近的两个簇，并进行合并，反复执行(1)、(2)两个过程，直到满足需求或者所有的簇合成一个簇为止。如图 8-11 所示，左半部分是(1)寻找距离最接近的工作，右半部分是(2)合并的工作。

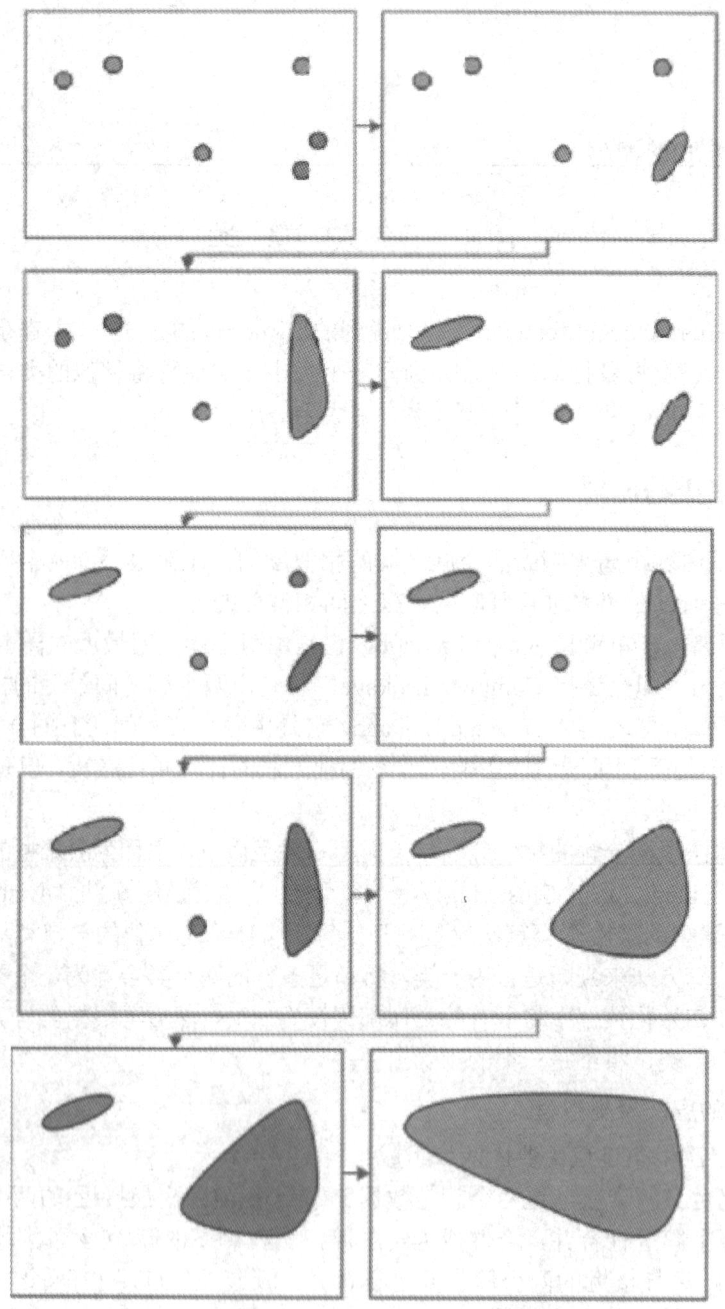

图 8-11　层次聚类过程展示图

假设现在有 6 条数据：A、B、C、D、E、F，它们的分布方式如图 8-12 所示。

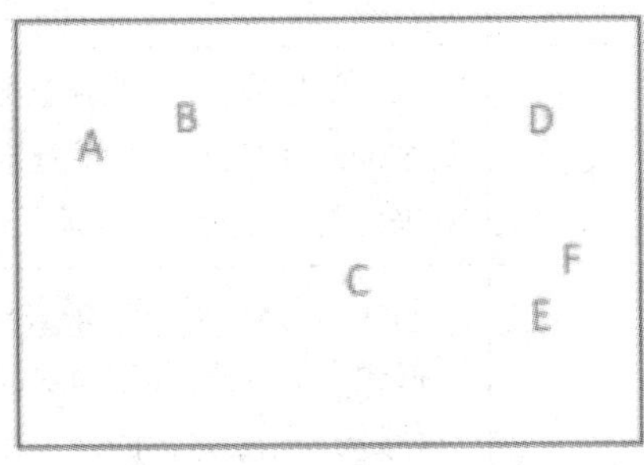

图 8-12　数据分布

通过树状图的方式把这 6 条数据的层次聚类过程画出来，如图 8-13 所示。先从这 6 条数据中判断 E 和 F 的数据之间相似度最高的样本，并将 E、F 进行合并(即距离最短的样本，通过欧几里得原理来进行判断)；在剩下的 5 个簇中进行判断，发现 A 和 B 的相似度是最高的，将 A、B 进行合并；在剩下的 4 个簇中进行判断，发现 D 和 E、F 合并后的新簇之间的相似度是最高的，所以将 D 和 E、F 合并后的新簇进行合并；再在剩下来的 3 个簇中进行判断，将 C 和 D、E、F 合并后的新簇进行合并；最后将 A、B 合并后的新簇和 C、D、E、F 合并后的新簇进行合并。

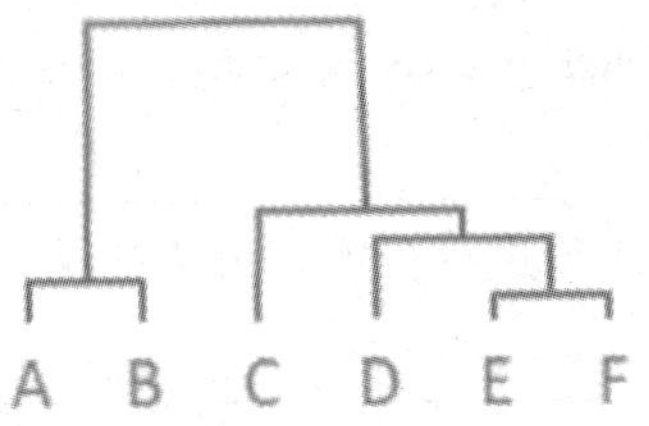

图 8-13　生成树状图

2. 分裂型的层次聚类过程

分裂型的层次聚类先将所有样本当成一个簇，然后通过遍历找出簇中距离最远的两个簇进行分裂，不断重复此过程直到预期簇或其他终止条件。

8.3.2　层次聚类算法的应用

Sklearn 库下的层次聚类算法集成在 sklearn.cluster 的 AgglomerativeClustering()函数中，包含了三个重要的参数，分别为 n_clusters、linkage 和 affinity，其说明如表 8-3 所示。

表 8-3　层次聚类参数

参　数	主 要 功 能
n_clusters： 构造函数中最终的簇类个数	按照常理来说，凝聚层次聚类是不需要指定簇个数的，但是 Sklearn 的这个类需要指定簇的个数。算法会根据簇的个数来判断最终的合并依据，这个参数会影响聚类质量
linkage： 衡量簇与簇之间远近程度的方法	具体包括最小距离、最大距离和平均距离三种方式。对应于簇融合的方法，即簇间观测点之间的最小距离作为簇的距离，簇间观测点之间的最大距离作为簇的距离以及簇间观测点之间的平均距离作为簇的距离。一般说来，平均距离是一种折中的方法
affinity： 连接度量簇间距离的计算方法	包括各种欧式空间的距离计算方法以及非欧式空间的距离计算方法。如果该参数='euclidean'，则代表簇间距离的计算方法采用的是欧几里得的方式

以前面 8.1 节准备好的基站商圈数据集为基础，输入训练属于特定的模型，代码如下：

```
from Sklearn.cluster import AgglomerativeClustering        #层次聚类
import numpy as np
X=[[1, 2], [2, 3], [3, 4], [4, 5], [5, 6], [7, 7]]                    #生成数据
model=AgglomerativeClustering(n_clusters=3, linkage='ward',affinity='euclidean')
model.fit(X)
```

此数据集为 X，通过模型对 X 进行分类，分类的结果可以通过 labels_参数进行展示，模型创建后的结果如下：

```
AgglomerativeClustering(affinity='euclidean', compute_full_tree='auto',
            connectivity=None, linkage='ward', memory=None, n_clusters=3,
            pooling_func='deprecated')
```

输入参数：

```
model.labels_
```

可以看到，通过该模型将 X 这个原始数据分成 0、1、2 三类，每个数据分别对应的类别名称如下：

```
array([1, 1, 0, 0, 0, 2], dtype=int64)
```

输入参数：

```
model.children_
```

可以看到如下结果，该结果表明了整个聚类过程，首先判断两簇之间的距离，发现 0 簇和 1 簇是距离最近的两个簇，于是将 0[1,2]和 1[2,3]两簇进行合并，合并后的簇取名为 6，6=len(X)−1+1，那么 6 簇中就包含了原来的 0 和 1 两个簇，这时一共剩下 5 个簇；接下来在剩下的这 5 个簇中寻找出距离最小的两个簇，发现 2 和 3 两个簇之间的距离最小，因此将 2 和 3 两个簇进行合并，生成一个新的簇为 7 簇，7 簇则包含了 2 簇和 3 簇，这时整个数据集中包含了 4 个簇，依次对剩下的 4 个簇进行距离间的判断，直到达到之前建立的 n_clusters 类别的个数。

```
array([[0, 1],
       [2, 3],
       [4, 7],
       [5, 7],
       [6, 9]], dtype=int64)
```

8.4 密度聚类

8.4.1 密度聚类原理

由于 K-means 算法有缺点，不太适用于凸数据集中，因此这节讲密度聚类 DBSCAN (Density-Based Spatial Clustering of Applications with Noise)，该算法既适用于凸样本集，又适用于非凸样本集。该算法的目的就是通过找到几个由密度可达关系导出的最大的密度相连样本的集合，将其判断为同一个类别，也就是所说的一个簇。

DBSCAN 方法由两个输入参数进行输入：ε(eps)和形成高密度区域所需要的最少点数(MinPts)。DBSCAN 方法的初始化由一个任意未被访问的点开始，然后探索这个点的 ε-邻域，如果 ε-邻域里有足够的点，就可以建立一个新的聚类，否则这个点被定位为杂音。

如果一个点位于一个聚类的密集区域里，那么它的 ε-邻域中的点也属于该聚类中，当这些新的点被加进聚类后，它们的 ε-邻域里的点也会被加进聚类里。这个过程会反复地进行，直到没有再能够加进来的点为止，这样一个密度连接的聚类就被完整地找出来了。

上述算法表明密度聚类的聚类速度比较快，而且它能够有效地处理噪声点并发现任意形状的空间聚类，也不需要提前输入划分的聚类的个数，还可以对噪声进行过滤。但是由于它需要对每个数据点展开计算，比较其是否在 ε-邻域中，因此它的计算过程对内存支持的 I/O 消耗很大，而且当空间聚类的密度不均匀、聚类间距相差很大时，选取参数 MinPts 和 eps 会比较困难。

8.4.2 密度聚类算法的应用

如果要训练密度聚类算法，则可以通过 sklearn 中的 cluster 库导入 DBSCAN()函数来实现，以前面 8.1 节已经准备好的基站商圈数据集为例，代码如下：

```
from sklearn.cluster import DBSCAN
model=DBSCAN(eps=0.5,min_samples=5)
model.fit(data_std)
```

模型建立后的结果如下：

```
DBSCAN(algorithm='auto', eps=0.5, leaf_size=30, metric='euclidean',
    metric_params=None, min_samples=5, n_jobs=None, p=None)
```

其中，关键参数 eps 指定了两个样本之间的最大距离，一个样本被认为是另一个样本的邻域。但这个参数并不代表群集中点的距离的最大界限；关键参数 min_samples 可以指定样本最小的数量，这个数量包括它自己。

通过数据模型建立参数：

```
model.labels_
```

可以将通过该模型聚类好的数据展示出来，结果如下：

```
array([ 0,  0,  0,  0,  0,  0,  0,  0, -1,  0,  0,  0,  0, -1, -1,  0,  0,
        0,  0,  0,  0,  0,  0,  0,  0,  0,  0,  0,  0,  0,  0,  0,  0,  0,
        0,  0,  0,  0, -1,  0,  0,  0,  0,  0,  0,  0,  0,  1,  1,  1,  1,
        1,  1, -1, -1,  1, -1,  1, -1,  1,  1,  1,  1,  1, -1,  1, -1,  1,
       -1,  1,  1,  1,  1,  1,  1,  1,  1,  1,  1,  1,  1, -1,  1, -1,  1,
        1,  1,  1,  1, -1,  1,  1,  1,  1, -1,  1, -1,  1,  1,  1,  1, -1,
       -1, -1, -1, -1, -1,  1,  1, -1, -1,  1,  1, -1, -1, -1,  1, -1, -1,
        1,  1, -1,  1, -1, -1, -1, -1, -1, -1,  1,  1, -1, -1,  1, -1,  1,
        1,  1,  1,  1,  1,  1, -1,  1, -1, -1], dtype=int64)
```

8.5 聚类分析模型评估

通常通过 Accuracy、Precision、Recall 等对有监督式的学习进行模型评价，具体是通过对比标签数据和预测数据来实现模型评价的。聚类算法是无监督式的学习算法，其评价并不简单，因为聚类算法得到的类别实际上不能说明任何问题，除非这些类别的分布和样本的真实类别分布相似，或者聚类的结果满足某种假设，即同一类别中样本间的相似性高于不同类别间样本的相似性。

聚类分析的性能度量通常分为外部度量和内部度量两类。

8.5.1 外部度量

外部度量的数据集需要有标签，也就是说数据集中需要有可以预测属性的真实值。外部度量方法和之前讲过的分类、回归模型的度量方法是相同的，且有如下衡量指标：

(1) 均一性：一个簇中只包含一个类别的样本，则满足均一性，也可以认为就是正确率(每个聚簇中正确分类的样本数占该聚簇总样本数的比例和)。其表达式为

$$p = \frac{1}{k}\sum_{i=1}^{k}\frac{N(C_i == K_i)}{N(K_i)} \tag{8-7}$$

在 sklearn.metrics 中通过 homogeneity_score()函数可以解决预测值与真实值的均一性问题，每一个聚出的类仅包含一个类别的程度度量，参考代码如下：

```
import numpy as np
y_label=[0,1,0,0,0,1,2]
y_pred=[0,1,1,0,0,0,0]


from sklearn.metrics import homogeneity_score                    #均一性
print(homogeneity_score(y_label,y_pred))
```

其中，y_label 为标签数据，y_pred 为聚类真实预测值。通过 homogeneity_score()可以计算出真实预测值与标签值之间的正确分类的样本数占该样本总数的比例和，显示结果如下：

```
0.08255014924324922
```

(2) 完整性：用来衡量同类别样本被归类到相同簇中的比例，即每个聚簇中正确分类的样本数占该类型的总样本数比例的和。

$$r=\frac{1}{k}\sum_{i=1}^{k}\frac{N(C_i==K_i)}{N(C_i)} \tag{8-8}$$

在sklearn.metrics中通过completeness_score()函数集成了衡量每一个类别被指向相同聚出的类的程度度量的方法，使用的参考代码如下：

```
import numpy as np
y_label=[0, 1, 0, 0, 0, 1, 2]
y_pred=[0, 1, 1, 0, 0, 0, 0]

from sklearn.metrics import completeness_score          #均一性
print(completeness_score(y_label,y_pred))
```

其中，y_label为标签数据，y_pred为聚类真实预测值。通过completeness_score()可以计算出每个聚簇中正确分类的样本数占该类型的总样本数比例的和，显示结果如下：

```
0.13186892689908797
```

(3) V-measure：均一性和完整性的加权平均。

$$V_\beta=\frac{(1+\beta^2)?pr}{\beta^2\times p+r} \tag{8-9}$$

sklearn.metrics 中的 v_measure_score() 函数是上面 homogeneity_score() 和 completeness_score()两个函数的一种折中，即 v = 2×(homogeneity × completeness) / (homogeneity + completeness)可以作为聚类结果的一种度量，使用参考代码如下：

```
import numpy as np
y_label=[0, 1, 0, 0, 0, 1, 2]
y_pred=[0, 1, 1, 0, 0, 0, 0]

from sklearn.metrics import v_measure_score          #均一性
print(v_measure_score(y_label, y_pred))
```

其中，y_label为标签数据，y_pred为聚类真实预测值。通过v_measure_score()可以计算出每个聚簇中正确分类的样本数与真实预测值之间的加权平均，显示结果如下：

```
0.10153760376096896
```

(4) Rand Index(RI，兰德系数)：RI取值范围为[0, 1]，RI的值越大，意味着聚类结果与真实情况越吻合。RI的表达式为

$$\mathrm{RI}=\frac{a+b}{a+b+c+d} \tag{8-10}$$

在上述公式中，假设 U 是外部评价标准即“真实的标签”，而 V 是聚类结果。设定四个统计量：

a 为在 U 中为同一类且在 V 中也为同一类别的数据点对数。

b 为在 U 中为同一类但在 V 中却隶属于不同类别的数据点对数。

c 为在 U 中不在同一类但在 V 中为同一类别的数据点对数。

d 为在 U 中不在同一类且在 V 中也不属于同一类别的数据点对数。

(5) 调整兰德系数(Adjusted Rnd Index，ARI)：ARI 的取值范围为[−1,1]，值越大表示聚类结果和真实情况越吻合。从广义的角度来说，ARI 是衡量两个数据分布的吻合程度的，其表达式为

$$\mathrm{ARI}=\frac{\mathrm{RI}-E[\mathrm{RI}]}{\max(\mathrm{RI})-E[\mathrm{RI}]} \tag{8-11}$$

sklearn.metrics 中的 adjusted_rand_score()函数集成了调整兰德系数的方法，计算出来的 ARI 的取值范围为[−1, 1]，使用参考代码如下：

```
import numpy as np
y_label=[0, 1, 0, 0, 0, 1, 2]
y_pred=[0, 1, 1, 0, 0, 0, 0]

from sklearn.metrics import adjusted_rand_score          #均一性
print(adjusted_rand_score(y_label, y_pred))
```

其中，y_label 为标签数据，y_pred 为聚类真实预测值。通过 adjusted_rand_score()可以计算出调整的兰德系数，结果显示如下：

```
-0.12499999999999996
```

8.5.2 内部评估

内部评估不需要外部标签，它可在真实的分群标签不知道的情况下，对聚类结果进行评价。轮廓系数(Silhouette Coefficient)是用来评价聚类效果好坏的一个评价方式，它由簇内不相似度和簇间不相似度两种因素决定。它可以在相同原始数据的基础上用来评价不同算法或者算法不同运行方式对聚类结果所产生的影响。

簇内不相似度是指计算样本 i 到同簇其他样本的平均距离 a_i。a_i 越小，表示样本 i 越应

该被聚类到该簇，簇 C 中所有样本的 a_i 的均值被称为簇 C 的簇不相似度。

簇间不相似度是指计算样本 i 到其他簇 C_j 的所有样本的平均距离 b_{ij}。$b_i=\min\{b_{i1}, b_{i2}, \cdots, b_{ik}\}$，$b_i$ 越大，表示样本 i 越不属于其他簇。

介绍完簇内不相似度和簇间不相似度后，现在来介绍轮廓系数了。

$$s(i)=\frac{b(i)-a(i)}{\max\{a(i),\ b(i)\}} \qquad s(i)=\begin{cases}1-\dfrac{a(i)}{b(i)}, & a(i)<b(i)\\ 0, & a(i)=b(i)\\ \dfrac{b(i)}{a(i)}-1, & a(i)>b(i)\end{cases} \tag{8-12}$$

$s(i)$值越接近 1，表示样本 i 聚类越合理；越接近 -1，表示样本 i 应该分类到另外的簇中；近似为 0，表示样本 i 应该在边界上。所有样本的 $s(i)$的均值被称为聚类结果的轮廓系数。

Sklearn 中的内部度量方法：

(1) Sklearn.metrics.silhouette_score：返回所有样本的轮廓系数，取值范围为[-1，1]。

```
from Sklearn.metrics import silhouette_score                    #轮廓系数，[-1, 1]
print(silhouette_score(模型输入的数据, 模型预测出来的结果))
```

(2) Sklearn.metrics.calinski_harabaz_score：CH 分数，通过计算类中各点与类中心的距离平方和来度量类内的紧密度，通过计算各类中心点与数据集中心点距离平方和来度量数据集的分离度，该函数的值由分离度与紧密度的比值得到。该函数的值越大，代表类自身越紧密，类与类之间越分散，即聚类结果更优。

```
from Sklearn.metrics import calinski_harabaz_score
print(calinski_harabaz_score(模型输入的数据, 模型预测出来的结果))
```

新 手 问 答

1. K-means 算法是否适用于离散型变量？

K-means 算法是将各个聚类子集内的所有数据样本的均值作为该聚类的代表点，该算法的主要思想是通过迭代过程把数据集划分为不同的类别，使得评价聚类性能的准则函数达到最优，从而使生成的每个聚类内紧凑。所以 K-means 算法不适用于离散型变量，只是对连续性数值属性有较好的效果。

2. 聚类分析是一种有监督式的学习还是无监督式的学习？

聚类分析之前，不需要对数据进行任何的标注，模型会自动地将数据根据位置分布来进行分类，所以它是一种无监督式的学习。

牛刀小试

1. 案例任务

请通过 K-means 聚类模型完成用户分类。

2. 技术解析

该案例的数据集包含很多客户针对不同类型产品的年度采购额(用金额表示)。该案例的任务之一是如何最好地描述一个批发商的不同种类顾客之间的差异。这样做能使批发商更好地组织他们的物流服务以满足每个客户的需求。数据集的具体字段解释如下：

Channel：购买的销售渠道。

Region：购买的行政区域。

Fresh：购买新鲜菜品的金额。

Milk：购买奶制品的金额。

Grocery：购买日用杂货的金额。

Frozen：购买冷冻食品的金额。

Detergents_Paper：购买清洁剂和纸品的金额。

Delicatessen：购买熟食的金额。

3. 操作步骤

(1) 数据收集，代码如下：

```
import pandas as pd
data = pd.read_csv('customers.csv')                #导入数据
data.head()
```

(2) 数据探索。

① 数据描述，代码如下：

```
data.describe()
```

② 数据缺失值排查，代码如下：

```
def abnormalIndex(data):
    abnIndex=pd.Series().index
    for col in data.columns:
```

```
        abn=data[data[col].isnull()]
        print(col,list(abn.index))
        abnIndex = abnIndex | abn.index        #对缺失值进行或运算
    return abnIndex
abnormalIndex(data)
```

③ 数据异常值排查，代码如下：

```
import matplotlib.pyplot as plt


plt.figure(figsize=(12,20))
for i in range(data.columns.size):
    plt.subplot(5,3,i+1)
    col = data.columns[i]
    data[col].plot(kind='box')
    plt.xlabel(col)
plt.show()
```

④ 获得数据分布，代码如下：

```
plt.figure(figsize=(12,20))
for i in range(data.columns.size):
    plt.subplot(5,3,i+1)
    col = data.columns[i]
    plt.hist(data[col])
    plt.xlabel(col)
plt.show()
```

⑤ 相关性分析，代码如下：

```
pd.plotting.scatter_matrix(data,figsize=(14,14));
```

(3) 数据处理。

① 移除无代表性的数据，代码如下：

```
data.drop(columns=['Channel','Region'],inplace=True)
data.shape
```

② 删除异常值，代码如下：

```
def threeSigma(df):
    abnIndex=pd.Series().index
    for col in df.columns:
        s=df[col]
        mean=s.mean()
        std =s.std()
        abn=s[(s>mean+3*std) | (s<mean-3*std)]
        print(col,list(abn.index))
        abnIndex = abnIndex | abn.index
    return abnIndex
df=data.drop(threeSigma(data))
df.shape
```

③ 对数据进行缩放，代码如下：

```
import numpy as np
# TODO：使用自然对数缩放数据
log_df = np.log(df)

plt.figure(figsize=(12,20))
for i in range(log_df.columns.size):
    plt.subplot(5,3,i+1)
    col = log_df.columns[i]
    plt.hist(log_df[col])
    plt.xlabel(col)
plt.show()
```

④ 特征转换(主成分分析)，代码如下：

```
from Sklearn.decomposition import PCA
import renders as rs

X=log_df
pca=PCA(n_components=6)
pca.fit(X)
```

```
#生成 PCA 的结果图
pca_results = rs.pca_results(X, pca)
```

⑤ 降低维度，代码如下：

```
# 展示经过 PCA 转换的 sample log.data
pca=PCA(n_components=2)
pca.fit(X)

X_new = pca.transform(X) #降低维度
data_new=pd.DataFrame(np.round(X_new,2))
data_new.head()
```

(4) 模型构建，代码如下：

```
from Sklearn.cluster import KMeans
model = KMeans(n_clusters = 3, n_jobs = 4, max_iter = 500)      #分为 k 类，并发数 4
model.fit(data_new) #开始聚类
```

(5) 模型评估，代码如下：

```
from Sklearn.metrics import silhouette_score                    #轮廓系数，其值范围是[-1, 1]
print(silhouette_score(data_new, model.labels_))
```

(6) 结果展示，代码如下：

```
#在主成分分析中选择两个维度
df_Keans.columns=['x1','x2','type']
df_Keans.head()

#在主成分分析中选择两个维度
import matplotlib.pyplot as plt
plt.rcParams['font.sans.serif'] = ['SimHei']                    #用来正常显示中文标签
plt.rcParams['axes.unicode_minus'] = False                     #用来正常显示负号

#不同类别用不同颜色和样式绘图
d = df_Keans[df_Keans.type == 0]
plt.plot(d.x1, d.x2, 'r-')
d = df_Keans[df_Keans.type == 1]
```

```
plt.plot(d.x1, d.x2, 'g-')
d = df_Keans[df_Keans.type == 2]
plt.plot(d.x1, d.x2, 'b-')
plt.show()

#jupyter 内的 matplotlib 支持
%matplotlib inline
%config InlineBackend.figure_format = 'retina'                  #高清屏支持

df=df.copy()
df['type']=model.labels_

style = ['ro-', 'go-', 'bo-']
for i in range(3): # 逐一作图，作出不同样式
    plt.figure(figsize=(7,4))
    d=(df[df.type == i]).drop(columns=['type'])
    for j in range(len(d)):
        plt.plot(d.iloc[j], style[i])

    plt.xticks(range(6), d.columns) #坐标标签
    plt.ylabel('类别'+str(i))
    plt.show()
```

本章小结

本章主要介绍了聚类以及聚类中所涉及的一些基本原理知识。除此之外，还介绍了一些具体的聚类算法：K-means 算法、层次聚类算法、密度聚类算法等训练算法。最后，重点介绍了聚类分析模型中的评估。

第9章 支持向量机

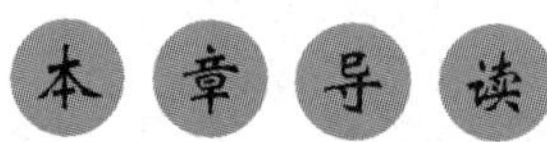

支持向量机在有些数据集中的分类效果非常好。本章主要介绍支持向量机的基本原理，首先对支持向量机进行分类，其次分别对不同类别的支持向量机的原理以及特点展开讨论，最后通过机器学习的思路对支持向量机过程进行调用，以解决实际应用问题。

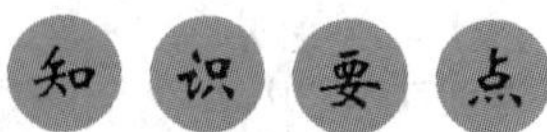

读者学完本章后应该了解和掌握以下知识技能：

- 支持向量机的基本原理；
- 支持向量机分类原理；
- 支持向量机回归机的原理；
- 支持向量机机器学习模型的评估。

支持向量机(Support Vector Machine，SVM)在众多的机器学习算法中以良好的分类性能立足于机器学习领域。如果不考虑集成学习的算法，不考虑特定的数据集特性问题，在分类算法的模型评估中SVM的表现是最好的。

SVM是一个二元分类算法，它支持线性分类和非线性分类。经过演进，SVM也可以支持多元分类，经过扩展，也可以应用于回归问题。在本章中，将会探讨支持向量机的简单原理，使读者可以了解在实际项目中，如何通过使用支持向量机来创建模型以及如何通过调整参数来更改模型性能。

9.1 支持向量机的基础知识

为了进一步加深对支持向量机的理解，先从支持向量机的基础知识出发，为后期在实际过程中应用支持向量机打下良好的基础。

9.1.1 支持向量机概述

支持向量机是一种基于统计学习理论的模式识别方法。它是由 Boser、Guyon、Vapnik 提出的，从此迅速发展起来，现在已经在生物信息学、文本图像处理、语言信号处理、手写识别等多个领域都取得了成功的应用。SVM 的目的就是为了找到一个超平面，使得它能够尽可能多地将两类数据点正确地分开，同时使分开的两类数据点距离分类面最远。为了达到该目的，通常构造一个在约束条件下的优化问题，通过求解该问题，从而得到一个分类器。

支持向量机倾向给出把握程度更高的预测结果，也就是说最终通过支持向量机计算出来的预测结果其实就是一个概率，从中选出预测结果最高的作为最终结果。

支持向量机学习方法包含构建由简至繁的模型：线性可分支持向量机(Linear Support Vector Machine in Linearly Separable Case)、线性支持向量机(Linear Support Vector Machine)及非线性支持向量机(Non-Linear Support Vector Machine)。

上述模型中，简单模型是复杂模型的基础，也是复杂模型的特殊情况。当训练数据近似线性可分时，通过硬间隔最大化(Hard Margin Maximization)来学习一个线性的分类器，即线性可分支持向量机，又称为硬间隔支持向量机；而且当训练数据近似线性可分时，通过软间隔最大化(Soft Margin Maximization)也来学习一个线性的分类器，即线性支持向量机，又称为软间隔支持向量机；当训练数据线性不可分时，通过使用核技巧(Kernel Trick)及软间隔最大化来学习非线性支持向量机。

当输入空间为欧氏空间或离散集合并且特征空间为希尔伯特空间时，核函数(Kernel Function)表示将输入从输入空间映射到特征空间得到的特征向量之间的内积。通过使用核函数可以学习非线性支持向量机，等价于隐式地在高维的特征空间中学习线性支持向量机，这样的方法称为核技巧。

9.1.2 鸢尾花数据准备

数据集包含了花瓣长度、花瓣宽度、花萼长度、花萼宽度、类别五个属性特征，其中类别变量分别对应于鸢尾花的三个种类，即山鸢尾(Iris.setosa)、变色鸢尾(Iris.versicolor)和维吉尼亚鸢尾(Iris.virginica)，分别用[0,1,2]来做映射。该数据集是一个 Sklearn 中自带的数据集，直接通过方位 Sklearn 下面的 data 和 target 两个参数，就可以分别获取到数据和目标类别数据。参考代码如下：

```
#获取数据集，并将数据集放入到创建的 DataFrame 表中进行保存
from Sklearn.datasets import load_iris
import pandas as pd

iris = load_iris()
data = pd.DataFrame(iris.data,columns=['花瓣长度','花瓣宽度','花萼长度','花萼宽度'])
data['类别']=iris.target
data.head()
```

构造出来的数据集如图 9-1 所示。

	花瓣长度	花瓣宽度	花萼长度	花萼宽度	类别
0	5.1	3.5	1.4	0.2	0
1	4.9	3.0	1.4	0.2	0
2	4.7	3.2	1.3	0.2	0
3	4.6	3.1	1.5	0.2	0
4	5.0	3.6	1.4	0.2	0

图 9-1 鸢尾花数据集

1. 数据探索

探索已经准备好的数据集，进一步地了解数据。

1) 是否有空数据

参考代码如下：

```
import matplotlib.pyplot as plt
```

```
for i in range(data.columns.size):
        col = data.columns[i]
        data[data[col].isnull()]
data.head()
```

结果显示如图 9-1 所示。(无空数据，代码将不空的数据显示出来，发现与原数据相同)

2) 探索各个维度上数据的分布

参考代码如下：

```
import matplotlib.pyplot as plt
plt.rcParams['font.sans.serif']=['SimHei']           #用来正常显示中文标签
plt.rcParams['axes.unicode_minus']=False             #用来正常显示负号


plt.figure(figsize=(4, 6))
for i in range(data.columns.size):
        plt.subplot(2, 3, i+1)
        col = data.columns[i]
        plt.hist(data[col])
        plt.xlabel(col)
plt.show()
```

结果显示如图 9-2 所示。(通过直方图的方式展示)

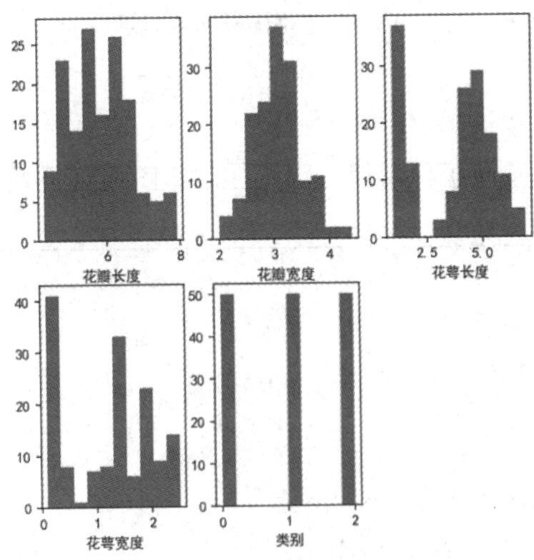

图 9-2　各个维度数据展示

3) 探索每个维度上是否具有异常值

参考代码如下：

```
plt.figure(figsize=(12, 20))
for i in range(data.columns.size):
    plt.subplot(5, 3, i+1)
    col = data.columns[i]
    data[col].plot(kind='box')
plt.show()
```

结果显示如图 9-3 所示。(通过箱型图来探索哪个维度有异常值)

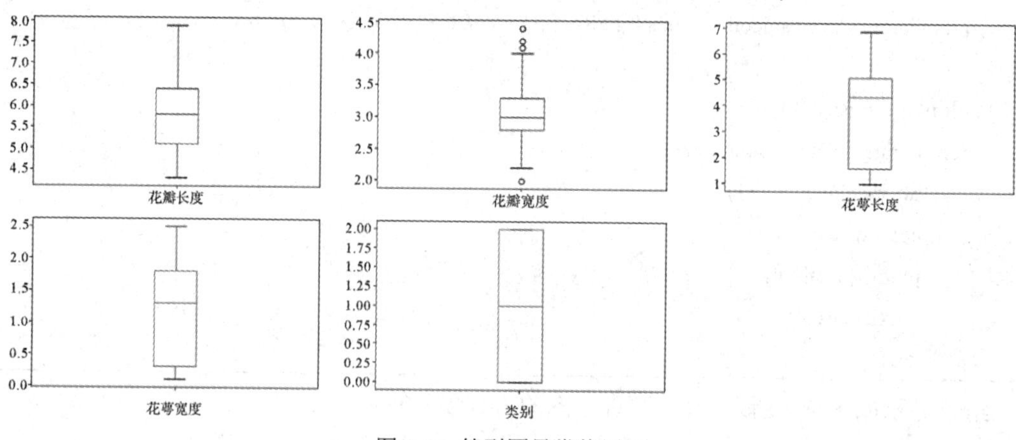

图 9-3　箱型图异常值展示

2. 数据清洗

1) 清洗异常值

由于在数据探索阶段发现了异常值，因此在这个阶段就需要对异常值进行清洗。参考代码如下：

```
def abnormalIndex(data):
    abnIndex=pd.Series().index
    for col in data.columns:
        s=data[col]
        a=s.describe()
        high=a['75%']+(a['75%']-a['25%'])*1.5
        low=a['25%']-(a['75%']-a['25%'])*1.5
        abn=s[(s>high)|(s<low)]
```

```
        print(col,list(abn.index))
        abnIndex = abnIndex | abn.index                #对异常值进行或运算，将其清洗出去
    return abnIndex

data=data.drop(abnormalIndex(data))
data.shape
```

显示结果如图 9-4 所示。(将清洗出来的异常值进行展示)

```
花瓣长度 []
花瓣宽度 [15, 32, 33, 60]
花萼长度 []
花萼宽度 []
类别 []
```

图 9-4　清洗出来的异常值

2) 数据集划分

将数据集划分为训练集和测试集两个集合，并分别将数据存放在 X_train、X_test、y_train、y_test 这四个参数中。参考代码如下：

```
from Sklearn.model_selection import train_test_split
#生成训练集和测试集，这里只用到测试集
# 划分数据集为测试集和训练集
X_train, X_test, y_train, y_test = train_test_split(data,data['类别'], test_size=0.2, random_state=0)

x=X_train.drop(columns=['类别'])
y=y_train
x_test=X_test.drop(columns=['类别'])
```

9.2　支持向量机的分类

现在考虑一个二分类问题。假设输入空间与特征空间为两个不同的空间，输入空间为欧式空间或者离散集合，特征空间为欧氏空间或希尔伯特空间。线性支持向量机假设这两个空间的元素是一一对应的关系，并将输入空间中的输入映射为特征空间中的特征向量。而非线性支持向量机所对应的两个空间的元素不是一一对应的关系，输入空间的输入映射

与特征空间的特征向量为非线性对应关系。所有的输入都由输入空间转换到特征空间，支持向量机的学习是在特征空间进行的。

9.2.1 支持向量机分类基础

现在假设给定一个特征空间上的训练数据集

$$T = \{(\boldsymbol{x}_1, y_1), (\boldsymbol{x}_2, y_2), (\boldsymbol{x}_3, y_3), \cdots, (\boldsymbol{x}_n, y_n)\}$$

其中：$\boldsymbol{x}_i \in X = \mathbf{R}^n$；$y_i \in Y = \{+1, -1\}$，$i$=1，2，…，$n$，$\boldsymbol{x}_i$ 为第 i 个特征向量，也称为实例，y_i 为 $\boldsymbol{x}_i$ 的类标记。当 $y_i = +1$ 时，称 $\boldsymbol{x}_i$ 为正例；当 $y_i = -1$ 时，称 $\boldsymbol{x}_i$ 为负例。$(\boldsymbol{x}_i, y_i)$称为样本点。

学习支持向量机的目标是在特征空间中找到一个分离超平面，能将实例分到不同的类。分离超平面对应于方程 $\boldsymbol{\omega} \cdot x + b = 0$，它由法向量 $\boldsymbol{\omega}$ 和截距 b 决定，可用$(\boldsymbol{\omega}, b)$来表示。分离超平面将特征空间划分为两部分：一部分是正类，一部分是负类。法向量指向的一侧为正类，另一侧为负类。

一般来说，当训练数据集线性可分时，存在无穷个分类超平面可将两类数据正确分开。感知机利用误分类最小的策略，求得分离超平面，不过这时的解有无穷多个。线性可分支持向量机利用间隔最大化求最优分离超平面，这时的解就是唯一的。

9.2.2 SVM 分类算法库

在机器学习的 SVM 分类算法中，SVM 分类算法库中的重要参数分为三类：LinearSVC、SVC、nuSVC，分别对应了线性可分问题下的支持向量机分类、线性不可分问题下的支持向量机分类以及非线性支持向量机分类。在表 9-1 中，将会对这三个分类下的主要参数做一个汇总，方便后面对其进行使用。

表 9-1 支持向量机的分类参数汇总

<table>
<tr><th>参数</th><th>LinearSVC</th><th>SVC</th><th>nuSVC</th></tr>
<tr><td>惩罚系数 C</td><td colspan="2">float 类型，可选参数，这就是前面所讲的惩罚系数 C，默认值为 1.0。一般需要通过交叉验证的方式来选择一个合适的 C。一般来说，如果噪音点较多，那么所需要的 C 就要小一点</td><td>在 nuSVC 算法中，没有这个参数，它通过另一个参数 nu 来控制训练集训练的错误率，等同于 C，让训练集训练后满足一个确定的错误率</td></tr>
<tr><td>nu</td><td colspan="2">LinearSVC 和 SVC 没有这个参数，都是通过 C 来控制惩罚力度的</td><td>nu 代表训练集中训练错误率的一个上限，取值范围为(0,1]，默认值为 0.5</td></tr>
</table>

续表一

参　数	LinearSVC	SVC	nuSVC
核函数 kernel	LinearSVC 没有这个参数，限制了只能用线性核函数	String 类型，可选，指的是前面所讲到的核函数，默认为高斯核函数“rbf”，表示径向基函数。这个参数的选择可以表示某种核函数类型，比如：“linear”“poly”、“rbf”“sigmoid”“precomputed”“callable”中的一种，有线性核函数、多项式、径向基等	
核函数参数 degree	LinearSVC 被限制了只能使用线性核函数，所以没有这个参数	如果 kernel 参数使用了多项式核函数“poly”，那么就需要对这个参数进行调整。如果是其他的核函数，则没有关系。这个参数的类型为 int，可选，默认值是 3。这个参数对应到多项式核函数 $K(x, z)=(\gamma x\cdot z+r)^d$ 中的 d	
核函数参数 gamma	LinearSVC 被限制了只能使用线性核函数，所以没有这个参数	float 类型，可选，默认是自动的。这是“poly”“rbf”“sigmoid”的核参数。如果是“auto”，则值为 1/特征数。这个参数主要是对应到核函数中的 γ	
核函数参数 coef0	LinearSVC 被限制了只能使用线性核函数，所以没有这个参数	这个参数主要针对的是多项式核函数“poly”中 $K(x, z)=(\gamma x\cdot z+r)^d$ 的 r。float 类型，可选，默认值为 0.0	
probability	布尔类型，可选，默认值为 False。决定是否启用概率估计。需要在训练 fit()模型时加上这个参数，之后才能用相关的方法：predict_proba 和 predict_log_proba		
class_weight	dict 类型或者“balanced”类型，可选参数。设置每个类 i 的权重 C，得到 class_weight[i] × C。如果没有给这个值，那么所有类的权重为 1。“balanced”模式使用自动适应的权重，是和输入数据中某类数据出现的频率成反比的值		

续表二

参　数	LinearSVC	SVC	NuSVC
decision_function_shape	LinearSVC 没有这个参数，使用参数 multi_class 来替代	“ovo”“ovr”或 None，默认是 None 类型。多分类情况使用可以选择： (1) “ovo”(one vs one 的缩写)是每次在所有的 T 类样本里面选择两类样本出来，记为 T1 类和 T2 类，把所有的输出为 T1 和 T2 的样本放在一起，把 T1 作为正例，T2 作为负例，进行二元分类，得到模型参数。一共需要(T-1)/T 次分类 (2) “ovr”(one vs rest 的缩写)表示无论是多少元分类，都可以看做二元分类。具体做法是，对于第 K 类的分类决策，把所有第 K 类的样本作为正例，除了第 K 类样本以外的所有样本都作为负例，然后在上面做二元分类，得到第 K 类的分类模型 (3) 默认是 None	
Multi_class	可以选择“ovr”或者“crammer_singer”。默认的为“ovr” (1) “ovr”与 SVC 以及 nuSVC 中的相似 (2) crammer_singer 是在 ovr 的基础上进行改良	SVC 和 nuSVC 没有这个参数，使用 decision_function_shape 参数代替	
cache_size	计算量不算大，所以很少用到这个参数	float 类型，可选的内核缓存区的大小，单位是 MB(兆字节)	
shrinking	布尔类型，可选，默认是 True。决定是否使用启发式收缩		
verbose	布尔类型，默认是 False。启用详细的输出。请注意，此设置利用 libsvm 中的每个进程运行时设置，如果启用，则可能无法在多线程环境中正常工作		

9.2.3 线性可分问题下的支持向量机分类原理

线性可分问题的前提就是假设训练数据集是线性可分的。从线性可分支持向量机的公式定义可以看出，所谓的线性可分支持向量机就是给定线性可分训练数据集，求解间隔最大化问题等价于求解相应的凸二次规划问题学习得到的分离超平面的问题，平面公式为

$$\boldsymbol{\omega}^* \cdot \boldsymbol{x} + b^* = 0 \tag{9-1}$$

以及相应的分类决策函数为

$$f(\boldsymbol{x}) = \text{sign}(\boldsymbol{\omega}^* \cdot \boldsymbol{x} + b^*) \tag{9-2}$$

$f(\boldsymbol{x})$称为线性可分支持向量机。

所谓的线性可分问题实际就是为了解决找出如图 9-5 所示的斜直线问题，图中“。”代表了正例，“ * ”代表了负例。又由于训练数据集是可分的，因此这时一定能找出很多条直线将两类数据正确地进行划分，线性可分支持向量机对应着能够将两类数据正确划分并且间隔最大的直线。

由图 9-5 可以看出，确定线性可分的支持向量机分类器就是为了找到间隔最大的直线，这个是唯一的。

在线性可分的情况下，训练数据集的样本点中与分离超平面距离最近的样本点的实例称为支持向量(Support Vector)。支持向量是使约束条件等号成立的点，即

$$y_i(\boldsymbol{\omega} \cdot x_i + b) - 1 = 0 \tag{9-3}$$

如果对于 $y_i = +1$ 的正例点，支持向量在如下的超平面上：

$$H_1：\boldsymbol{\omega} \cdot x + b = 1 \tag{9-4}$$

对于 $y_i = -1$ 的负例点，支持向量在如下的超平面上：

$$H_2：\boldsymbol{\omega} \cdot x + b = -1 \tag{9-5}$$

H_1 和 H_2 上的点就是支持向量，如图 9-6 所示。

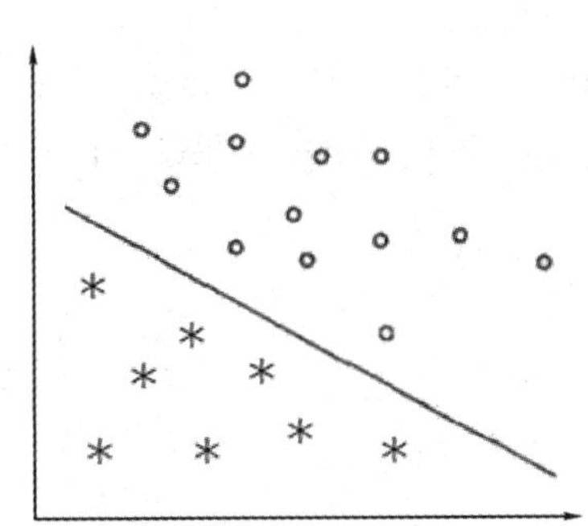

图 9-5 线性可分支持向量机

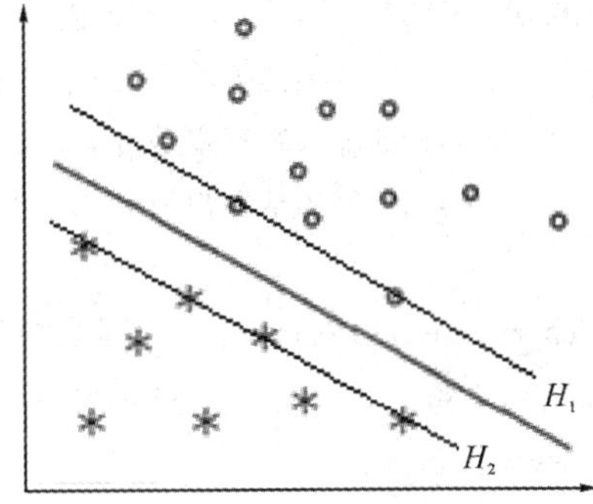

图 9-6 支持向量

H_1 和 H_2 是两条平行线，并且没有实例点落在它们的中间。在 H_1 和 H_2 之间形成了一条

长带，分离超平面与它们平行且位于它们中间。这个长带的宽度为 H_1 和 H_2 之间的距离，称为间隔(Margin)。间隔依赖于分离超平面的法向量 $\boldsymbol{\omega}$，H_1 和 H_2 的间隔边界为 $\frac{2}{\|\boldsymbol{\omega}\|}$。$H_1$ 和 H_2 称为间隔边界。

在决定分离超平面时，只有支持向量起了作用，而其他实例点并不起作用。如果移动支持向量，则会改变所求的解；但是如果在间隔边界以外移动其他的实例点，甚至删除实例点，那么解都不会改变。由于支持向量在确定分离超平面时起着决定性的作用，因此将这种分类模型称为支持向量机。由于支持向量的个数一般很少，因此支持向量机会由很少的“重要的”训练样本来决定。

根据概率中推导出来的结果表明，如果要求得最大间隔分类超平面，则最终要解决的问题可以表示为下面的约束最优化问题：

$$\begin{aligned}&\min_{w,b}\frac{1}{2}\|\boldsymbol{\omega}\|^2\\&\text{s.t.}\quad y_i(\boldsymbol{\omega}\cdot x_i+b)-1\geqslant 0,\quad i=1,2,\cdots,\ N\end{aligned}\tag{9-6}$$

通过这些可以得到 $\boldsymbol{\omega}^*$、b^*。由此总结出来线性可分支持向量机学习的算法过程如下：

(1) 构造并求解约束最优化问题。

(2) 得到分离超平面。

(3) 分类决策函数。

在机器学习中，可以通过 Sklearn 中 SVM 的 LinearSVC 函数方法直接调用线性可分的支持向量机分类。案例代码如下：

```
from Sklearn import svm
import numpy as np


X=[[0, 0], [1, 1], [1, 0]]              #设定数据集的输入数据集
y=[0, 1, 1]    #设定数据集的输出数据集，通过这个输出数据集的设定，可以判定这个模型用来
               #判断输入数据集是否全为 0。如果全部为 0，则返回为 0；如果有一个不为 0，
               #则返回的结果都是 1。以此来进行分类


model=svm.LinearSVC( )                  #建立模型
model.fit(X, y)                         #训练模型


x_test=[0, 2]                           #输入测试集
x_test=np.array(x_test).reshape(1, -1)
```

```
result=model.predict(x_test)                    #输出测试集分类结果
result
```

输出结果如下：

```
array([1])
```

LinearSVC 是针对线性内核情况的支持向量分类的其中一种情况，这种情况已经假定了该数据集为线性的，所以它不接受参数“kernel”，同时也缺少了一些属性，如 support_。除此以外，还可以采用 SVC(kernel='linear')的方式来代替 LinearSVC，这时就必须要通过“kernel”关键字指明它的类型为线性方式，同时可以通过 support_来访问对应的属性参数。

9.2.4 广义线性的支持向量机分类原理

上一小节中讲到了线性可分问题的支持向量机的学习方法，由于它是建立在线性可分的前提下进行的，因此对线性不可分训练数据是不适用的，因为中间会有很多的前提约束条件是不成立的。那么如何才能将它扩展到线性不可分的问题上？这就需要修改硬间隔最大化，使其成为软间隔最大化。

那么什么是线性可分，什么是线性不可分呢？

线性可分的数据集假设所有的数据均可以被一条直线或者一个平面分开，而线性不可分是指所有的数据集不可以被一条直线或者一个平面分开，会有一些特异点(Outlier)，将这些特异点去除后，剩下的大部分样本点组成的集合是线性可分的。

线性不可分也就意味着有些样本点不能满足函数间隔大于等于 1 这个约束条件。为了解决这个问题，可以对每个样本点引进一个松弛变量 $\varepsilon_i \geqslant 0$，使函数间隔加上松弛变量大于等于 1。那么约束条件就由原来的 $y_i(\boldsymbol{\omega} \cdot x_i + b) - 1 \geqslant 0$，变为

$$y_i(\boldsymbol{\omega} \cdot x_i + b) - 1 \geqslant 1 - \varepsilon_i \tag{9-7}$$

同时，对每个松弛变量 ε_i，支付一个代价 ε_i，目标函数由原来的 $\frac{1}{2}\|\boldsymbol{\omega}\|^2$ 变成了现在的 $\frac{1}{2}\|\boldsymbol{\omega}\|^2 + c\sum_{i=1}^{N}\varepsilon_i$。其中 c 称为惩罚参数，且 $c>0$，一般由应用问题决定。c 值增大时，对误分类的惩罚增大；c 值减小时，对误分类的惩罚减小，即 c 可以调节支持向量之间的间隔，同时使误分类点的个数尽量得小，所以 c 是调和二者的系数。

有了上面的思路，在面对线性不可分的情况时，也可以像训练数据集线性可分时那样来考虑并处理。相对于硬间隔最大化，它们称为软间隔最大化。

在机器学习中，C-SVC 即软间隔 SVM 的实现是基于 libsvm 的。它的训练时间复杂度比样本的二次方还多，所以很难将数据集扩展到很多的情况。上一小节介绍了用 LinearSVC

方式来创建线性支持向量机分类，这里通过 Sklearn 中的 svm-SVC( )函数来实现线性支持向量机分类机，只需通过“kernel=Linear”就可以使用线性核函数了，代码如下：

```
from Sklearn import svm
import numpy as np

X=[[0, 0], [1, 1], [1, 0]]
y=[0, 1, 1]

model=svm.SVC( )
Model_fit(X,y)
```

运行后的结果如下：

```
SVC(C=1-0, cache_size=200, class_weight=None, coef0=0-0,
  decision_function_shape='ovr', degree=3, gamma='auto_deprecated',
  kernel='rbf', max_iter=-1, probability=False, random_state=None,
  shrinking=True, tol=0-001, verbose=False)
```

运行结果中 SVC 函数中所包含的参数解释如图 9-7 所示。(在实际的项目中可以根据情况选择改变对应的参数，也可以选择使用默认的参数)

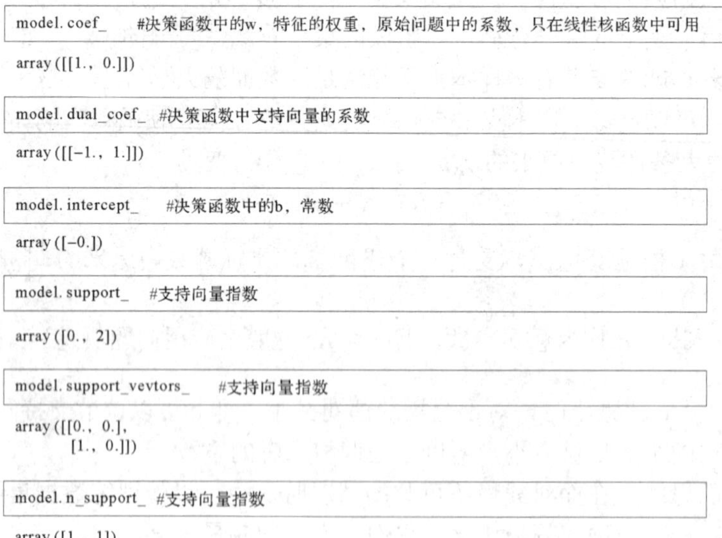

```
model.coef_    #决策函数中的w，特征的权重，原始问题中的系数，只在线性核函数中可用
array([[1., 0.]])

model.dual_coef_  #决策函数中支持向量的系数
array([[-1., 1.]])

model.intercept_    #决策函数中的b，常数
array([-0.])

model.support_   #支持向量指数
array([0., 2])

model.support_vevtors_    #支持向量指数
array([[0., 0.],
       [1., 0.]])

model.n_support_  #支持向量指数
array([1., 1])
```

图 9-7　SVC 类的属性

类的属性包括了 support_、support_vectors_、n_support_、coef_、dual_coef_和 intercept_，

其详细使用及解释如图 9-7 所示。

9.2.5 非线性的支持向量机分类原理

解决线性分类问题时，线性分类支持向量机是一个非常有效的方法。但是有时分类问题是非线性的，这时可以使用非线性支持向量机来对其进行求解。非线性支持向量机的主要特点是它利用了核技巧(Kernel Trick)。

首先来看一下什么是非线性分类问题，图 9-8(a)是一个线性分类问题，通过一条线就可以将其数据类型一分为二；而图 9-8(b)是一个非线性分类问题，也就是说需要通过一个非线性的分类器才能将图中的数据一分为二。

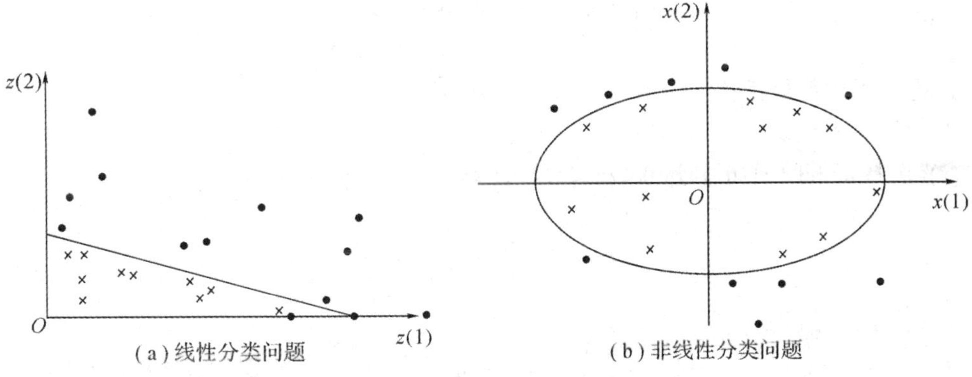

图 9-8 线性分类问题与非线性分类问题

非线性的问题往往不好求解，所以通常采用将其转换成线性分类问题的方法来求解，该转换通过一个非线性变换来实现。如将图 9-8(b)的问题转换成图 9-8(a)的问题，再通过图 9-8(a)直线问题进行求解。

在数学中，通过核函数来对其进行转换。设 X 是输入空间(欧式空间 R^n 的子集或离散集合)，又设 H 为特征空间(希尔伯特空间)，如果存在一个从 X 到 H 的映射

$$\phi(x):\ X \rightarrow H \tag{9-8}$$

使得对所有 x，$z \in X$，函数 $K(x,\ z)$满足条件：

$$K(x,\ z) = \phi(x) \cdot \phi(z) \tag{9-9}$$

则称 $K(x,\ z)$为核函数，$\phi(x)$为映射函数，式中$\phi(x) \cdot \phi(z)$为$\phi(x)$和$\phi(z)$的内积。

常用的核函数有多项式核函数(Polynomial Kernel Function)、高斯核函数(Gaussian Kernel Function)和字符串核函数(String Kernel Function)。

利用核函数，可以将线性分类的学习方法应用到非线性分类问题中去。将线性支持向量机扩展到非线性支持向量机，只需将线性支持向量机对偶形式中的内积换成核函数即可。

非线性支持向量机学习的算法过程如下：

输入：训练数据集 T。

输出：分类决策函数。

过程：

(1) 选取适当的核函数 $K(x，z)$和适当的参数 C，构造并求解最优化问题

$$\begin{aligned}&\min_{a}\frac{1}{2}\sum_{i=1}^{N}\sum_{j=1}^{N}a_i a_j y_i y_j K(x_i,\ x_j)-\sum_{i=1}^{N}a_i\\&\text{s.t.}\ \sum_{i=1}^{N}a_i y_i=0\\&0\leqslant a_i\leqslant C,\quad i=1,2,\ \cdots,\ N\end{aligned}\tag{9-10}$$

最终可以求得最优解 $a^*=(a_1^*,\ a_2^*,\ \cdots,a_N^*)^{\mathrm{T}}$。

(2) 选择 a^* 的一个正分量 $0<a_j^*<C$，计算

$$b^*=y_j-\sum_{i=1}^{N}a_i y_i K(x_i,\ x_j)\tag{9-11}$$

(3) 构造决策函数：

$$f(x)=\text{sign}(\sum_{i=1}^{N}a_i y_i K(x_i,\ x_j)+b^*)\tag{9-12}$$

在机器学习中，同样可以通过 SVC 函数来对非线性支持向量机展开使用，只需要通过参数“kernel”的方式指明为非线性支持向量机即可。如下代码通过参数 kernel='poly'指明使用多项式支持向量机进行分类。

```
import numpy as np
import matplotlib-pyplot as plt
from Sklearn import svm

x=np-array([[1, 3-5], [2, 3], [1, 2], [1-5, 2], [2, 3], [2-5, 1-5], [2, 3-5], [3, 1], [3, 2], [3-5, 1], [3-5, 3]])
y=[0]*6+[1]*5
model=svm-SVC(kernel='poly',C=1, degree=3)-fit(x,y)
X,Y=np-mgrid[0:4:200j, 0:4:200j]
Z=model-decision_function(np-c_[X-ravel(), Y-ravel()])
```

```
Z=Z-reshape(X-shape)


plt-contourf(X, Y, Z>0, alpha=0-4)
plt-contour(X, Y, Z, colors=['b', 'k', 'g'], linestyles=['--', '-', '--'], levels=[-1, 0, 1])
plt-scatter(model-support_vectors_[:, 0], model-support_vectors_[:, 1], s=120, facecolors='none')
plt-scatter(x[:, 0],x[:, 1], c=y, s=50, alpha=0-8)
plt-show()
```

代码的可视化结果如图 9-9 所示。

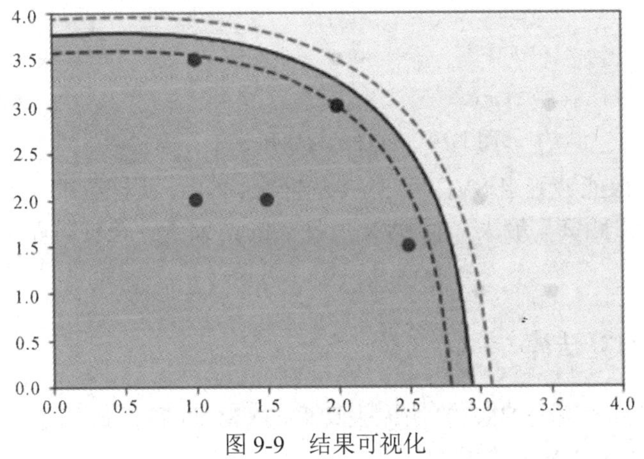

图 9-9　结果可视化

9.3　支持向量机回归机

9.3.1　支持向量机回归机概述

前面所讲的支持向量机分类模型中的目标函数为 $\min_{w,\ b}\frac{1}{2}\|\omega\|^2$，它的约束条件为 $y_i(\omega \cdot x_i+b)-1\geqslant 0, i=1, 2, \cdots, N$，如果加入一个惩罚参数 c，则约束函数为 $\frac{1}{2}\|\omega\|^2+c\sum_{i=1}^{N}\varepsilon_i$。

现在是回归模型，优化的目标函数和支持向量机的分类是相同的 $\min_{w,\ b}\frac{1}{2}\|\omega\|^2$，但是

约束条件是不同的，$\left|yi-\omega\cdot\phi(x_i)-b\right|\leqslant\varepsilon(i=1,2,\cdots,m)$。

可以通过图形进一步展开理解，如图 9-10 所示。

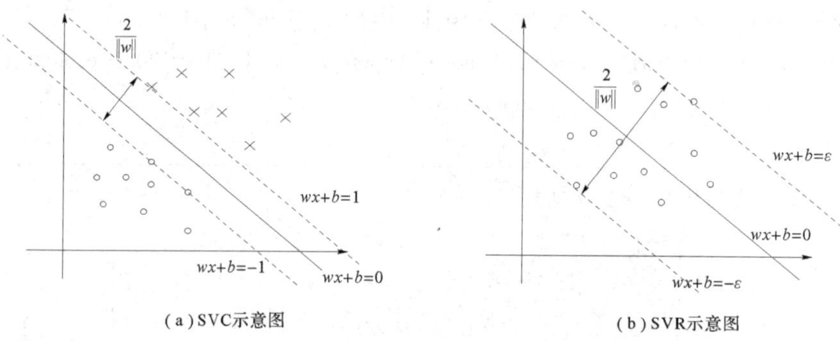

(a) SVC示意图　　(b) SVR示意图

图 9-10　SVC 示意图和 SVR 示意图

通过这两个图像能够看出 SVC 和 SVR 的区别。SVC 所探寻的约束条件是使得距离超平面最近的样本点“距离”最大，而 SVR 所探寻的约束条件是使得距离超平面最远的样本点“距离”最小。

9.3.2　SVM 回归算法库

可以通过 Sklearn 的 SVM 算法库来调取 SVM 回归模型算法。回归模型主要分为 LinearSVR、SVR、nuSVR 三个算法。

表 9-2　支持向量机的回归机参数汇总

参　数	LinearSVR	SVR	nuSVR
惩罚系数 C	与前面回归模型中 C 的用法是相同的，但是不同的是在回归模型中除了 C 以外，还有一个距离误差 ε 用来控制损失度量，因此回归模型中 nu 不能像分类模型中那样，直接等同于 C，也就是说回归错误率是惩罚系数 C 和距离误差 ε 共同作用的结果		
nu	LinearSVR 和 SVR 没有这个参数，都是通过 ε 来控制惩罚力度的		nu 代表训练集中训练的错误率的一个上限，取值范围为(0,1]，默认的取值为 0～5。通过选择不同的错误率可以得到不同的距离误差 ε

续表

参　数	LinearSVR	SVR	nuSVR
核函数 Kernel	LinearSVR 没有这个参数，限制了只能用线性核函数	与 SVC 和 nuSVC 的分析类似	
核函数参数 degree	LinearSVR 被限制了只能使用线性核函数，所以没有这个参数	与 SVC 和 nuSVC 的分析类似	
核函数参数 gamma	LinearSVR 被限制了只能使用线性核函数，所以没有这个参数	与 SVC 和 nuSVC 的分析类似	
核函数参数 coef0	LinearSVR 被限制了只能使用线性核函数，所以没有这个参数	与 SVC 和 nuSVC 的分析类似	
Multi_class	可以选择“ovr”或者“crammer_singer” （1）“ovr”与 SVC 和 nuSVC 中的相似 （2）crammer_singer 是在 ovr 的基础上进行改良的	SVR 和 nuSVR 没有这个参数，使用 ecision_function_shape 参数代替	
cache_size	计算量不算大，所以很少用到这个参数	float 类型，可选的内核缓存区的大小，单位是 MB	
shrinking	布尔类型，可选，默认是 True。决定是否使用启发式收缩		
verbose	布尔类型，默认是 False。启用详细的输出。请注意，此设置利用 libsvm 中的每个进程运行时设置，如果启用，则可能无法在多线程环境中正常工作		

9.3.3　支持向量机回归机的应用

现将准备好的数据集进行建模，通过线性可分的支持向量机分类模型进行训练，训练代码如下：

```
from Sklearn import svm
```

```
import numpy as np


model=svm.SVC(kernel='linear')
model.fit(x,y)
```

创建出来的模型显示结果如图 9-11 所示。

```
SVR(C=1.0, cache_size=200, coef0=0.0, degree=3, epsilon=0.1,
  gamma=' auto_deprecated', kernel=' linear', max_iter=-1, shring=True,
  tol=0.001, verbose=False)
```

图 9-11　创建模型

9.4　支持向量机模型评估

支持向量机模型评估的方法和前面回归、分类、聚类的模型评估的方法大体是相同的，其主体也是通过模型的准确度、灵敏度等为模型进行评分。如果是支持向量机分类，则采用分类的方式进行评估；如果是支持向量机回归机，则采用回归的方式进行评估，这里不再进行重复说明。为了保证前面案例的完整性，下面对前面案例中的训练模型进行评估，以便读者朋友对支持向量机模型有一个完整的理解。

9.4.1　R^2 系数

相关指数 R^2 是用来刻画回归效果的，R^2 表示解释变量对预报变量的贡献率。R^2 越趋近 1，表示解释变量和预报变量的线性相关关系越强；越趋近 0，则关系越弱。因此 R^2 的值越大，回归模型的拟合效果越好。R^2 的计算方式如下：

```
Model.score(x,y)
```

显示结果：

```
0.8827586206886551
```

9.4.2　建立模型准确度评测

评价一个模型最简单也是最常用的指标就是准确率。准确率的计算方式如下：

```
from Sklearn.metrics import accuracy_score
accuracy_score(X_test.类别, X_test.pred)
```

显示结果：

```
1.0
```

结果说明模型的准确度在测试集中是 1。同样的，可以通过对模型建立混淆矩阵(注意：需要对测试集数据中的数据进行预测和真实数据之间的对比评测)来检测模型。

9.4.3 混淆矩阵

混淆矩阵也称误差矩阵，是表示精度评价的一种标准格式。混淆矩阵的计算方式如下：

```
from Sklearn.metrics import confusion_matrix
cm=confusion_matrix(X_test.类别, X_test.pred,labels=(0,1))
cm
```

显示结果：

```
array([[11,   0],
       [ 0, 10]], dtype=int64)
```

9.4.4 建立模型分类报告

分类报告中构建了一个文本报告，用于展示主要的分类评测结果。分类报告具体的计算方式如下：

```
from Sklearn.metrics import classification_report
print(classification_report(X_test.类别, X_test.pred))
```

显示结果如图 9-12 所示。(0、1、2 三个类型下预测的准确度、灵敏度和 f1 均为 1，提供出来的样例数据分别为 11 个、10 个、9 个)

	precision	recall	f1-score	support
0	1.00	1.00	1.00	11
1	1.00	1.00	1.00	10
2	1.00	1.00	1.00	9
micro avg	1.00	1.00	1.00	30
macro avg	1.00	1.00	1.00	30
weighted avg	1.00	1.00	1.00	30

图 9-12　模型报告

评价模型指标以及潜在问题时，如果只是从准确率方面来判断模型，就可能会出现一个很大的问题，即数据分布不平均。比如一种罕见病的发病率为 0.01%，如果一个模型什么都不管，只通过发病率的高低来判断这个人是否有病，那是不对的。那么如何来正确地衡量这个问题呢？如果是经典的二分类问题，则需要综合考虑灵敏度和假阳性率这两个参数，以此来画出 ROC 曲线，继而计算 ROC 围成的面积 AUC 来判断二分类问题的结果。在这样的情况下，AUC 的值越高越好。

新手问答

1. 支持向量机到底是用来做什么的？

支持向量机是一类按监督学习方式对数据进行二元分类的广义线性分类器，其决策边界是对学习样本求解的最大边距超平面。简单来说，支持向量机的作用就是找到一条直线或者一个平面将数据进行分类。

2. 支持向量机是否等同于分类？

支持向量机中有通过分类思想进行的，有通过回归思想进行的，其目的都是对数据进行种类的划分，但不能把它和分类画等号。

牛刀小试

1. 案例任务

请通过 SVM 完成两组矩阵数据的分类。

2. 技术解析

调用 SVC 方法训练模型，并将模型结果展示出来。

3. 操作步骤

(1) 导入库，代码如下：

```
import numpy as np
import matplotlib.pyplot as plt
from sklearn import svm
```

(2) 定义 x、y，代码如下：

```
x=np.array([[2, 3], [2, 4], [0-5, 2], [1, 2], [3, 4], [3, 1], [2, 3], [2, 3], [4, 2], [3-25, 1], [3-56, 3-76]])
y=[0]*4+[1]*7
```

(3) 建立模型，代码如下：

```
model=svm.SVC(kernel='poly', C=1, degree=3).fit(x,y)
X,Y=np.mgrid[0:4:200j, 0:4:200j]
Z=model.decision_function(np.c_[X.ravel(), Y.ravel()])
Z=Z.reshape(X.shape)
```

(4) 展示结果，代码如下：

```
plt.contourf(X, Y, Z>0, alpha=0.4)
plt.contour(X, Y, Z, colors=['b', 'k', 'g'], linestyles=['--', '-', '--'], levels=[-1, 0, 1])
plt.scatter(model.support_vectors_[:, 0], model.support_vectors_[:, 1], s=120, facecolors='none')
plt.scatter(x[:, 0], x[:, 1], c=y, s=50, alpha=0.8)
plt.show()
```

本 章 小 结

本章主要介绍了支持向量机的基本原理及支持向量机的分类，针对不同的支持向量机展开不同原理的探究，也针对不同的支持向量机来解决不同的问题，并通过机器学习将所介绍的内容应用到具体的实践案例中。

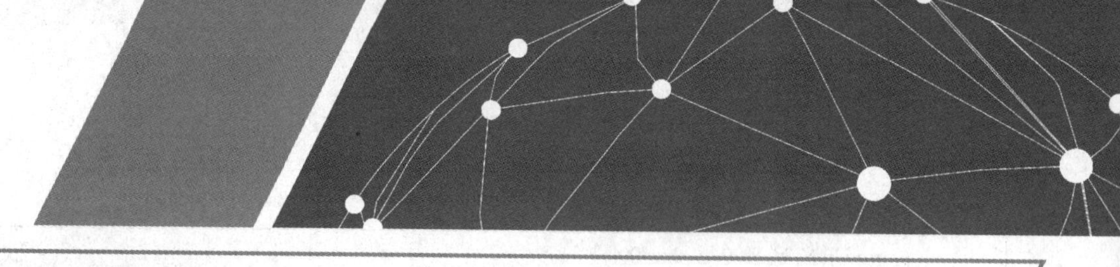

第10章 机器的大脑“神经网络”

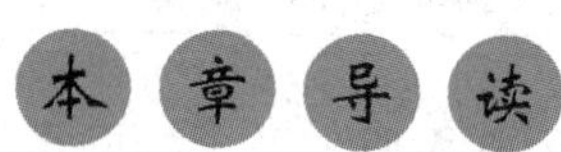

要想让机器变得更聪明，教会它“如何学习”很重要。本章主要介绍机器“学习”的一种重要方式：神经网络。本章介绍了当前神经网络发展的主要趋势以及神经网络的基本构成和基础原理；着重介绍了神经网络中经典的 BP 神经网络模型以及实现该模型的代码；最后介绍了使用 BP 神经网络实现手写图像识别的实践案例，帮助读者在实践应用中加强对神经网络理论知识的理解。通过本章的学习，读者可以了解神经网络的基本原理，掌握 BP 神经网络的基本原理及其推理过程，并能够将原理应用到具体场景中解决相关问题。

通过本章内容的学习，读者应该了解和掌握以下知识：

- 神经网络的发展过程；
- M-P 神经元模型；
- 神经网络中几种常见的激活函数；
- 单层或者多层神经网络；
- BP 神经网络模型；
- 使用 BP 神经网络解决实际问题。

从上一章的案例中可以看出，如果想要得到准确率更高的模型，可以调整模型的参数，这是一种快捷的方式。但是调整参数的方法有很多种，对于数据的欠拟合问题，通常需要学习更多的特征来优化模型，但是如何获取更多的特征也是一个待解决的问题。例如，在鸢尾花的数据集中只有 4 个特征，分别是花瓣的长度和宽度、花萼的长度和宽度。但是从图 10-1 中可以看出除了这 4 个数据特征外，还有一些其他的特征，比如纹路、形状等也可以用来区别花的种类。

图 10-1　鸢尾花种类比较

但是在采集数据的时候，很难准确地用几个数字描述出花瓣的形状，特别是形状极为相似的情况。于是，人们就设想是否可以把图片直接交给计算机，让计算机帮忙识别这些特征，这样就有更多的特征来优化模型，从而增加模型的准确性了。这就需要神经网络的帮助来实现。

计算机神经网络是一种模仿生物神经系统的计算机模型，由很多简单的、高度联系的处理单元组成，可以通过对外部输入的动态响应来识别和处理信息。人类的视觉神经系统是世界上最棒的识别系统之一，先来了解人类的视觉神经系统是如何识别外部信息的，比如有下列一串手写数字：

504192

各位读者朋友肯定能快速地读出来，这串数字是 504192。在大脑的每一个半球，都有一个主视觉皮层，它包含了 1～4 亿个神经元，在这些神经元之间有上百亿的互相连接。除了主视觉皮层以外，人类的视觉认知还需要一系列的辅助视觉皮层的帮助，才能进行复杂的图像处理。人类的大脑就像一台超级计算机，在数亿年的进化过程中适应了这个视觉世界，可以解读复杂的信息。识别手写数字其实并不容易，不同数字之间相似而又不同，缺少明确的规律来标明不同的数字。人类以惊人的准确性从这些不规则的特征中去识别抽象的内容，根本不考虑这个识别工作其实是很困难的，只是在下意识中就读出了 504192 这串数字，而从没思考过大脑是如何识别出第一个数是5的。

人类的大脑这么厉害，慢慢地已经不屑于做识别手写数字这种工作了，人类想教出"徒弟"，让"徒弟"来代替做这种事情，这样人类有更多的时间去挑战更难的任务。这位"徒弟"就是电脑。人们希望它能够有自行思考的思考方式，而这种思考方式就是通过神经网络来解决的。本章通过解决手写识别的案例来介绍电脑是如何通过模拟生物神经网络来构建人工神经网络，从而模仿人类对手写数字进行视觉识别的。

10.1　神经网络的相关知识

为了更好地了解神经网络，需要首先了解神经网络的发展历史，然后通过建立几个神经网络的基本概念，特别是激活函数的概念，来构建神经网络的地基，从而给后面几节的内容学习打好基础。

10.1.1　神经网络的历史

1890年，William James所著的《心理学原理》是第一部详细描述人脑活动模式的著作，作者首次从生物学的角度上阐述了一个神经细胞受到刺激而被激活后可以把刺激传播到另一个神经细胞，并且指出了神经细胞所有输入的叠加导致了这个神经细胞被激活。他的这个猜想后来得到了生物学上的证实，为现在的神经网络奠定了基础。

1943年，Warren McCulloch和Walter Pitts尝试着通过数学的方式描述和构建了神经元，并且将这些神经元互相连接，他们构建的神经元模型一直被沿用到今天，被认为是人工神经网络的起点。该模型主要分为两个部分：输入信号的加权叠加和叠加后的输出函数。该模型认为神经元只有两种状态：兴奋或者抑制。后面要讲到的单层感知器就是模仿这个特性的，单层感知器的输出是0或者1。McCulloch和Pitt开创了人工神经网络这个研究方向，为神经网络的壮大发展奠定了基础。

1949年，Donald Hebb在《行为组织学》一书中描述了一种神经元突触学习法则。他指出在神经网络中，神经元的突触中保存着连接权值，并提出假设神经元A到神经元B的连接权与从B到A的连接权是相同的。这是迄今为止最为简单和直接的神经网络学习法则。现如今仍然通过调节神经元之间连接的权值来得到不同的神经网络模型，实现不同的应用。

1951年，Marvin Minsky在普林斯顿大学读博士期间创建了第一个随机连接神经模拟计算器SNARC，这个计算器采纳了Hebb的神经元突触学习法则，采用真空管构建，是历史上第一台可以人工智能自学习的机器。

1957 年，Frank Rosenblatt 在康奈尔航天实验室的 IBM 704 计算机上设计了一种具有单神经元的“感知器”，可以解决简单的线性分类问题。这个只有一个神经元的神经“网络”被公认为是第一代的人工神经网络。

1969 年，已经获得了图灵奖的 Marvin Minsky 和 Seymour Papert 合著了《感知器》一书，书中指出单层神经网络只能运用于线性问题的求解，不能解决哪怕最简单的异或(XOR)这种线性不可分问题。由于 Marvin Minsky 在学术界的地位和影响，因此其悲观论点极大地影响了当时人工神经网络的研究，为人工神经网络的研究泼了一大瓢冷水。导致了人工神经网络发展的长年停滞不前以及研究人员的大幅度减少。直到后来人们慢慢认识到多层神经网络可以弥补这一缺陷，用于解决非线性问题，加之 80 年代提出了反向传播算法才使得神经网络重新得到科学家们的认可，进入了第二个高速发展期。1987 年，《感知器》这本书中的错误得到了校正，并更名再版为《Perceptrons—Expanded Edition》(《感知器——扩展版》)。

1982 年，加州理工的 John Hopfield 发明了 Hopfield 神经网络，这是一个单层循环神经网络。同年，Doug Reilly、Leon Cooper 和 Charles Elbaum 发表了多层神经网络的论文。

1985 年，卡耐基梅隆大学的 Geoffrey Hinton、David Ackley 和 Terry Sejnowski 借助统计物理学的概念和方法提出了一种随机神经网络模型——玻尔兹曼机。一年后他们又改进了模型，提出了受限玻尔兹曼机。

1986 年，加州大学圣地亚哥分校的 David Rumelhart，卡耐基梅隆大学的 Geoffrey Hinton 和东北大学的 Ronald J. Williams 合作发表了神经网络研究中里程碑一般的 BP 算法(多层感知器的误差反向传播算法)。迄今为止，这种多层感知器的误差反向传播算法还是非常基础的算法，凡是学神经网络的人，必然要学习 BP 算法。BP 算法的发表直接使得神经网络再次兴旺发展。

1986 年之后神经网络蓬勃发展起来了，特别是近几年，呈现一种爆发趋势，神经网络开始应用在各行各业，各种新的神经网络模型不断被提出，各种图像识别、语音识别的记录不断被刷新，神经网络如今已经成为一个热门话题。

10.1.2　神经元模型

神经网络(Neural Networks)是一个跨学科领域的研究，它结合了生物学当中的生物神经学和计算学科中的神经网络学，但这里所提出的神经网络主要是指可用于计算的神经网络。

神经网络中最基本的结构单位是神经元(Neuron)。在生物神经网络中，每个神经元都与其他神经元相连，当某一个神经元“兴奋”时，就会向与其相连的其他神经元发送化学物质，从而改变这些神经元内的电位。如果神经元内的电位超过了某项“阈值”(Threshold)，它就会被激活，即“兴奋”起来，然后它再向其他神经元发送化学物质，如此反复执行这个过程，信息就会沿着神经网络被传递下去。

1943 年，McCulloch 和 Pitts 将上述过程抽象为如图 10-2 所示的简单模型，这就是沿用至今的“M-P 神经元模型”。在这个模型中，神经元接收到了来自 n 个其他神经元传递过来的输入信号，这些输入信号通过带权重的连接(Connection)进行传递。将神经元接收到的总输入值与神经元的阈值进行比较，如果超过了阈值，则该神经元将会被激活，并通过“激活函数”(Activation Function)产生神经元的输出。M-P 神经元的数学抽象如图 10-2 所示。

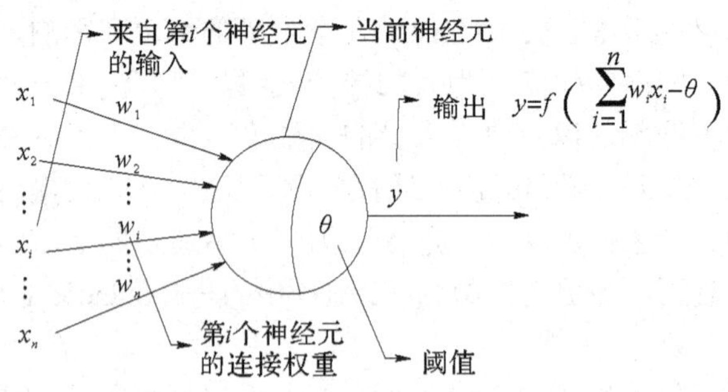

图 10-2　M-P 神经元模型

用“神经元”组成网络以后，当需要描述网络中某个“神经元”时，人们更多地使用“单元”(Unit)来代指。同时由于神经网络的表现形式是一个有向图，因此有时也会用“节点”来表达同样的意思。中间的某一个神经元可以看作一个计算与存储单元。计算是神经元对其输入进行计算的功能；存储是神经元会暂存计算结果，并将计算结果传递到下一层。

10.1.3　激活函数

在图 10-2 中，f 代表的就是激活函数。这个函数是指当输入大于 0 时，输出 1，否则输出 0。

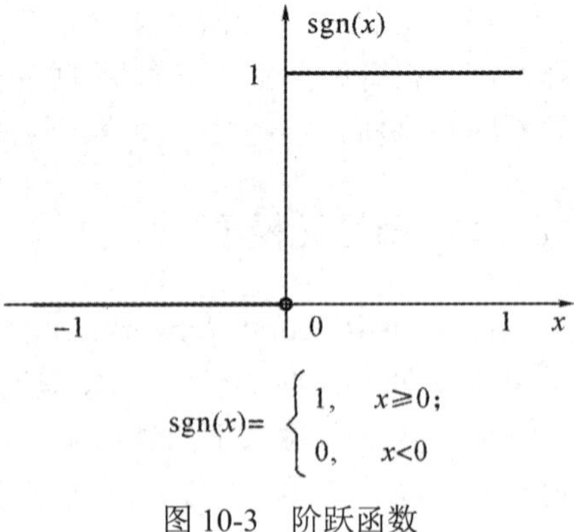

图 10-3　阶跃函数

最简单的激活函数是如图 10-3 所示的阶跃函数，它将输入值映射为输出值“0”或“1”，显然“1”对应神经元兴奋，“0”对应神经元抑制，这是神经网络的使用者最希望看到的结果。但理想是丰满的、现实是骨感的，虽然这种情况是最符合生物特性的，但是阶跃函数往往具有不连续、不光滑等不可导的性质，不方便进行数学计算，所以它无法被有效的用于神经网络的构造。

理想的激活函数无法用于神经网络结构，具备以下性质的激活函数才能被用于神经网络结构。

(1) 可微性：计算梯度时必须要有此性质。

(2) 非线性：保证数据非线性可分。

(3) 单调性：保证凸函数。

(4) 输出值与输入值相差不会太大：保证神经网络的训练和调参能高效地进行。

下面来学习几种常见的激活函数。

1. sigmoid 函数

sigmoid 函数如图 10-4 所示。该函数把可能在较大范围内变化的输入值挤压到(0，1)输出值范围内，有时也被称为“挤压函数”(Squashing Function)。当 x 是非常大的正数时，sigmoid(x)会趋近于 1；而当 x 是非常大的负数时，sigmoid(x)则会趋近于 0。该函数可以用作分类，比如，激活函数的输出如果为 0.9，则可以解释为 90%的概率为正样本。但是该函数也有以下不足之处：

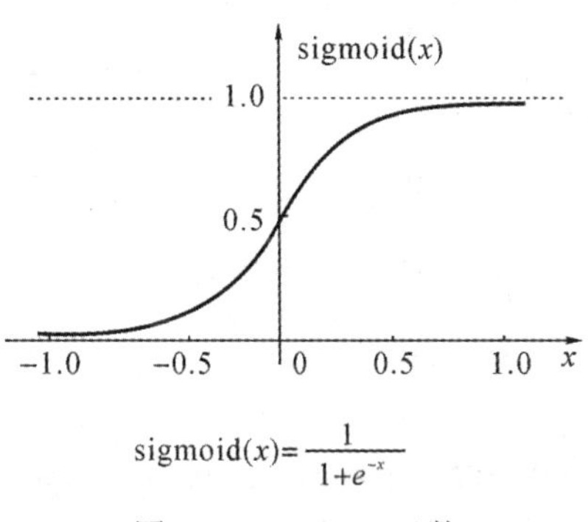

$$\text{sigmoid}(x)=\frac{1}{1+e^{-x}}$$

图 10-4　sigmoid 函数

(1) 饱和使梯度消失：当神经元的激活值在接近 0 或 1 处时会饱和，在这些区域梯度几乎为 0，这就会导致梯度消失，几乎没有信号通过神经传回上一层。

(2) 输出不是以零为中心。

(3) 激活函数计算量大(在正向传播和反向传播中都包含幂运算和除法)。

2. tanh 函数

tanh 函数如图 10-5 所示。该函数是 sigmoid 函数的一个变体，它的取值范围为[−1, 1]。它的改变解决了 sigmoid 函数的输出不是以零为中心的问题，但是饱和问题依旧存在。

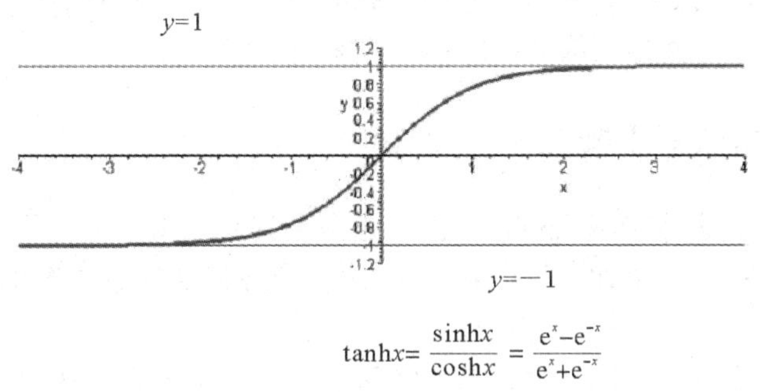

$$\tanh x=\frac{\sinh x}{\cosh x}=\frac{e^{x}-e^{-x}}{e^{x}+e^{-x}}$$

图 10-5　tanh 函数

3. relu 函数

relu 函数如图 10-6 所示。该函数是和 0 比大小，凡是 x 比 0 大，则输出 x，如果 x 比 0 小，则输出 0。relu 函数简化了计算，对网络计算的加速具有巨大的作用。

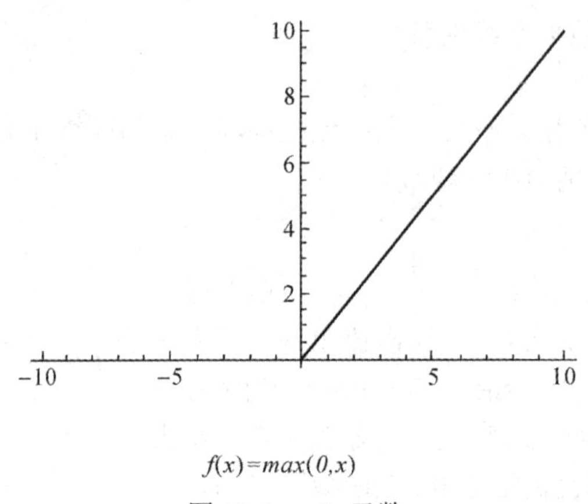

$f(x)=max(0,x)$

图 10-6　relu 函数

10.2　神经网络

通过上一节对神经元模型的介绍，读者应该对神经网络有了初步的认识。可以用神经元模型来解决这个事情：假设现在有一个数据，称为样本。该样本有四个属性，其中三个属性已知，一个属性未知。要做的就是通过三个已知属性预测未知属性。具体办法就是使用单个神经元来进行计算，假设三个已知属性的值分别为 a_1、a_2、a_3，未知属性的值是 z，z 可以通过公式计算出来。这里，已知的属性称为特征，未知的属性称为目标。假设特征与目标之间是线性关系，并且已经得到表示这个关系的权值 w_1、w_2、w_3，那么就可以通过神经元模型预测新样本的目标。但是现实中遇到的数据肯定不会有这么单一的属性，那么在遇到多元化的属性时，就必须依靠网络的方式来解决了。

10.2.1　神经网络的基本概念

1958 年，计算科学家 Rosenblatt 提出了由两层神经元组成的神经网络。他给这种神经网络起了一个名字——“感知器”(Perceptron)(有的文献翻译成“感知机”，本书统一使用“感知器”)。

感知器是当时首个可以学习的人工神经网络。Rosenblatt 在当时的展示现场演示了感知器识别简单图像的过程，在当时引起了社会轰动。

人们认为已经发现了智能的奥秘，许多学者和科研机构纷纷投入到神经网络的研究中。美国军方也大力资助了神经网络的研究，并认为神经网络比“原子弹工程”更重要。这个阶段直到 1969 年才结束，这个阶段可以看作是神经网络的第一次浪潮。

10.2.2 单层神经网络的原理

在了解单层神经网络前，必须要先知道感知器的概念。所谓的感知器模型就是在原来M-P 模型的输入位置添加神经元节点，标志为“输入单元”，其余均不变，如图 10-7 所示，X_1、X_2 分别代表了输入的两个神经元，y 代表了输出结果，连线上的 w_1、w_2 为输入神经元的权重，θ 代表了加权求和的偏置量，数学公式表达为：$y=f(\sum_i w_i x_i-\theta)$。

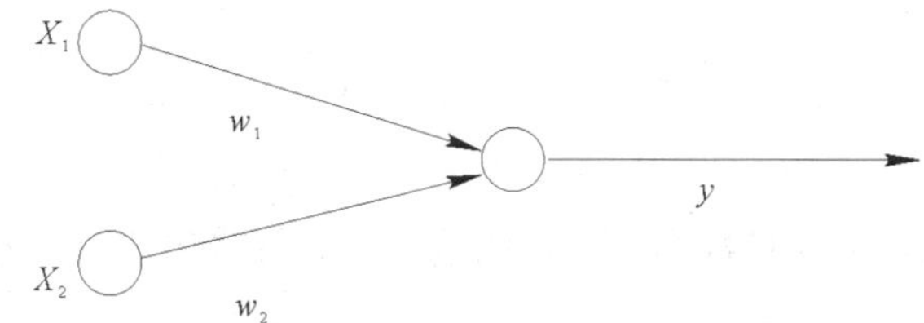

图 10-7　两个输入神经元的感知机网络结构示意图

为了方便读者理解公式，假设 f 为阶跃函数。

(1) 当 X_1 和 X_2 之间的关系是“与”关系时，令 $w_1=w_2=1$，$\theta=2$，则 $y=f(1\times X_1+1\times X_2-2)$，仅在 $X_1=X_2=1$ 时，$y=1$。

(2) 当 X_1 和 X_2 之间的关系是“或”关系时，令 $w_1=w_2=1$，$\theta=0.4$，则 $y=f(1\times X_1+1\times X_2-0.4)$，仅在 $X_1=1$ 或 $X_2=1$ 时，$y=1$。

(3) X_2 为“非”关系时，令 $w_1=0$，$w_2=-0.7$，$\theta=-0.4$，则 $y=f(0\times X_1-0.7\times X_2+0.4)$。当 $X_2=1$ 时，$y=0$；当 $X_2=0$ 时，$y=1$。

一般来说，如果给定训练数据集，则权重 $w_i(i=1，2，3\cdots n)$以及阈值 θ 都可以通过学习得到。阈值 θ 可看作一个固定输入为 −1.0 的“哑节点”(Dummy Node)所对应的连接权重 w_{n+1}，这样权重和阈值的学习就可统一为权重的学习。感知器的学习规则非常简单，对于训练样例$(x，y)$，若当前感知器的输出为 $\hat{y}$，则感知器权重将调整为如下公式：

$$w_i \leftarrow w_i+\Delta w_i \tag{10-1}$$

$$\Delta w_i=\psi(y-\hat{y})X_i \tag{10-2}$$

其中，$\psi\in(0，1)$称为学习率。从公式 10-2 可以看出，若感知器对训练样例$(x，y)$预测正确，即 $y=\hat{y}$，则感知器不发生变化；否则，将根据错误的程度进行权重调整。

在感知器中有两个层次，分别是输入层和输出层，如图 10-8 所示，X_1、X_2 为输入层，Y_1、Y_2 为输出层。输入层里的“输入单元”只负责传输数据，不做计算。输出层里的“输出单元”则需要对前面一层的输入进行计算。把需要计算的层次称为“计算层”，并把拥有一个计算层的网络称为“单层神经网络”。有时也会按照网络所拥有的计算层数来命名感知器，比如有时将感知器称为两层神经网络。在本书中，根据计算的层次来命名感知器。

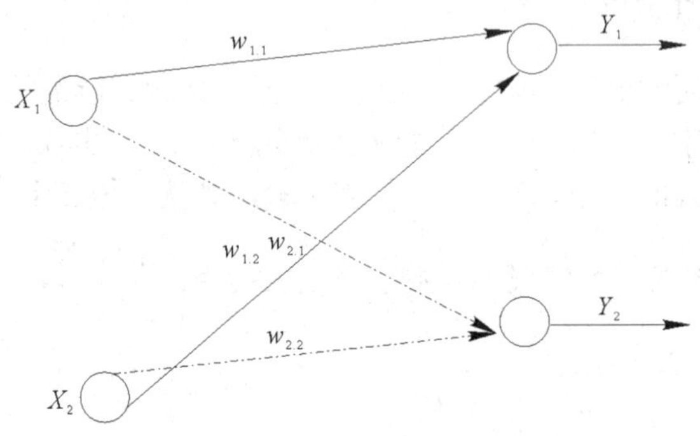

图 10-8　单层神经网络扩展

图 10-7 展示了要预测的目标为一个值的情况。如果输出的目标不是某一个值，而是一个向量，那么网络输出层会发生变化，如图 10-8 所示，$Y_1 = f(w_{1,1} \times X_1 + w_{2,1} \times X_2 + \theta)$，

$Y_2 = f(w_{1,2} \times X_1 + w_{2,2} \times X_2 + \theta)$。

将 Y_1 和 Y_2 两个公式进行泛化可得 $f(\boldsymbol{W} \times X + \theta) = Y$，其中 $\boldsymbol{W}$ 是权重矩阵，这个公式就是神经网络中每个神经元的计算公式。

与神经元模型不同，感知器的权重是通过数据集训练得到的。感知器可以被理解成为一个逻辑回归模型，用来做线性分类任务，也可以被理解成为一个决策树模型，通过决策分界来形象地表达分类的效果，如图 10-9 所示。

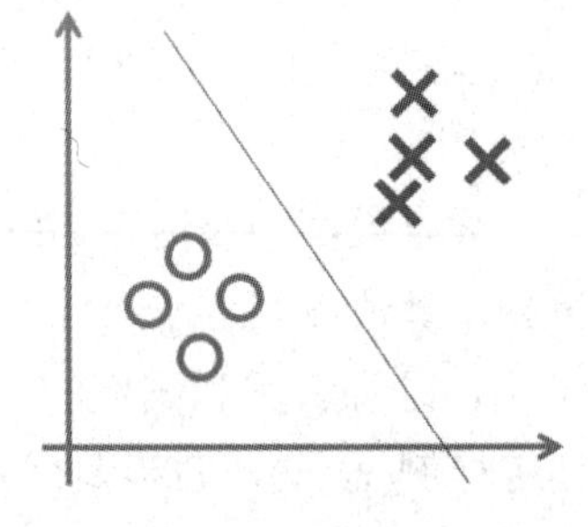

图 10-9　单层神经网络分类效果展示

但是，对于非线性可分问题，感知器就显得非常拙劣了。如果要解决非线性可分问题，则需考虑使用多层功能神经元的方式。

10.2.3　隐藏层

在多级前馈网络中，除输入层和输出层以外的其他各层，叫做隐藏层。隐藏层不直接接收外界的信号，也不直接向外界发送信号。

输入向量、输出向量的维数是由待解决的需求问题直接决定的。网络隐藏层的层数和各个隐藏层神经元的个数是与待解决的需求问题相关，但是目前的研究结果还难以给出隐藏层的层数、神经元数与待解决问题的类型、规模数之间的函数关系，但从以往的实验结果表明，增加隐藏层的层数、增加各个隐藏层神经元的个数，不一定能够提高网络的精度和表达能力。

10.2.4 多层感知网络的原理

多层感知网络除了包含一个输入层和一个输出层以外，还增加了一个中间层。这个中间层就是前面所讲的隐藏层，中间层和输出层都是计算层，这两层里面的神经元都是拥有激活函数的功能神经元，图 10-10 就是拥有三层感知网络的网络结构体。

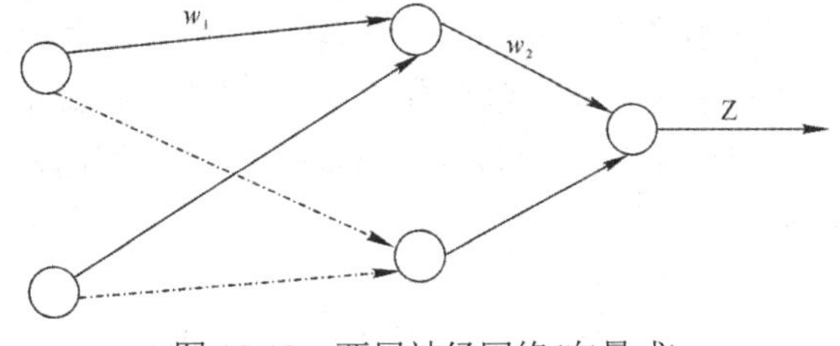

图 10-10 两层神经网络(向量式)

更常见的神经网络是如图 10-11 和图 10-12 所示的层级结构，每层神经元与下一层神经元全互联，神经元之间不存在同层连接，也不存在跨层连接。这样的神经网络结构通常称为“多层前馈神经网络”(Multi-layer Feedforward Neural Network)，其中输入层神经元接收外界输入，隐藏层与输出层神经元对信号进行加工，最终结果由输出层神经元输出。换而言之，输入层神经元仅是接收输入，不进行函数处理，隐藏层(Hidden Layer)和输出层(Output Layer)包含功能神经元。说明神经网络中所“学”到的东西，蕴涵在连接权重与阈值中。

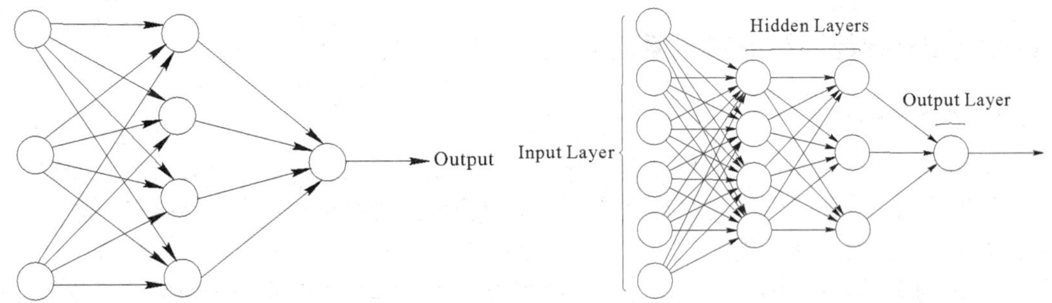

图 10-11 单隐藏层前馈网络　　图 10-12 双隐藏层前馈网络

在多层神经网络中，不再使用阶跃函数作为激活函数了，通常选择 sigmoid 函数作为激活函数，这是因为多层神经网络开始就是通过参数与激活函数来拟合特征与目标之间的真实函数关系的。

10.3 BP 神经网络

BP(Back Propagation)神经网络是 1986 年由 Rumelhart 和 McClelland 为首的科学家提出的概念，它是一种按照误差逆向传播算法训练的多层前馈神经网络，是目前应用最广泛的神经网络之一。

一般来说 BP 网络算法默认指用 BP 算法训练的多层前馈神经网络，图 10-13 所示的就是一个简单的 BP 神经网络示意图。它拥有一个输入层、一个隐含层和一个输出层。在后面的算法推导中采用这种简单的三层神经网络。它解决了简单感知器不能解决的异或和一些其他问题。从本质上讲，BP 算法就是以网络误差平方为目标函数，采用梯度下降法来计算目标函数最小值的算法。

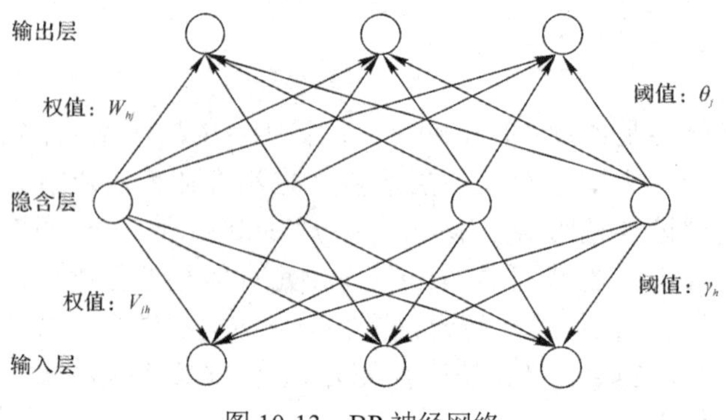

图 10-13　BP 神经网络

10.3.1　BP 神经网络的基本原理

1. 基本原理

在人工神经网络中，无需事先确定输入、输出之间的映射关系，仅通过自身的训练，学习某种规则，在给定输入值时得到最接近期望输出值的结果。作为一种智能信息处理系统，实现人工神经网络功能的核心是算法。BP 神经网络是一种按误差反向传播(简称误差反传)训练的多层前馈网络，其算法称为 BP 算法，它的基本思想是利用梯度搜索技术，使网络的实际输出值和期望输出值的误差均方差为最小。

基本 BP 算法包括信号的前向传播和误差的反向传播两个过程，即计算误差输出时按从输入到输出的方向进行，而调整权值和阈值时则按从输出到输入的方向进行。正向传播时，输入信号通过隐藏层作用于输出节点，经过非线性变换，产生输出信号，若实际输出与期望输出不相符，则转入误差的反向传播过程。误差反传是将输出误差通过隐藏层向输入层逐层反传，并将误差分摊给各层所有单元，以从各层获得的误差信号作为调整各单元权值的依据。通过调整输入节点与隐藏层节点的连接强度和隐藏层节点与输出节点的连接强度以及阈值，使误差沿梯度方向下降，经过反复学习训练，确定与最小误差相对应的网络参数(权值和阈值)，训练即可停止。此时经过训练的神经网络能对类似样本的输入信息自行处理，并输出误差最小的经过非线性转换的信息。

2. 算法推理

首先定义如下相关的变量：

假设有 d 个输入神经元，有 i 个输出神经元，q 个隐藏层神经元。

(1) 设输出层第 j 个神经元的阈值为 θ_j。

(2) 设隐藏层第 h 个神经元的阈值为 γ_h。

(3) 输入层第 i 个神经元与隐藏层第 h 个神经元之间的连接权为 V_{ih}。

(4) 隐藏层第 h 个神经元与输出层第 j 个神经元之间的连接权为 W_{hj}。

(5) 记隐藏层第 h 个神经元接收到来自输入层的输入为 α_h：$\alpha_b = \sum_{i=1}^{d} V_{ih} x_i$。

(6) 记输出层第 j 个神经元接收到来自隐藏层的输入为 β_j：$\beta_j = \sum_{h=1}^{a} W_{hj} b_h$，其中 b_h 为隐藏层第 h 个神经元的输出。

在神经网络中，神经元接收到来自其他神经元的输入信号，这些信号乘以权重累加到神经元接收的总输入值上，随后与当前神经元的阈值进行比较，然后通过激活函数处理，产生神经元的输出。

10.3.2 算法演绎推导

以一个训练(X_k，Y_k)为例，假设神经网络的输出为 Y_k，则能量函数 E_k 可表示为

$$E_k = \frac{1}{2} \sum_{j=1}^{l} (Y_j^k - y_j^k)^2 \tag{10-3}$$

乘以 1/2 是为了求导时能正好抵消掉常数系数。现在，从隐藏层的第 h 个神经元看，输入层总共有 d 个权重传递参数传给它，它又总共有 l 个权重传递参数传给输出层，自身还有 1 个阈值。所以在这个神经网络中，一个隐藏层神经元有($d+l+1$)个参数待确定。输出层每个神经元还有 1 个阈值，所以总共有 l 个阈值。最后，总共有$(d+l+1)\times q+1$ 个待定参数。

随机给出这些待定的参数，后面通过 BP 算法的迭代，这些参数的值会逐渐收敛为合

适的值，那时神经网络也就训练完成了。

任意权重参数的更新公式如下：

$$w \leftarrow w + \Delta w \tag{10-4}$$

下面以隐藏层到输出层的权重参数 W_{hj} 为例进行说明。

可以按照前面给出的公式求出均方差误差 E_K，期望均为差误差的值为 0 或者为最小值。而 BP 算法基于梯度下降法(Gradient Descent)来求解最优解，以目标的负梯度方向对参数进行调整，通过多次迭代，新的权重参数会逐渐趋近于最优解。对于误差 E_K，给定学习率即步长 η，有如下关系式：

$$\Delta W_{hj} = -\eta \frac{\partial E_K}{\partial W_{hj}} \tag{10-5}$$

首先 W_{hj} 影响到了输出层神经元的输入值 β_j，然后影响到了输出值 Y_j^k，再然后影响到了误差 E_K，所以可以列出如下关系式：

$$\frac{\partial E_K}{\partial W_{hj}} = \frac{\partial E_K}{\partial Y_j^k} \frac{\partial Y_j^k}{\partial \beta_j} \frac{\partial \beta_j}{\partial W_{hj}} \tag{10-6}$$

根据输出层神经元的输入值 β_j 的定义：

$$\beta_j = \sum_{h=1}^{a} W_{hj} b_h \tag{10-7}$$

得出：

$$\frac{\partial \beta_j}{\partial W_{hj}} = b_h \tag{10-8}$$

对于激活函数(sigmoid 函数)：

$$f(x) = \frac{1}{1 + \mathrm{e}^{-x}} \tag{10-9}$$

很容易通过求导证得下面的性质：

$$f'(x) = f(x)[1 - f(x)] \tag{10-10}$$

使用这个性质进行如下推导：

$$g_j = -\frac{\partial E_K}{\partial Y_j^k} \frac{\partial Y_j^k}{\partial W_{hj}} \tag{10-11}$$

又由于存在如下关系式：

$$E_k = \frac{1}{2}\sum_{j=1}^{l}(Y_j^k - y_j^k)^2 \tag{10-12}$$

因此得出：

$$\begin{aligned} g_j &= -\frac{\partial E_K}{\partial Y_j^k}\frac{\partial Y_j^k}{\partial W_{hj}} = -(Y_j^k - y_j^k) f'(\beta_j - \theta_j) \\ &= (y_j^k - Y_j^k) f(\beta_j - \theta_j)[1 - f(\beta_j - \theta_j)] \end{aligned} \tag{10-13}$$

由于前面有如下的定义：

$$Y_j^k = f(\beta_j - \theta_j) \tag{10-14}$$

由此得出：

$$g_j = (y_j^k - Y_j^k) Y_j^k (1 - Y_j^k) \tag{10-15}$$

把这个结果结合前面的几个式子代入如下关系式：

$$\frac{\partial E_K}{\partial W_{hj}} = \frac{\partial E_K}{\partial Y_j^k}\frac{\partial Y_j^k}{\partial \beta_j}\frac{\partial \beta_j}{\partial W_{hj}} \tag{10-16}$$

$$\frac{\partial \beta_j}{\partial W_{hj}} = b_h \tag{10-17}$$

$$g_j = -\frac{\partial E_K}{\partial Y_j^k}\frac{\partial Y_j^k}{\partial W_{hj}} \tag{10-18}$$

得出：

$$\frac{\partial E_K}{\partial W_{hj}} = -g_j b_h = -(y_j^k - Y_j^k) Y_j^k (1 - Y_j^k) b_h \tag{10-19}$$

所以得出：

$$\Delta W_{hj} = -\eta \frac{\partial E_K}{\partial W_{hj}} = \eta g_j b_h = \eta (y_j^k - Y_j^k) Y_j^k (1 - Y_j^k) b_h \tag{10-20}$$

然后，再通过不停地更新，即使用梯度下降法就可实现权重更新了。

$$w \leftarrow w + \Delta w \tag{10-21}$$

10.3.3 BP 神经网络的实现

初始化定义：分别表示两种激活函数，即 tanh 函数和 sigmoid 函数以及它们的导数，有关激活函数的介绍，前文有提及。

```
def tanh(x):
    return np.tanh(x)
def tanh_derivative(x):
    return 1 -np.tanh(x) * np.tanh(x)
# sigmoid 函数
def logistic(x):
    return 1 / (1 + np.exp(-x))
# sigmoid 函数的导数
def logistic_derivative(x):
return logistic(x) * (1 - logistic(x))
```

“activation”参数决定了激活函数的种类是 tanh 函数还是 sigmoid 函数。

```
if activation == 'logistic':
    self.activation = logistic
    self.activation_deriv = logistic_derivative
elif activation == 'tanh':
    self.activation = tanh
    self.activation_deriv = tanh_derivative
```

以隐藏层前后层计算产生权重参数，参数初始时随机取值范围是[−0.25, 0.25]。

```
self.weights = []
for i in range(1, len(layers) -1):                    # 不算输入层，循环执行
    self.weights.append((2 * np.random.random( (layers[i-1] + 1, layers[i] + 1)) - 1) * 0.25 )
    self.weights.append((2 * np.random.random( (layers[i] + 1, layers[i+1])) - 1) * 0.25 )
# print self.weights
```

创建并初始化要使用的变量。

```
x = np.atleast_2d(x)
temp = np.ones([x.shape[0], x.shape[1]+1])
temp[:, 0:-1] = x
```

```
x = temp
y = np.array(y)
```

BP 神经网络训练核心部分。

```
for k in range(epochs):                              # 循环 epochs 次
        i = np.random.randint(x.shape[0])            # 随机产生一个数，对应行号，即数据集编号
        a = [x[i]]                                   # 抽出这行的数据集

 # 迭代将输出数据更新在 a 的最后一行
for l in range(len(self.weights)):
        a.append(self.activation(np.dot(a[l], self.weights[l])))

 # 减去最后更新的数据，得到误差
error = y[i] - a[-1]
deltas = [error * self.activation_deriv(a[-1])]

 # 求梯度
for l in range(len(a) - 2, 0, -1):
        deltas.append(deltas[-1].dot(self.weights[l]-T) * self.activation_deriv(a[l]) )

 #反向排序
        deltas.reverse()

# 梯度下降法更新权值
for i in range(len(self.weights)):
        layer = np.atleast_2d(a[i])
        delta = np.atleast_2d(deltas[i])
        self.weights[i] += learning_rate * layer-T.dot(delta)
```

通过 BP 神经网络来测试程序数据的异或关系。将该神经网络保存为 NN_Test-py。

```
# _*_ coding: utf-8 _*_

import numpy as np
```

```
def tanh(x):
    return np.tanh(x)

def tanh_derivative(x):
    return 1 -    np.tanh(x) * np.tanh(x)

# sigmoid 函数
def logistic(x):
    return 1 / (1 + np.exp(-x))

# sigmoid 函数的导数
def logistic_derivative(x):
    return logistic(x) * (1 - logistic(x))

class NeuralNetwork:
def __init__(self, layers, activation = 'tanh'):
        if activation == 'logistic':
            self.activation = logistic
            self.activation_deriv = logistic_derivative
        elif activation == 'tanh':
            self.activation = tanh
            self.activation_deriv = tanh_derivative

# 随机产生权重值
self.weights = []
for i in range(1, len(layers) - 1):                        # 不算输入层，循环执行
        self.weights.append((2 * np.random.random( (layers[i-1] + 1, layers[i] + 1)) - 1) * 0.25 )
        self.weights.append((2 * np.random.random( (layers[i] + 1, layers[i+1])) - 1) * 0.25 )
      #print self.weights

def fit(self, x, y, learning_rate=0.2, epochs=9000):
        x = np.atleast_2d(x)
        temp = np.ones([x.shape[0], x.shape[1]+1])
```

```
            temp[:, 0:-1] = x
            x = temp
            y = np.array(y)

    for k in range(epochs):                         #循环 epochs 次
            i = np.random.randint(x.shape[0])       #随机产生一个数，对应行号，即数据集编号
            a = [x[i]]                              #抽出这行的数据集

            #迭代将输出数据更新在 a 的最后一行
    for l in range(len(self.weights)):
             a.append(self.activation(np.dot(a[l], self.weights[l])))

             #减去最后更新的数据，得到误差
             error = y[i] - a[-1]
             deltas = [error * self.activation_deriv(a[-1])]

             #求梯度
    for l in range(len(a) - 2, 0, -1):
              deltas.append(deltas[-1].dot(self.weights[l]-T) * self.activation_deriv(a[l]) )

              #反向排序
             deltas.reverse()

             #梯度下降法更新权值
    for i in range(len(self.weights)):
             layer = np.atleast_2d(a[i])
             delta = np.atleast_2d(deltas[i])
             self.weights[i] += learning_rate * layer-T.dot(delta)

    def predict(self, x):
            x = np.array(x)
            temp = np.ones(x.shape[0] + 1)
            temp[0:-1] = x
```

```
            a = temp
    for l in range(0, len(self.weights)):
            a = self.activation(np.dot(a, self.weights[l]))
            return a
```

测试程序段如下：

```
    from NNetwork import NeuralNetwork
    import numpy as np

    nn=NeuralNetwork([2,2,1],'tanh')
    x=np.array([[2,2],[0,1],[1,0],[1,1]])
    y=np.array([0,1,1,0])
    nn.fit(x,y)
    for i in [[2,2],[0,1],[1,0],[1,1]]:
        print(i,nn.predict(i))
```

测试结果如下：

```
    [2, 2] [0.00030226]
    [0, 1] [0.9968564]
    [1, 0] [0.9971284]
    [1, 1] [0.02372699]
```

新 手 问 答

1. 神经网络是无监督式学习还是有监督式学习？

答：有监督式学习和无监督式学习是两种最常见的机器学习类型，也是初学者容易混淆的地方。神经网络和有监督式、无监督式学习的关系是什么呢？新手往往会有这样的疑问。

有监督式学习就是要学习的数据是预先打好标签的，比如本章中的手写数字识别，其训练数据集中的每一个数字的图像都有对应的真实值，那么手写数字的分类就是一个典型的有监督式学习，通过神经网络的学习，可以对测试集中的数字图像进行识别，和已知值进行对比，判定模型的预测成功率。

而无监督式学习就是要学习的数据不具备标签，比如聚类分析，只知道这些数据可能会分为几类，但是并不知道哪一个数据是属于哪一类的，也可以通过神经网络的学习，自动地提取数据特征，把相似的数据分为一类，而不需要事先打好标签。这就是无监督式学习的典型特征。

因此神经网络既可以做有监督式学习，也可以做无监督式学习。神经网络只是机器学习的工具而已，具体是哪种类型的学习，要视面临的问题而定。

2. 神经网络是否适用于解决非线性可分问题？

答：学过本章知识后，读者应该能够理解，多层神经网络加上非线性激活函数正是神经网络能解决非线性可分问题的关键技术。而单层神经网络由于是将输入的信号加权后线性组合产生输出，因此这个输出相对应于输入来说只可能是线性的，也就无法解决非线性问题了。而多层神经网络之间的非线性激活函数正是将线性组合的输出进行了一个非线性的转化，并将转化结果传递给下一层的神经元，从而实现了对非线性问题的解决。

牛 刀 小 试

1. 案例任务

识别出手写体数字的图像。

2. 技术解析

本章主要对人工神经网络的相关知识进行了学习，现在通过一个实际案例，来介绍神经网络是如何解决实际问题的。案例需求如下：将如图 10-14 所示的大量的手写数字作为训练样本，通过神经网络模型生成一个可以识别手写图像的学习系统，即通过神经网络可以自动地推断出识别手写数字的规则，建立一个手写识别系统。

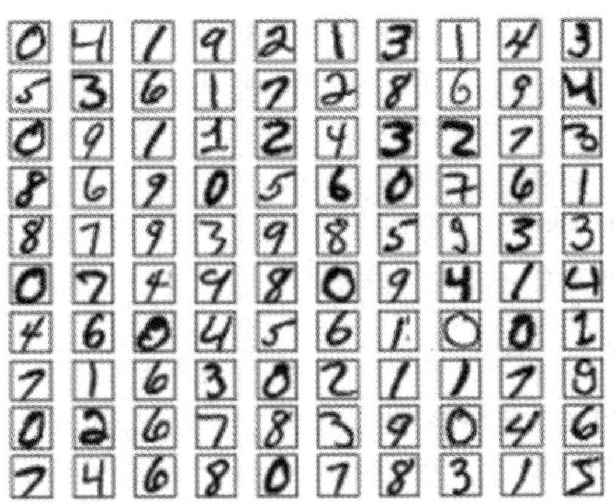

图 10-14　手写识别训练图剪辑

3. 操作步骤

(1) 收集数据。

从 tensorflow.examples.tutorials.mnist 数据集中导入数据。

```
import tensorflow.examples.tutorials.mnist.input_data as input_data
```

(2) 清洗数据。

由于 mnist 数据集是公开的、专项的手写图像识别集，里面的图像数据均是已清洗好的数据，因此在这里就不需要再次进行数据清洗和整理了。

(3) 选择模型。

在本次练习中选择 BP 神经网络作为本次识别的模型。

(4) 实现模型。

基于 BP 神经网络的手写图像识别的完整代码如下：

```
import tensorflow as tf
import numpy as np
import matplotlib.pyplot as plt

#从 tensorflow.examples.tutorials.mnist 数据集中导入数据
import tensorflow.examples.tutorials.mnist.input_data as input_data
#运行时会自动下载数据集到主文件夹下的 MNIST_data 文件夹
mnist = input_data.read_data_sets("MNIST_data/", one_hot=True)

#打印训练集和测试集数据的个数
print("训练集的个数为： %d"%(mnist.train.num_examples))
print("测试集的个数为： %d"%(mnist.test.num_examples))

trainimg = mnist.train.images
trainlabel = mnist.train.labels
testimg = mnist.test.images
testlabel = mnist.test.labels

#列出(图片个数、像素点个数)
print("'trainimg' 的 shape 是： %s" %(trainimg.shape,))
print("'trainlabel' 的 shape 是： %s" %(trainlabel.shape,))
```

```
print("'testing' 的 shape 是： %s" %(testimg.shape,))
print("'testlabel' 的 shape 是： %s" %(testlabel.shape,))

# training data 可视化
print("随机展示训练集数据：")
nsample = 5
randidx = np.random.randint(trainimg.shape[0], size = nsample)
for i in randidx:
    curr_img = np.reshape(trainimg[i, :], (28, 28))
    curr_label = np.argmax(trainlabel[i, :]) #label
    plt.matshow(curr_img, cmap=plt.get_cmap('gray'))
    plt.title("第"+str(i)+"个训练数据的标签是："+str(curr_label))
    print("第"+str(i)+"个训练数据的标签是："+str(curr_label))
    plt.show()

# 神经网络构成
n_hidden_1 = 256
n_hidden_2 = 128
n_input = 784
n_classes = 9

#输入与输出
x = tf.placeholder("float", [None, n_input])
y = tf.placeholder("float", [None, n_classes])

#神经网络初始化参数
stddev = 0.1

#权重选择高斯初始化，关键在于 out 权重矩阵
weights = {
        'w1': tf.Variable(tf.random_normal([n_input, n_hidden_1], stddev=stddev)),
        'w2': tf.Variable(tf.random_normal([n_hidden_1, n_hidden_2], stddev=stddev)),
        'out': tf.Variable(tf.random_normal([n_hidden_2, n_classes], stddev=stddev))
```

```
    }

    #偏置可以选择 0 值，也可以采用高斯初始化
    biases = {
            'b1': tf.Variable(tf.random_normal([n_hidden_1])),
            'b2': tf.Variable(tf.random_normal([n_hidden_2])),
            'out': tf.Variable(tf.random_normal([n_classes]))
    }

    print("神经网络准备好了")

    #前向传播，返回 9 个类别的输出，所有的输出不是神经网络的层，直接返回即可
    def multilayer_perceptron(_X, _weights, _biases):
        layer_1 = tf.nn.sigmoid(tf.add(tf.matmul(_X, _weights['w1']), _biases['b1']))
        layer_2 = tf.nn.sigmoid(tf.add(tf.matmul(layer_1, _weights['w2']), _biases['b2']))
        return(tf.matmul(layer_2, _weights['out']) + _biases['out'])

    #Prediction，定义预测值
    pred = multilayer_perceptron(x, weights, biases)

    #反向传播
    #损失函数采用交叉熵函数 softmax_cross_entropy_with_logits(pred,y) 输入。第一参数：预测值，
即一次前向传播的结果；第二参数为实际的 label 值
    #平均的 loss reduce_mean 表示最后的结果除以 n
    #tf.nn.softmax_cross_entropy_with_logits()函数参数要设置更新

    cost = tf.reduce_mean(tf.nn.softmax_cross_entropy_with_logits(logits=pred, labels=y))

    #优化器选择：梯度下降
    optm = tf.train.GradientDescentOptimizer(learning_rate=0.001).minimize(cost)

    #定义精度值，tf.cast()将 True 和 False 转换为 1 和 0
    corr = tf.equal(tf.argmax(pred, 1), tf.argmax(y, 1))
```

```
accr = tf.reduce_mean(tf.cast(corr, 'float'))

#变量初始化
init = tf.global_variables_initializer()
print("损失函数和优化函数准备好了")

#超参数定义
training_epochs = 20
batch_size = 90
display_step = 2
#加载计算图
sess = tf.Session()
sess.run(init)
#optimize

print("开始训练：")

for epoch in range(training_epochs):
    avg_cost = 0
    total_batch = int(mnist.train.num_examples/batch_size)
    #Iteraton
for i in range(total_batch):
        batch_xs, batch_ys = mnist.train.next_batch(batch_size)
        feeds = {x: batch_xs, y: batch_ys}
        sess.run(optm, feed_dict=feeds)
        avg_cost += sess.run(cost, feed_dict=feeds)
        avg_cost = avg_cost/total_batch
```

(5) 展示结果。

在以下代码中，随机选取了 20 个训练轮次进行展示，了解训练过程。随机选取了 25 个测试集图像进行评估，图 10-15 中展示了 25 个图像的数据集。程序结果在图 10-15 以下所示。

```
#display
```

```
randidx = np.random.randint(testimg.shape[0], size = 25) plt.figure(figsize=(8, 8))
for i in range(25):
plt.subplot(5, 5, i+1)
plt.xticks([])
plt.yticks([])
plt.grid(True)
curr_img = np.reshape(testimg[randidx[i-1], :], (28, 28))
curr_label = np.argmax(testlabel[randidx[i-1], :]) #label
plt.imshow(curr_img,cmap= plt.cm.binary)
plt.xlabel(str(curr_label))

if (epoch) % display_step == 0:
        print("循环次数: %03d/%03d  损失: %.9f" % (epoch, training_epochs, avg_cost))
        feeds = {x: batch_xs, y: batch_ys}
        train_acc = sess.run(accr, feed_dict=feeds)
        print("训练集正确率: %.3f" % (train_acc))

print("模型优化完成，开始评估测试集：")

feeds = {x: mnist.test.images, y: mnist.test.labels}
test_acc = sess.run(accr, feed_dict=feeds)
print('测试集正确率: %.3f' % (test_acc))
```

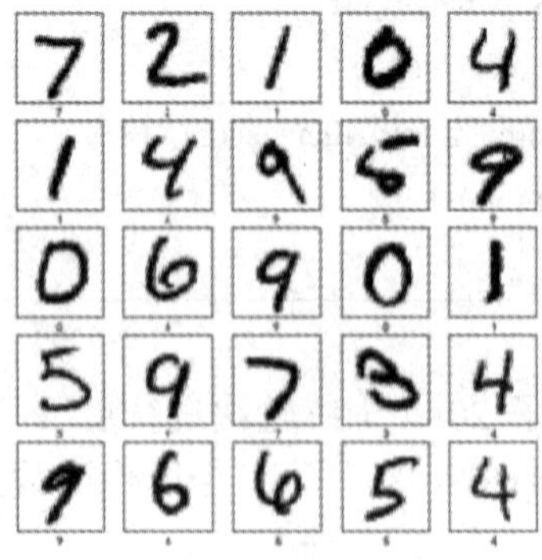

图 10-15　25 个测试集显示的结果

```
模型评估结果如下：
开始训练：
循环次数: 000/020 损失: 2.59555569
训练准确度: 0.90
循环次数: 002/020 损失: 2.280577673
训练准确度: 0.220
循环次数: 004/020 损失: 2.262891459
训练准确度: 0.200
循环次数: 006/020 损失: 2.244717890
训练准确度: 0.260
循环次数: 008/020 损失: 2.225684357
训练准确度: 0.400
循环次数: 09/020 损失: 2.205524362
训练准确度: 0.340
循环次数: 012/020 损失: 2.184000538
训练准确度: 0.59
循环次数: 014/020 损失: 2.160674180
训练准确度: 0.440
循环次数: 016/020 损失: 2.135363298
训练准确度: 0.490
循环次数: 018/020 损失: 2.97715136
训练准确度: 0.550
模型优化完成，开始评估测试集：
测试集准确度: 0.546
```

本章小结

神经网络在生命周期过程中，经过三起三落，从 20 世纪 40 年代的 M-P 神经元模型，到 1983 年 BP 神经网络的诞生，再到现在“深度学习”的兴起，再次将神经网络推上了风口浪尖。本章简单介绍了神经网络的发展，学习了神经网络的基本组成知识，拔高了前面机器学习知识的深度，又为后面的深度学习奠定了基础。本章以一个手写识别图像为案例，有效地将理论与实际结合起来，不让理论脱离实际应用，也不只讲应用而放弃理论。

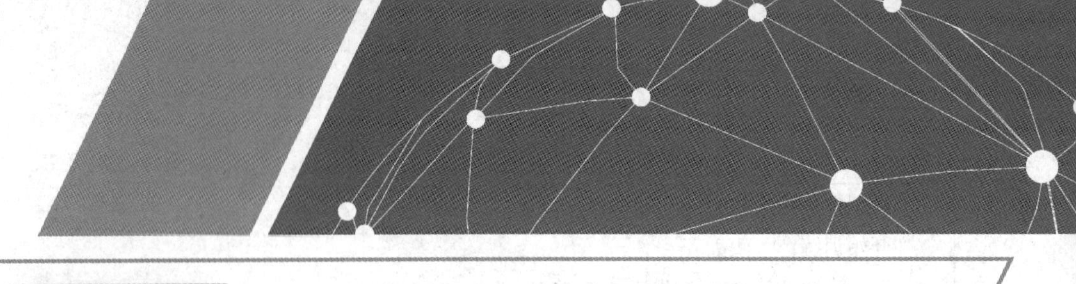

第11章 卷积神经网络

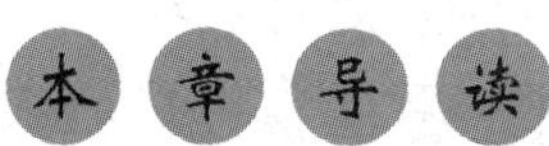

本章主要介绍了卷积神经网络的工作流程，以及流程中所涉及的卷积、池化的计算过程，通过对该过程的讲解，使读者能够了解卷积和池化在应用过程中的作用和意义。本章以手写数字识别作为应用载体，通过卷积神经网络(CNN)搭建手写识别的模型，从而完成识别任务。

通过本章内容的学习，读者应该了解和掌握以下知识：

- 卷积神经网络的主要工作流程；
- 卷积的计算过程；
- 池化的分类及计算过程；
- 在 TensorFlow 下如何构建卷积神经网络。

卷积网络(Convolutional Network)也叫卷积神经网络(Convolutional Neural Network)，是一类包含卷积计算且具有深度结构的前馈神经网络（Feedforward Neural Networks)，是深度学习（Deep Learning）的代表算法之一。卷积神经网络顾名思义要用到卷积这个数学运算，卷积在数学运算过程中是一种特殊的线性运算。而卷积网络是在网络的层次结构中至少使用一层用卷积运算来代替普通矩阵运算的神经网络。

本章首先介绍卷积神经网络的基本原理以及过程，然后着重介绍卷积运算、激活层、池化、全链接几个方面的内容，最后从应用的角度出发对卷积神经网络进行了实现。

11.1 卷积神经网络的基本概念

卷积神经网络是目前比较盛行的一种神经网络，它受到了 Hubel 和 Wiesel 对猫的自然视觉认知机制的启发而得出来的。该网络正是因为避免了图像复杂的前期预处理过程，可以直接通过输入原始图像，进而进行下一步的分析和识别，从而成名并经久不衰。目前卷积神经网络在多个方向全面发展，特别是在语音识别、人脸识别、通用物体识别、运动分析、自然语言处理等多方面均有所突破。

11.1.1 卷积神经网络基本原理

卷积神经网络与普通神经网络有很大的不同，卷积神经网络包含了一个由卷积层和子采样层构成的特征提取器。卷积神经网络的卷积层中，一个神经元只与部分的邻层神经元相连接，而在普通神经网络中，一个神经元与所有的邻层神经元相连接。在 CNN 的一个卷积层中，通常包含了若干个特征平面，每个特征平面都是由一些矩阵排列的神经元构成的，同一个平面中的神经元共享权值，而这个共享的权值就是卷积核。卷积核的作用就是在网络训练的过程中通过学习得到合理的权值。共享权值(卷积核)所带来的好处是减少了各层之间的连接，同时又降低了过拟合的风险，再通过子采样简化了模型的复杂度，减少了模型的参数。具体过程请参见图 11-1。(图中英文的中文翻译见下文)

图 11-1 表示一个简单完整的卷积过程，卷积的整体过程分为两个阶段。

第一个阶段是数据由低层次向高层次传播的过程，即向前传播过程。其中的步骤包括：

(1) 输入图片(Input Image)。

(2) 根据初始化的卷积核，对图片进行卷积(Convolution)，通过卷积操作，得到第二层深度为 3 的特征图，即 3 Feature Maps。

(3) 对第二层的特征图进行池化(Pooling)操作，得到第三层深度为 3 的特征图。重复(2)、

(3)两个过程，并再次进行卷积，则图片深度变成了 5，即包含了 5 张特征图片(Feature Maps)，并对这 5 张特征图片分别进行池化。

(4) 将再次池化后的 5 个特征图，即 5 个矩阵按行展开连接成向量，传入全连接层(Full Connected)，最终形成输出层(Output Layer)。

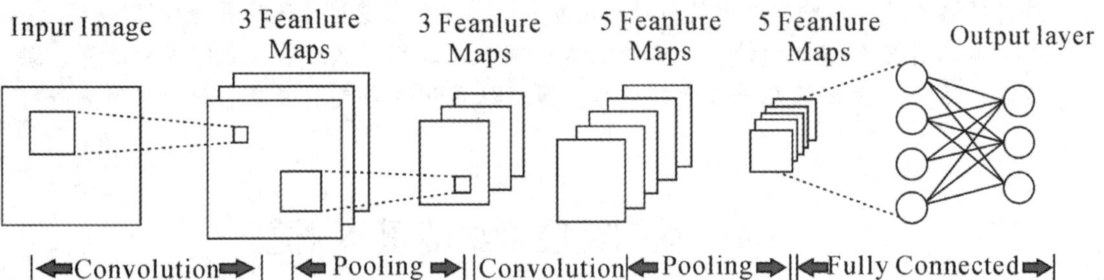

图 11-1 卷积过程模型

第一个阶段就结束了，开始进入第二个阶段。第二个阶段将第一个阶段中所产生的成果与网络实际输出值两者进行比较，求两者之间的误差。当误差大于期望值时，将误差传回网络中，依次求得全链接、下采样、卷积的误差。

最终根据求得的误差进行权值更新，如果相差大于期望值，那么要对权值进行调整，再次进入第一个阶段的步骤(2)中。

11.1.2 卷积运算原理

卷积是一种数学运算，是在两个实变函数之间进行的。举一个例子：假设现在要测试运动太阳的位置。用检测仪给出一个单独的输出 $x(t)$表示太阳在时刻 t 的位置。由于 x 和 t 都是实值，因此在任何一个时间，都能够从检测仪器中读出太阳的位置。

现在假设检测仪器受到了一些干扰，为了得到太阳位置的低噪声估计，需要将得到的结果进行平均。由于每个相邻时间内的测量结果越近，则相关性就越强，因此需要通过加权平均的方式，对于越接近的结果，给予的权重就越高，这时得到的结果如下：

$$s(t)=\int x(a)\omega(t-a)\mathrm{d}a \tag{11-1}$$

这种基于数学上的运算称为卷积，卷积运算的运算符通常用*来代替，这时把公式变为

$$s(t)=(x*\omega)(t) \tag{11-2}$$

这里的 ω 必须是一个概率密度函数，否则输出就不再是一个加权平均。现在将数学中的卷积与工程上表示的卷积神经网络对等起来，卷积中的第一个参数 x 在工程卷积神经网络中被称为输入(Input)，而函数 ω 叫做核函数(Kernel Function)。$s(t)$则被称为特征的映

射(Feature Map)。

由于计算机在处理问题时基本上是将连续性的问题化简成离散性的问题来考虑，即通过对有限个数组元素的求和来实现无限的求和，因此就需要改变上面所讨论的问题公式了，通常将∫改为求和问题，上面的公式则变为

$$s(t)=\sum_{a=-\infty}^{\infty}x(a)*\omega(t-a) \tag{11-3}$$

在工程卷积神经网络中 x 代表多维数组的数据，而 ω 则是由学习算法优化得到的多维数组的参数，通常把这些多维数组叫做张量。

现在以图像的输入为例，通常图像是由二维矩阵组成的，那么根据上面的公式，将其改为如下的二维公式：

$$s(i,\ j)=\sum_{m=-\infty}^{\infty}\sum_{n=-\infty}^{\infty}I(m,\ n)*\omega(i-m,\ j-n)=(l*\omega)(i,\ j) \tag{11-4}$$

现在演示一个在二维张量上的卷积运算的具体过程，过程如下：

假设现在输入一张图片，将其转化为矩阵，矩阵的元素对应于像素值。假设有一个 5 × 5 的图像，使用一个 3 × 3 的卷积核，那么将会得到一个 3 × 3 的特征图。在这个已知条件中，输入的 5 × 5 的图像对应上面公式中的 I，3 × 3 的卷积核则对应上面公式中的 ω，而最终的输出结果则对应上面公式中的 s。

初始化数据分别如图 11-2、图 11-3 和图 11-4 所示。

1	1	1	0	0
1	1	1	0	0
0	1	0	1	0
0	0	0	1	1
0	0	1	1	1

图 11-2　输入 5×5 的图像

1	0	1
0	1	0
1	1	1

图 11-3　3×3 卷积核

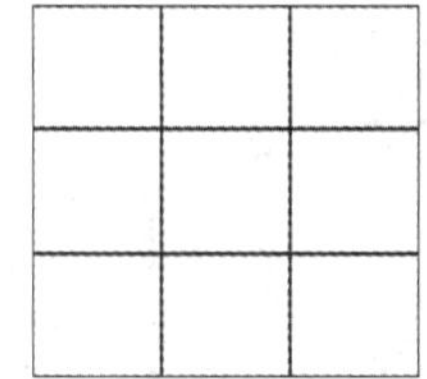

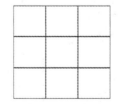

图 11-4　预计输出的特征图

下面就开始进行计算，计算过程如下：

第一步如图 11-5 所示。

第二步如图 11-6 所示。

1	1	1	0	0
1	1	1	0	0
0	1	0	1	0
0	0	0	1	1
0	0	1	1	1

输入

1	0	1
0	1	0
1	1	1

输出

1×1+1×0+1×1
+1×0+1×1+1×
0+0×1+1×1+0×1
=4

图 11-5　第一步卷积的计算

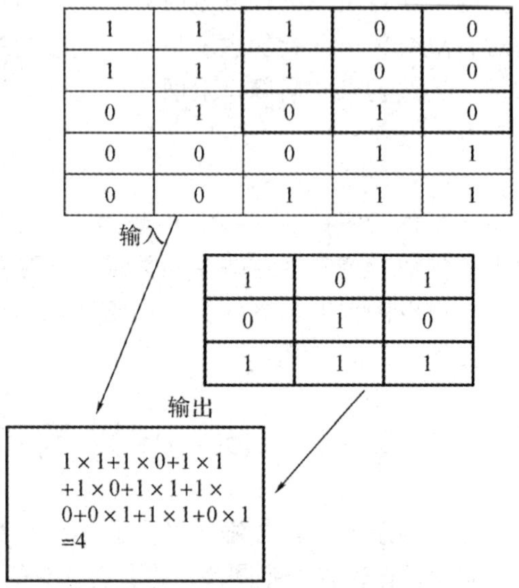

图 11-6　第二步卷积的计算

第三步如图 11-7 所示。

第四步如图 11-8 所示。

1	1	1	0	0
1	1	1	0	0
0	1	0	1	0
0	0	0	1	1
0	0	1	1	1

输入

1	0	1
0	1	0
1	1	1

输出

1×1+0×0+0×1
+1×0+0×1+0×
0+0×1+1×1+
0×1=2

图 11-7　第三步卷积的计算

1	1	1	0	0
1	1	1	0	0
0	1	0	1	0
0	0	0	1	1
0	0	1	1	1

输入

1	0	1
0	1	0
1	1	1

输出

1×1+1×0+1×1
+0×0+1×1+0×
0+0×1+0×1+
0×1=3

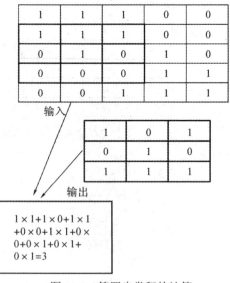

图 11-8　第四步卷积的计算

后面的结果依次往后递推，最终得到的特征矩阵如图 11-9 所示。

4	4	2
3	2	4
1	4	4

图 11-9　卷积后的特征矩阵

卷积核滑动的幅度可以根据需要进行调整，如果滑动幅度大于 1 步，则这时卷积核有可能没办法恰好滑到边缘，针对这类情况，可以在输入矩阵的最外层补零，如对上一个案例进行补零后的输入矩阵如图 11-10 所示。

0	0	0	0	0	0	0
0	1	1	1	0	0	0
0	1	1	1	0	0	0
0	0	1	0	1	0	0
0	0	0	0	1	1	0
0	0	0	1	1	1	0
0	0	0	0	0	0	0

图 11-10　补零后的输入矩阵

补零层根据需要来进行设定，补零层称为 Zero Padding，是一个可以设置的超参数，要根据卷积核的大小、步幅以及输入矩阵的大小进行调整，以使得卷积核恰好滑动到边缘。

通常情况下，输入的图片矩阵以及后面的卷积核、特征图矩阵都是方阵，这里设输入矩阵大小为 ω，卷积核大小为 k，步长为 s，补零层为 p，则卷积后产生的特征图大小的计算公式为

$$\omega=\frac{\omega+2p-k}{s}+1 \tag{11-5}$$

上面的案例为了讲清楚卷积的过程，采用的是单核卷积，但是在现实中，为了提取更多的特征，往往采用的是多核卷积的方式，这样可以同时得到多个特征图。

卷积运算的优势主要是通过稀疏交互、参数共享的方式改进了机器学习。下面依次介绍稀疏交互和参数共享。

传统的神经网络使用矩阵的乘法方式来建立输入与输出之间的连接关系。参数矩阵中的每一个单独的参数都描述了一个输入单元与一个输出单元之间的交互，这就意味着每一个输出单元与每一个输入单元都会产生交互。而卷积网络正是由于卷积核的大小远远小于

输入的大小，因此就可以通过几十或者上百像素点的核来检测一些小的、有意义的特征。这就是稀疏交互特性，如图 11-11 所示。

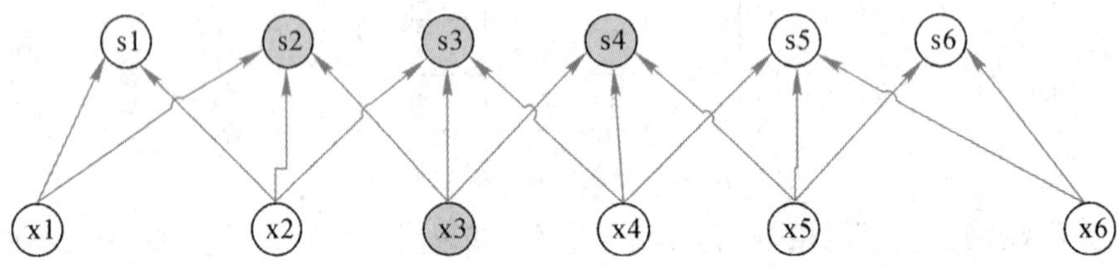

图 11-11　稀疏连接

图 11-11 表达了当 s 由核宽度为 3 的卷积产生时，只有 3 个输出受到 x3 的影响。除此以外，卷积计算还具备参数共享的特性，即一个模型的多个函数中使用相同的参数。在卷积神经网络中，核的每一个元素作用在输入的每一个位置上，这样只需学习一个参数集合，而不用针对每一个位置都学习一个单独的参数集合，如图 11-12 所示。

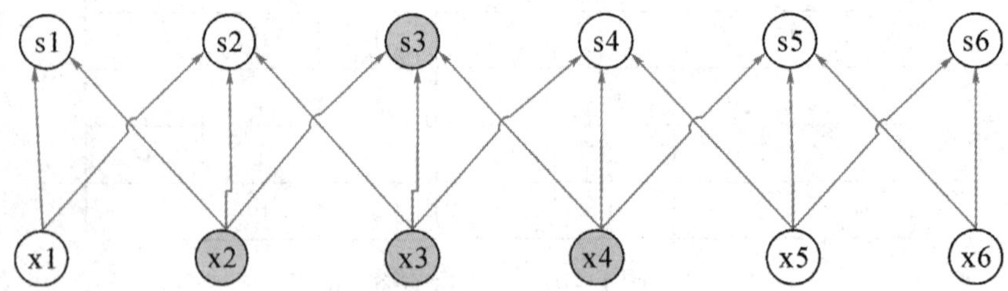

图 11-12　参数共享

由图 11-12 可以看出，在 x 中只有三个输入影响强调的输出单元 s3。正是因为卷积具有这几个特性，所以它才能在一些边缘检测中应用得非常得力。

11.1.3　激活层

激活层的作用，和上一章所讲的普通神经网络下的激活层的作用是一样的，都是将离散的数据连续化。激活层所使用的激活函数也与普通神经网络下的激活函数相同，如 sigmoid 函数、tanh 函数、relu 函数等。

11.1.4　池化

池化层中，通过使用池化函数来对上一层由激活函数转变出来的连续性数据进行进一步调整。池化函数主要是使用某一位置的相邻输出的总体统计特征来代替网络在该位置上的输出。

池化函数主要分为最大池化函数、平均池化函数、最小池化函数等。

1. 最大池化函数

最大池化函数在某给定区域内选取最大值，形成新的输出，如图 11-13 所示。

2. 平均池化函数

平均池化函数在某给定区域内选取平均值，形成新的输出，如图 11-14 所示。

3. 最小池化函数

最小池化函数在某给定区域内选取最小值，形成新的输出，如图 11-15 所示。

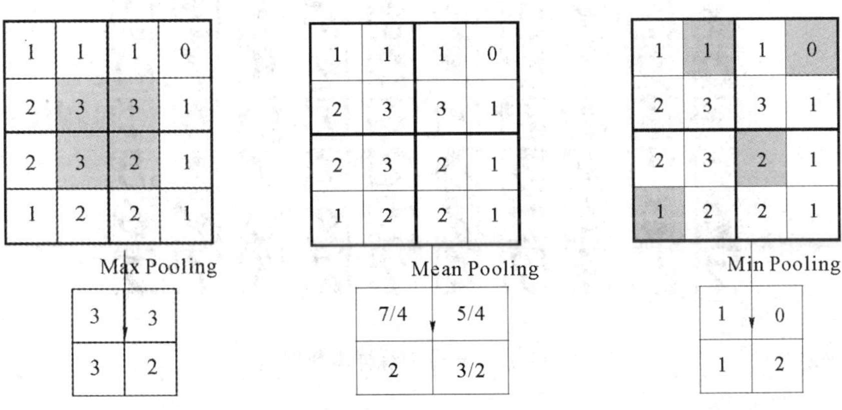

图 11-13　最大池化　　图 11-14　平均池化　　图 11-15　最小池化

正是因为有了池化的作用，所以不管在池化的过程中采用什么类型的池化器，当输入做出少量平移时，池化都能够使输入的表示近似不变。比如，在识别一张图片中是否包含人脸时，其实并不需要知道眼睛的精确像素位置，只需要判断出有一只眼睛在脸的左边，有一只眼睛在脸的右边即可，甚至在有些遮挡图片中，不需要知道左眼还是右眼，只要有人的眼睛就代表有人脸存在了。

11.2　卷积神经网络的实现

11.2.1　需求背景介绍

上一章中，通过 BP 神经网络完成了数字的手写识别，在本节中尝试通过卷积神经网络来进行手写数字识别，看一下卷积神经网络中的手写识别和 BP 神经网络中的手写识别的区别在哪里。实验数据和上一章的手写识别数据集是一样的，均使用了 mnist 数据集，该数据集中包含了 60000 个训练样本和 10000 个测试样本，这些样本均为 0～9 的手写数字，格式为 28 × 28 像素的单色图像。训练样本数据如图 11-16 所示。

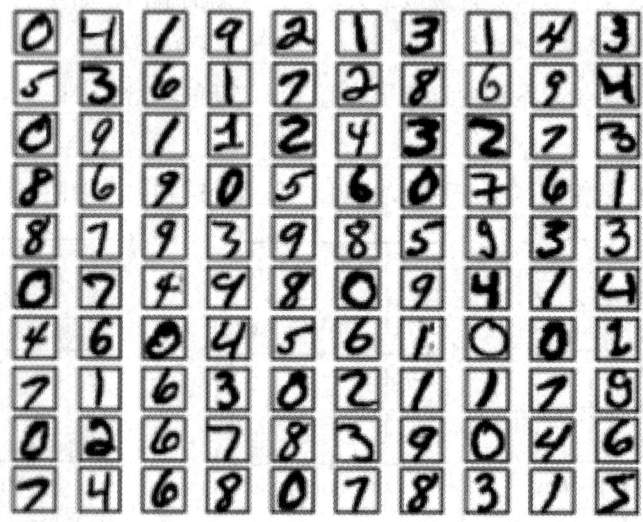

图 11-16　部分训练样本数据集

11.2.2　数据准备

设置 TensorFlow 程序框架，将数据集导入到程序中，代码如下：

```
from __future__ import division, print_function, absolute_import
import tensorflow as tf
from tensorflow.examples.tutorials.mnist import input_data
mnist = input_data.read_data_sets("MNIST_data/", one_hot=True)
mnist.train.images.shape
#read_data_sets()的作用是检查目录下有没有想要的数据，如果没有，则下载数据，然后进行解压

#声明两个 placeholder，用于存储神经网络的输入，输入包括 image 和 label。这里加载的 image
是(784,)的 shape（形状）
mnist = input_data.read_data_sets('MNIST_data/', one_hot=True)
x = tf.placeholder(tf.float32,[None, 784])
y_ = tf.placeholder(tf.float32, [None, 10])
```

11.2.3 模型建立

使用如下的 CNN 架构构建一个模型，用于对 mnist 数据集进行分类。

卷积层 1：	设置了一个有 32 个神经元的 5 × 5 的过滤器，使用 relu 作为激活函数
池化层 1：	设置一个有 2 × 2 的最大池化层
卷积层 2：	设置一个有 64 个神经元的 5 × 5 的过滤器，使用 relu 作为激活函数
池化层 2：	设置一个 2 × 2 的最大池化层
全链接层：	把池化层 2 输出的张量 reshape(改变形状)成一些向量，乘上权重矩阵，加上偏置，然后对其使用 relu
输出层：	添加一个 softmax 层，把向量化后的图片 x 和权重矩阵 **W** 相乘，加上偏置 *b*，然后计算每个分类的 softmax 概率值

模型建立的代码如下：

```
#定义权重和偏置
def weight_variable(shape):
    initial = tf.truncated_normal(shape, stddev=0.1)
    return tf.Variable(initial)
def bias_variable(shape):
    initial = tf.constant(0.1, shape=shape)
    return tf.Variable(initial)

def conv2d(x, W):
    return tf.nn.conv2d(x, W, strides=[1,1,1,1], padding='SAME')
 #strides 第 0 位和第 3 位一定为 1，剩下的是卷积的横向和纵向步长
def max_pool_2x2(x):
    return tf.nn.max_pool(x, ksize=[1, 2, 2, 1], strides=[1, 2, 2, 1], padding='SAME')
 #参数 ksize 是要执行取最值的切片在各个维度上的尺寸，四维数组意义为[batch(每批的个数),height(高), width(宽), channels(通道)]
 #参数 strides 是取切片的步长，四维数组意义为四个方向的步长，这里 height 和 width 方向都
    #为 2，例如，原本 8 × 8 的矩阵，用 2 × 2 的切片去 pool(池化)
```

```
W_conv1 = weight_variable([5, 5, 1, 32])
# 5, 5 表示 patch(卷积核)的大小，1 表示输入的通道数目(彩色图片有 r、g、b 三个通道)，
32 表示神经元个数(特征)
b_conv1 = bias_variable([32])

x_image = tf.reshape(x, [-1,28,28,1])
# -1 代表任何维度，这里是样本数量，mnist 的图像大小为 28 × 28，由于是黑白的，因此只有
一个 in_channel（通道）

h_conv1 = tf.nn.relu(conv2d(x_image, W_conv1) + b_conv1)
h_pool1 = max_pool_2x2(h_conv1)

#第二层卷积

#为了构建一个更深的网络，会把几个类似的层堆叠起来。第二层中，每个 5 × 5 的 patch 会得
到 64 个特征
W_conv2 = weight_variable([5, 5, 32, 64])   # 这里的 32 是指上一层的输出通道数目，也就是这
一层的输入通道数目
b_conv2 = bias_variable([64])
h_conv2 = tf.nn.relu(conv2d(h_pool1, W_conv2) + b_conv2)
h_pool2 = max_pool_2x2(h_conv2)
#输入的是 32 个 14 × 14 的矩阵，权重体现了这层要输出的矩阵个数为 64
#卷积输出 64 个 12 × 12 的矩阵，因为(14+2-4)/1
#池化输出 64 个 7 × 7 的矩阵，因为(12+2)/2

#全连接

#现在，图片尺寸减小到了 7 × 7，加入一个有 1024 个神经元的全连接层，用于处理整个图片
#把池化层输出的张量 reshape 成一些向量，乘上权重矩阵，加上偏置，然后对其使用 relu
W_fc1 = weight_variable([7 * 7 * 64, 1024])
b_fc1 = bias_variable([1024])
h_pool2_flat = tf.reshape(h_pool2, [-1, 7*7*64])
h_fc1 = tf.nn.relu(tf.matmul(h_pool2_flat, W_fc1) + b_fc1)
```

```
#tf.matmul()表示矩阵相乘

#为了减少过拟合，在输出层之前加入 dropout(函数名)。用一个 placeholder 来代表一个
神经元的输出在 dropout 中保持不变的概率。这样可以在训练过程中启用 dropout
#在测试过程中关闭 dropout。TensorFlow 的 tf.nn.dropout 操作除了可以屏蔽神经元的输出外，
还会自动处理神经元输出值的 scale(规模)。所以用 dropout 时可以不用考虑 scale
keep_prob = tf.placeholder("float")
h_fc1_drop = tf.nn.dropout(h_fc1, keep_prob)

#输出层

#最后，添加一个 softmax 层，把向量化后的图片 x 和权重矩阵 W 相乘，再加上偏置 b，然后
计算每个分类的 softmax 概率值
W_fc2 = weight_variable([1024, 10])
b_fc2 = bias_variable([10])
```

11.2.4 模型的训练和评估

训练和评估是通过定义损失函数来衡量模型的预测结果与目标类别之间的匹配程度的，也是通过目标类别和预测类别之间的交叉熵来定义损失函数的。

```
cross_entropy = -tf.reduce_sum(y_*tf.log(y_conv))     # 计算交叉熵
```

调整学习率设为 0.0001，并将优化算法设为随机梯度下降法，代码如下：

```
train_step = tf.train.AdagradOptimizer(1e-4).minimize(cross_entropy)
# 判断预测标签和实际标签是否匹配
correct_prediction = tf.equal(tf.argmax(y_conv,1), tf.argmax(y_,1))
accuracy = tf.reduce_mean(tf.cast(correct_prediction, "float"))
```

开始训练模型，代码如下：

```
# 启动创建的模型，并初始化变量
sess = tf.Session()
sess.run(tf.global_variables_initializer())
for i in range(20000):
    batch = mnist.train.next_batch(50)           # batch  大小设置为 50
```

```
        if i%100 == 0:
            train_accuracy = accuracy.eval(session=sess,feed_dict={
                x:batch[0], y_: batch[1], keep_prob: 1.0})
            print ("step %d, training accuracy %g"%(i, train_accuracy))
        train_step.run(session=sess,feed_dict={x: batch[0], y_: batch[1], keep_prob: 0.5})
    print ("test accuracy %g"%accuracy.eval(session=sess,feed_dict={
        x: mnist.test.images, y_: mnist.test.labels, keep_prob: 1.0}))
```

11.2.5 模型优化

还可以通过在训练的过程中添加一些过程设置来了解整个训练过程，进一步对模型展开优化，代码如下：

```
# 计算程序结束时间
end = time.clock()
print("running time is %g s" %(end.start))
```

最终的模型训练出来的准确率为 0.937，这个结果远远高于上一章通过 BP 神经网络构造出来的结果。

完整代码显示如下：

```
from __future__ import division, print_function, absolute_import
import tensorflow as tf
from tensorflow.examples.tutorials.mnist import input_data
#mnist = input_data.read_data_sets("MNIST_data/", one_hot=True)
mnist.train.images.shape
#read_data_sets()的作用是检查目录下有没有想要的数据，如果没有，则下载数据，然后进行解压

#声明两个 placeholder，用于存储神经网络的输入，输入包括 image 和 label。这里加载的
image 是(784,)的 shape
mnist = input_data.read_data_sets('MNIST_data/', one_hot=True)
x = tf.placeholder(tf.float32,[None, 784])
y_ = tf.placeholder(tf.float32, [None, 10])

#定义权重和偏置
```

```
def weight_variable(shape):
    initial = tf.truncated_normal(shape, stddev=0.1)
    return tf.Variable(initial)
def bias_variable(shape):
    initial = tf.constant(0.1, shape=shape)
    return tf.Variable(initial)


def conv2d(x, W):
    return tf.nn.conv2d(x, W, strides=[1, 1, 1, 1], padding='SAME')
 # strides 第 0 位和第 3 位一定为 1，剩下的是卷积的横向和纵向步长
def max_pool_2x2(x):
    return tf.nn.max_pool(x, ksize=[1, 2, 2, 1], strides=[1, 2, 2, 1], padding='SAME')
 #参数 ksize 是要执行取最值的切片在各个维度上的尺寸，四维数组意义为[batch,height,width,chan nels]
 #参数 strides 是取切片的步长，四维数组意义为四个方向的步长，这里 height 和 width 都为 2，
#例如，原本 8 × 8 的矩阵，用 2 × 2 的切片去 pool

#第一层卷积


W_conv1 = weight_variable([5, 5, 1, 32])
 #  5, 5 表示 patch 的大小，1 表示输入的通道数目(彩色图片有 r、g、b 三个通道)，32 表示神经元个数(特征)
b_conv1 = bias_variable([32])

x_image = tf.reshape(x, [-1, 28, 28, 1])
# -1 代表任何维度，这里是样本数量，mnist 的图像大小为 28 × 28，由于是黑白的，因此只有一个 in_channel

h_conv1 = tf.nn.relu(conv2d(x_image, W_conv1) + b_conv1)
h_pool1 = max_pool_2x2(h_conv1)

#第二层卷积
```

```
#为了构建一个更深的网络，会把几个类似的层堆叠起来。第二层中，每个 5 × 5 的 patch 会得到 64 个特征
W_conv2 = weight_variable([5, 5, 32, 64])       #这里的 32 是指上一层的输出通道数目，也就是这一层的输入通道数目
b_conv2 = bias_variable([64])
h_conv2 = tf.nn.relu(conv2d(h_pool1, W_conv2) + b_conv2)
h_pool2 = max_pool_2x2(h_conv2)
# 输入的是 32 个 14 × 14 的矩阵，权重体现了这层要输出的矩阵个数为 64
# 卷积输出 64 个 12 × 12 的矩阵，因为(14+2-4)/1
# 池化输出 64 个 7 × 7 的矩阵，因为(12+2)/2

#全连接

#现在，图片尺寸减小到了 7 × 7，加入一个有 1024 个神经元的全连接层，用于处理整个图片
#把池化层输出的张量 reshape 成一些向量，乘上权重矩阵，加上偏置，然后对其使用 relu
W_fc1 = weight_variable([7 * 7 * 64, 1024])
b_fc1 = bias_variable([1024])
h_pool2_flat = tf.reshape(h_pool2, [-1, 7*7*64])
h_fc1 = tf.nn.relu(tf.matmul(h_pool2_flat, W_fc1) + b_fc1)
# tf.matmul()表示矩阵相乘

#为了减少过拟合，在输出层之前加入 dropout。用一个 placeholder 来代表一个神经元的输出在 dropout 中保持不变的概率。这样可以在训练过程中启用 dropout
#在测试过程中关闭 dropout。 TensorFlow 的 tf.nn.dropout 操作除了可以屏蔽神经元的输出外，还会自动处理神经元输出值的 scale。所以用 dropout 时可以不用考虑 scale
keep_prob = tf.placeholder("float")
h_fc1_drop = tf.nn.dropout(h_fc1, keep_prob)

#输出层

#最后，添加一个 softmax 层，把向量化后的图片 x 和权重矩阵 W 相乘，再加上偏置 b，然后计算每个分类的 softmax 概率值
W_fc2 = weight_variable([1024, 10])
```

```
b_fc2 = bias_variable([10])

#类别预测

y_conv=tf.nn.softmax(tf.matmul(h_fc1_drop, W_fc2) + b_fc2)

#训练和评估模型

#损失函数
#可以很容易地为训练过程指定最小化误差用的损失函数。损失函数是目标类别和预测类别之间的交叉熵。
cross_entropy = -tf.reduce_sum(y_*tf.log(y_conv))              #计算交叉熵
# 使用 adam 优化器，以 0.0001 的学习率来进行微调
#train_step = tf.train.GradientDescentOptimizer(1e-3).minimize(cross_entropy)
train_step = tf.train.AdagradOptimizer(1e-4).minimize(cross_entropy)
# 判断预测标签和实际标签是否匹配
correct_prediction = tf.equal(tf.argmax(y_conv,1), tf.argmax(y_,1))
accuracy = tf.reduce_mean(tf.cast(correct_prediction, "float"))
# 启动创建的模型，并初始化变量
sess = tf.Session()
sess.run(tf.global_variables_initializer())
for i in range(20000):
  batch = mnist.train.next_batch(50)       # batch 的大小设置为 50
  if i%100 == 0:
    train_accuracy = accuracy.eval(session=sess,feed_dict={
        x:batch[0], y_: batch[1], keep_prob: 1.0})
    print ("step %d, training accuracy %g"%(i, train_accuracy))
  train_step.run(session=sess,feed_dict={x: batch[0], y_: batch[1], keep_prob: 0.5})
print ("test accuracy %g"%accuracy.eval(session=sess,feed_dict={
    x: mnist.test.images, y_: mnist.test.labels, keep_prob: 1.0}))
```

新手问答

1. 激活函数在卷积神经网络中存在的意义是什么？

激活函数无论在卷积神经网络中还是在人工神经网络中，起到的作用都是增加结果的非线性化，如果没有激活函数，则结果将会是一些离散性的点。

2. 卷积中池化的作用是什么？

正是因为有了池化的作用，所以不管在池化的过程中采用什么类型的池化器，当输入做出少量平移时，池化都能够使输入的表示近似不变。

牛刀小试

1. 案例任务

构造一个人脸识别的 CNN 模型。

2. 技术解析

本章中的人脸识别重点讨论的是 CNN 模型的构建，即完成一个 CNN 神经网络的构建过程，为后面第 13 章完整的人脸识别系统打下基础。

3. 操作步骤

(1) 为后面的卷积、池化、全链接以及相关操作做准备。

```
#卷积、池化层、引入全连接层、Dropout、Flatten
from keras.layers import Conv2D,MaxPooling2D
from keras.layers import Dense,Dropout,Flatten
# SGD(梯度下降优化器)来使损失函数最小化
from keras.optimizers import SGD
```

(2) 构建卷积网络。

```
#构建卷积核
import keras
face_recongnition_model=keras.Sequential()


face_recongnition_model.add(Conv2D(32, (3, 3), padding='valid', strides=(1,1),
```

```
                    dim_ordering='tf', input_shape=(IMAGE_SIZE, IMAGE_SIZE, 3), activation='relu'))

face_recongnition_model.add(Conv2D(32, (3, 3), padding='valid', strides=(1, 1), dim_ordering=
'tf', activation='relu'))
#构建池化层
face_recongnition_model.add(MaxPooling2D(pool_size=(3,3)))
#Dropout 层
face_recongnition_model.add(Dropout(0.2))
#Flatten 层处于卷积层与 Dense(全连层)之间，将图片的卷积输出压扁成一个一维向量
face_recongnition_model.add(Flatten())
#构造全连接层
face_recongnition_model.add(Dense(128, activation='relu'))
face_recongnition_model.add(Dropout(0.4))
#输出层
face_recongnition_model.add(Dense(len(ont_hot_labels[0]), activation='sigmoid'))
#显示现在所构造出来的神经网络结构
face_recongnition_model.summary()
```

构造出来的 CNN 卷积网络结构如图 11-17 所示。

```
Layer (type)                 Output Shape              Param #
=================================================================
conv2d_9 (Conv2D)            (None, 98, 98, 32)        896
_________________________________________________________________
conv2d_10 (Conv2D)           (None, 96, 96, 32)        9248
_________________________________________________________________
max_pooling2d_5 (MaxPooling2 (None, 32, 32, 32)        0
_________________________________________________________________
dropout_7 (Dropout)          (None, 32, 32, 32)        0
_________________________________________________________________
conv2d_11 (Conv2D)           (None, 30, 30, 16)        4624
_________________________________________________________________
conv2d_12 (Conv2D)           (None, 28, 28, 16)        2320
_________________________________________________________________
max_pooling2d_6 (MaxPooling2 (None, 9, 9, 16)          0
_________________________________________________________________
dropout_8 (Dropout)          (None, 9, 9, 16)          0
_________________________________________________________________
flatten_3 (Flatten)          (None, 1296)              0
_________________________________________________________________
dense_5 (Dense)              (None, 128)               166016
_________________________________________________________________
dropout_9 (Dropout)          (None, 128)               0
_________________________________________________________________
dense_6 (Dense)              (None, 8)                 1032
=================================================================
Total params: 184,136
Trainable params: 184,136
Non-trainable params: 0
```

图 11-17　构造出来的卷积神经网络

本 章 小 结

本章主要介绍了卷积神经网络，简述了什么是卷积以及卷积神经网络的实现过程，还介绍了卷积、池化的计算过程，并讲述了卷积和池化在整个神经网络中的作用和意义。本章通过手写识别的案例，体验了在 TensorFlow 下创建 CNN 的过程，并通过该过程解决了手写识别的实际应用问题。

第三篇

实　　战

第12章 让机器预测房价

本章综合前面所讲的线性回归的基本知识，针对波士顿房价预测的结构型数据集，进行了数据获取、数据探索、数据清洗、数据变换以及模型建立、模型评估的完整过程的学习。

通过本章内容的学习，读者应该掌握以下知识：

- 掌握机器学习相关项目的基本流程；
- 掌握结构性数据集的数据处理过程。

在这个前所未有的大数据时代，如何使用计算机对各行各业的大量数据进行有效的分析是一个关键问题。分析行业数据之间的关系，并且利用这些关系对未知数据进行预测成为了各行业的普遍需求。

比如有些地方的房价，已经从以前的 1000 元左右/平方米上涨到了数万元/平方米。市场上大量的房子，其价格从几十万到上千万不等，如何判断哪些房子的价格偏高，哪些房子的价格偏低呢？要想找到物美价廉的房子，就必须找到影响房价的因素以及这些因素和房价之间的定量关系。人们很容易想到，房价一般和房屋的面积正相关，和房子的年龄负相关，这些是影响房价的因素和房价之间关系的定性表述。但是一个 100 平方米，5 年前交房的房子和一个 120 平方米，10 年前交房的房子，哪个的价值高呢？如果再加上学区、地段等影响因素，则又该如何评估房子的合理价格呢？这时就需要通过回归分析找到因变量(房价)和自变量(影响因素)之间的定量关系。一旦这个关系(也被称为模型)被建立，就可以预测一个已知各种影响因素的房子的可能价格。

12.1 目标与计划

12.1.1 房价数据的特征和维度

使用机器学习中的一个经典案例——波士顿房价数据来结合理论进行房价分析。这里提到的房价数据是指波士顿标准都市统计地区 1978 年的房价统计数据。数据可以从 kaggle.com 上获取，地址是 https://www.kaggle.com/vikrishnan/boston-house-prices。很多机器学习框架也都内置了这份数据，比如 sklearn。这份数据包括了 506 块地的平均数据，每块地包含 14 列属性。这些属性的英文缩写和对应的含义如表 12-1 所示。

表 12-1 波士顿房价数据表各列缩写词及其含义

缩写词	含　义
CRIM	房屋所在城镇的人均犯罪率
ZN	面积大于 25000 平方英尺的地块中住宅用地所占比例
INDUS	房屋所在城镇中非零售商业所占比例
CHAS	查尔斯河变量，等于 1 表示靠近河，等于 0 则相反
NOX	环境中氮氧化物浓度，大气污染物指标
RM	平均每栋房屋的房间数

续表

缩写词	含　义
AGE	建于 1940 年之前的房产所占比例
DIS	房屋到波士顿 5 个就业核心区的加权距离
RAD	房屋到主要高速公路的便利指数
TAX	每一万美元房产所征收的房产税
PTRATIO	学生/教师比
B	$1000 \times (BK - 0.63)^2$，BK 为社区中黑人的人口占比
LSTAT	低收入人群占比
MEDV	房价中位数，单位为千美元

12.1.2　制订机器学习计划

首先需要获取数据。然后对数据进行清洗，其中包含对数据的维度进行筛选，以及将选中维度中的异常值进行剔除，对保留的数据进行归一化。将数据划分为训练集和测试集。使用训练集数据以梯度下降法优化多元线性回归模型的损失函数，获取最优的回归系数。最后使用测试集对模型的质量进行评估。

12.2　获取数据

12.2.1　获取原始数据

从 sklearn 中获取数据并进行整理，sklearn 机器学习库中提供了波士顿房价数据的数据集，使用 load_boston()函数即可获取数据，这个数据集把房价(因变量)列(MEDV)单独存放在 target 属性中，除了房价以外的数据(自变量)存放在 data 属性中，data 的各列名称存放在 feature_names 属性中。使用 Pandas 库对这些数据进行整理汇集，使之成为一张完整的表。获取数据的代码如下：

```
import pandas as pd
from sklearn.datasets import load_boston
boston = load_boston()
df=pd.DataFrame(boston.data, columns=boston.feature_names)
```

```
df['MEDV']=boston.target
print(df.sample(10).sort_index())
```

然后随机采样 10 行数据展示，如图 12-1 所示。由于是随机采样，因此读者所获取的数据应该与展示的数据不同，这是正常的。

	CRIM	ZN	INDUS	CHAS	NOX	RM	AGE	DIS	RAD	TAX	PTRATIO	B	LSTAT	MEDV
22	1.23247	0.0	8.14	0.0	0.538	6.142	91.7	3.9769	4.0	307.0	21.0	396.90	18.72	15.2
100	0.14866	0.0	8.56	0.0	0.520	6.727	79.9	2.7778	5.0	384.0	20.9	394.76	9.42	27.5
172	0.13914	0.0	4.05	0.0	0.510	5.572	88.5	2.5961	5.0	296.0	16.6	396.90	14.69	23.1
181	0.06888	0.0	2.46	0.0	0.488	6.144	62.2	2.5979	3.0	193.0	17.8	396.90	9.45	36.2
271	0.16211	20.0	6.96	0.0	0.464	6.240	16.3	4.4290	3.0	223.0	18.6	396.90	6.59	25.2
283	0.01501	90.0	1.21	1.0	0.401	7.923	24.8	5.8850	1.0	198.0	13.6	395.52	3.16	50.0
329	0.06724	0.0	3.24	0.0	0.460	6.333	17.2	5.2146	4.0	430.0	16.9	375.21	7.34	22.6
356	8.98296	0.0	18.10	1.0	0.770	6.212	97.4	2.1222	24.0	666.0	20.2	377.73	17.60	17.8
406	20.71620	0.0	18.10	0.0	0.659	4.138	100.0	1.1781	24.0	666.0	20.2	370.22	23.34	11.9
467	4.42228	0.0	18.10	0.0	0.584	6.003	94.5	2.5403	24.0	666.0	20.2	331.29	21.32	19.1

图 12-1　波士顿房价数据(随机选取 10 行)

从这些数据中可以看出，房价中位数 MEDV(简称房价)与平均每栋房的房间数 RM(简称房间数)正相关。比如第 283 行，房间数约为 8 间，对应的房价是 5 万美元(注意：这是 1978 年的价格，所以只需要关心房价的相对值即可，不需要去关心绝对值 5 万美元是贵还是便宜)。而第 406 行的房间数是这 10 行数据中最小的房间数，约为 4 间，它的房价也是 10 行中最低的，约 1～2 万美元。

但是如上的观察分析只是定性分析，如何得到一个定量模型，使得人们可以根据这些自变量评估和预测房价呢？这正是本章要解决的问题。

12.2.2　数据探索

在数据清洗之前需要对房价数据集的各个数据维度进行探索。首先应该做的是绘制各个维度数据的直方图，探索数据分布情况。绘制直方图的代码如下：

```
import matplotlib.pyplot as plt
plt.figure(figsize=(12,20))
for i in range(df.columns.size):
    plt.subplot(5,3,i+1)          #对每一列数据建立子图
    index = df.columns[i]
    plt.hist(df[index])           #在子图中绘制每一列数据的直方图
    plt.xlabel(index)             #将列名作为子图的 x 轴标签
```

```
plt.savefig('boston_histogram.png')          #保存图片
plt.show()                                   #显示图片
```

波士顿房价数据各维度数据的直方图如图 12-2 所示。

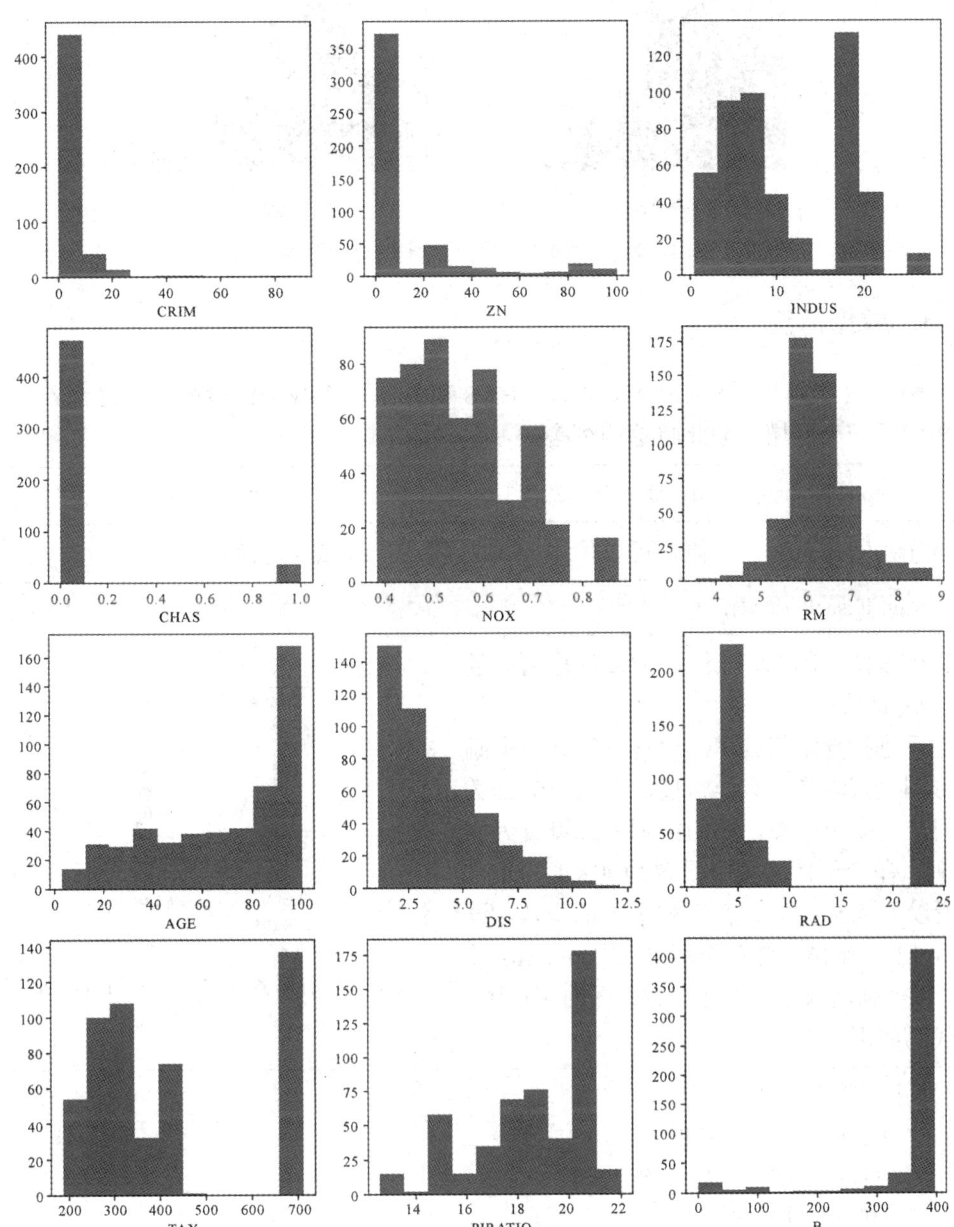

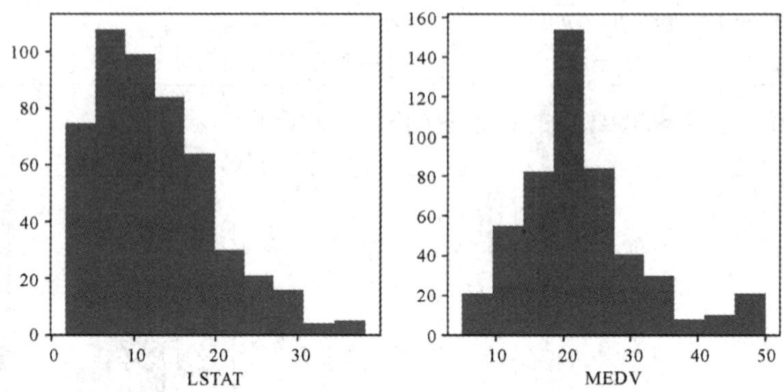

图 12-2　波士顿房价数据各维度数据的直方图

12.2.3　数据清洗

从图 12-2 中可以看出 CRIM、ZN、CHAS 和 B 这四个数据维度的区分度都不好，数据过于集中于一个区域，因此将这四列舍去，代码如下：

```
df.drop(columns=['CRIM', 'ZN', 'CHAS', 'B'], inplace=True)
```

首先判断是否有缺失值，可以使用 isnull 函数进行判断，代码如下：

```
print(df.isnull().any())
```

输出截图如图 12-3 所示，可以看出所有的 10 列都没有缺失。

```
INDUS       False
NOX         False
RM          False
AGE         False
DIS         False
RAD         False
TAX         False
PTRATIO     False
LSTAT       False
MEDV        False
dtype: bool
```

图 12-3　有用数据的缺失值判断输出结果

然后进行异常值处理。对这 10 列数据画出箱形图，查看是否有异常值。总共 10 列数据，对应 10 个子图，图的排列方式设置为 4 行 3 列，单个子图的大小设置为 4 × 4 的正方形，所以 figsize 按照每行每列子图的个数，设置为宽 12，高 16。然后循环 df 的 columns 数组，将每个列名取出，画出该列数据的箱形图。参考代码如下：

```
plt.figure(figsize=(12, 16))
for i in range(df.columns.size):
    plt.subplot(4, 3, i+1)
    col= df.columns[i]
```

```
        df[col].plot(kind='box')
    plt.savefig('boston_box.png')
    plt.show()
```

箱型图如图 12-4 所示。中间的方块表示 25%到 75%的数据所在的范围，方块中间的横线表示中位数，方块上、下的横线表示上边界和下边界。上边界以上和下边界以下的圆圈表示箱形图判定的异常数据点。可以看到 RM、DIS、PTRATIO、LSTAT 和房价中位数 MEDV 都有按箱形图标准判定的异常值，而其他 5 列没有异常值需要处理。

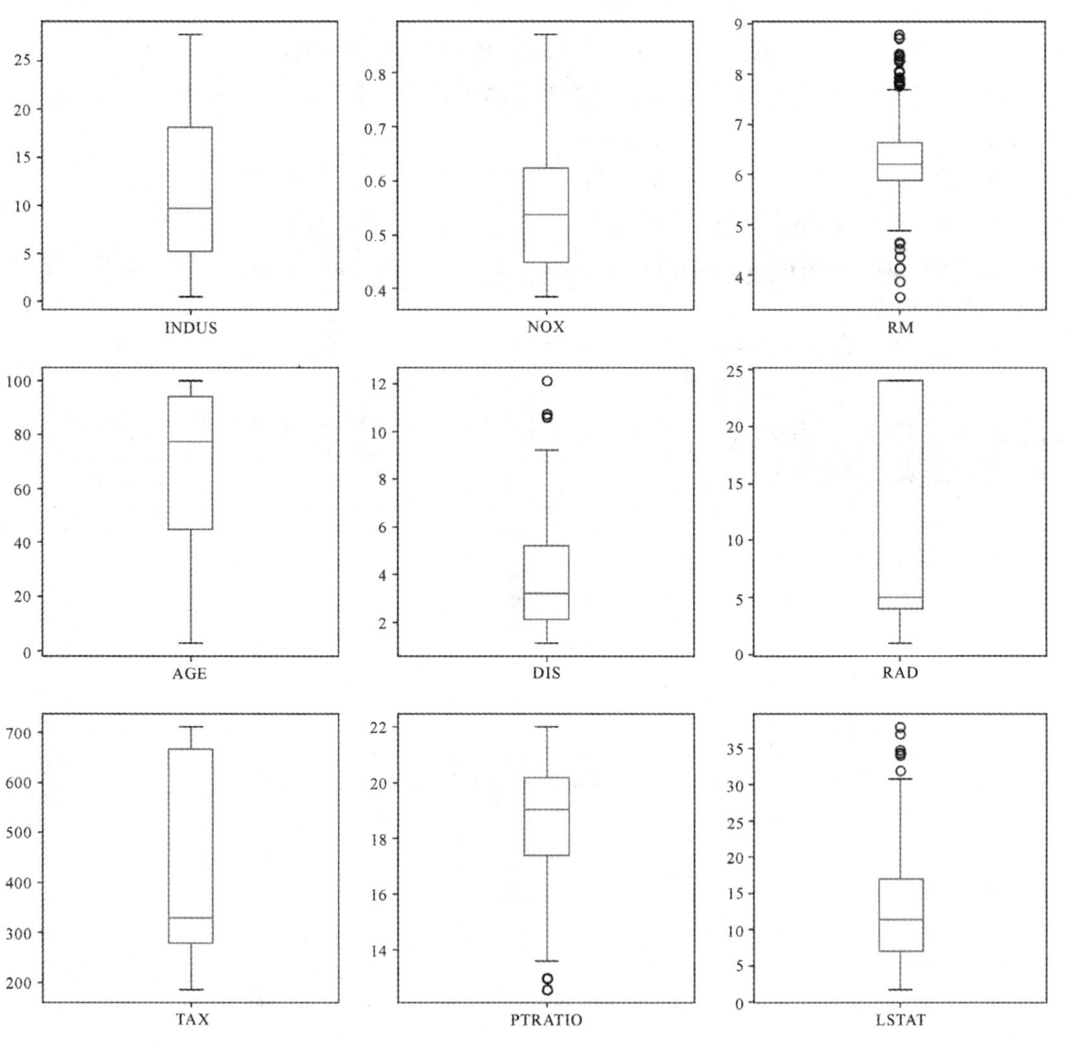

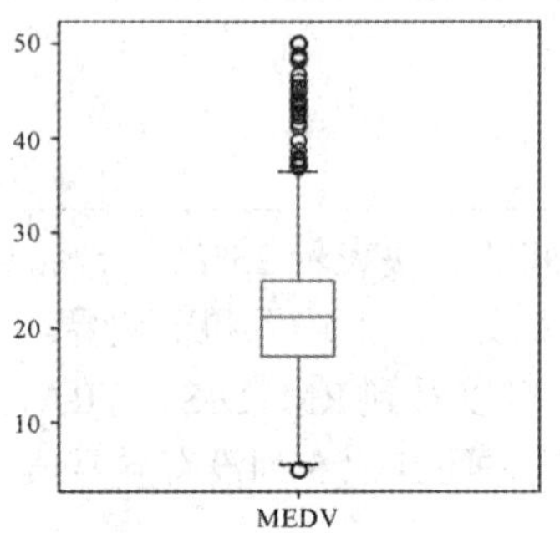

图 12-4　使用箱型图显示各列数据可能的异常值

根据箱形图排除异常值，需要知道箱形图的上、下边界。其中涉及的几个概念简单解释如下：

- 第三四分位数(Q3)：排序后比第三四分位数更大的值占总数据的 25%。
- 第一四分位数(Q1)：排序后比第一四分位数更小的值也占数据的 25%。
- 四分位距(IQR)：第三四分位的值减去第一四分位的值，即 Q3−Q1，这个区间内包含了 50%的数据。
- 上边界：Q3 + 1.5 × IQR。
- 下边界：Q1 − 1.5 × IQR。

值大于上边界或者小于下边界的数据一般被认为是异常值。以 RM 列为例，图 12-5 在箱形图上注明了上述概念。

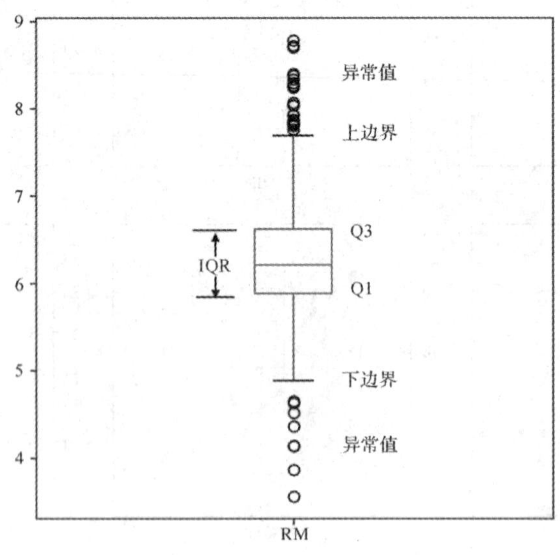

图 12-5　RM 列的箱形图

第一四分位数(Q1)和第三四分位数(Q3)的值可以通过调用该列的 describe 函数获得，比如：

```
print(df.RM.describe())
#输出为
count    506.000000
mean       6.284634
std        0.702617
min        3.561000
25%        5.885500
50%        6.208500
75%        6.623500
max        8.780000
Name: RM, dtype: float64
```

其中的 25%即为 Q1，75%即为 Q3。根据如上原理编写异常值判定函数 abnormalIndex() 用于获取一个 DataFrame 的所有列中异常值的索引的并集，代码如下：

```
def abnormalIndex (df):
    abnIndex=pd.Series().index
    for col in df.columns:
        s=df[col]
        a=s.describe()
        high=a['75%']+(a['75%']-a['25%'])*1.5
        low=a['25%']-(a['75%']-a['25%'])*1.5
        abn=s[(s>high) | (s<low)]
        print(col,list(abn.index))
        abnIndex = abnIndex | abn.index
    return abnIndex
```

对每一列数据依次按照箱形图原则进行筛选，只留下属于异常值的数据，即所有数据列的正常值的交集。样本数从 36 筛选前的 506 降到了 438，大约去除了 13%的数据，对整体数据没有太大的影响，代码如下：

```
df=df.drop(abnormalIndex(df))
print(df.shape)
```

从函数的输出结果可以看到各列异常值的存在情况，空数组则表示该列不存在异常值。读者可以对照图 12-6 检测异常值的判定情况。

```
df=df.drop(abnormalIndex(df))
print(df.shape)
```

```
INDUS []
NOX []
RM [97, 98, 162, 163, 166, 180, 186, 195, 203, 204, 224, 225, 226, 232, 233, 253, 257, 262, 267, 280,
283, 364, 365, 367, 374, 384, 386, 406, 412, 414]
AGE []
DIS [351, 352, 353, 354, 355]
RAD []
TAX []
PTRATIO [196, 197, 198, 257, 258, 259, 260, 261, 262, 263, 264, 265, 266, 267, 268]
LSTAT [141, 373, 374, 387, 412, 414, 438]
MEDV [97, 98, 157, 161, 162, 163, 166, 179, 180, 182, 186, 190, 195, 202, 203, 204, 224, 225, 226, 228,
232, 233, 253, 256, 257, 261, 262, 267, 268, 280, 282, 283, 291, 368, 369, 370, 371, 372, 398, 405]
(438, 10)
```

图 12-6　箱形图异常值去除代码的输出结果

清洗完数据后，使用 seaborn 绘图库画出“干净”数据各列之间的 Pearson 相关系数，代码如下：

```
import seaborn as sns
sns.heatmap(df.corr(),annot=True)
plt.show()
```

使用热力图显示各列数据的相关性矩阵，如图 12-7 所示。

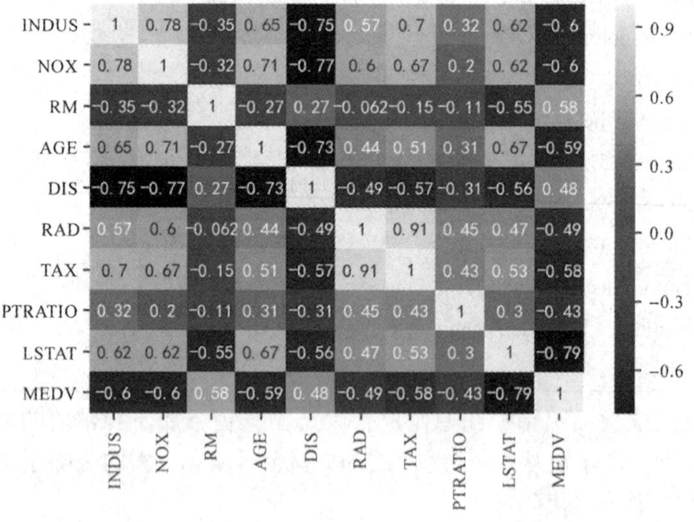

图 12-7　使用热力图显示各列数据的相关性矩阵

从图 12-7 中可以看出，选中并清洗后的 9 列属性都和房价中位数 MEDV 有较强的相关性，相关性最低的是小学学生/教师比 PTRATIO，值为 –0.43，社区低收入人口比例 LSTAT 的相关性最高，为 –0.79，两个相关系数前面的负号表示这两个参数与房价之间都是负相关，即参数的值越高，房价越低。同时发现各组属性之间彼此的相关性也比较高，这也表示应该进行主成分分析，选出有代表性的综合属性进行建模。

12.2.4 训练/测试集划分

使用 scikit 的模型选择库中提供的 train_test_split 方法对自变量 x 和因变量 y 进行随机划分。参数 test_size=0.2 表明希望测试集占整个数据集的 20%，那么训练集就占整个数据集的 80%。参数 random_state=0 指定了随机筛选中使用的随机数种子。之前将因变量房价和自变量各个属性合并为一整个 DataFrame 是为了数据清洗时能够同步清洗。现在为了划分训练集和测试集，又需要先将自变量和因变量拆开。

```
from sklearn.model_selection import train_test_split


x=df.drop(columns=['MEDV'])          # 取出不包含房价列的其他 9 列作为 x
y=df[['MEDV']]                       # 房价列为 y
x_train,x_test,y_train,y_test = train_test_split(x,y,test_size=0.2, random_state=0)
```

如果查看 x_train、x_test、y_train、y_test 的 shape 属性就会发现，438 个清洗后的样本被划分为两部分，训练集中包含了 350 个样本，其余 88 个样本归测试集。在模型训练中测试集是不会被使用的，当模型优化完成后，才使用测试集对模型进行评估。这样才能检验模型的泛化能力。

12.2.5 数据变换

对 x 进行查看，如图 12-8 所示，可以看到各列属性的值域差别很大，比如 NOX 的值域在 0.38～0.87 之间，而 TAX 的值域在 188～711 之间。如果不将这些属性的值域统一到

```
x.describe()
```

	INDUS	NOX	RM	AGE	DIS	RAD	TAX	PTRATIO	LSTAT
count	438.000000	438.000000	438.000000	438.000000	438.000000	438.000000	438.000000	438.000000	438.000000
mean	11.469315	0.554488	6.199221	68.271689	3.827043	9.479452	409.968037	18.688813	13.046553
std	6.710151	0.116801	0.481545	27.891072	1.980386	8.684044	167.061942	1.904694	6.376680
min	0.740000	0.385000	4.880000	2.900000	1.285200	1.000000	188.000000	14.700000	1.980000
25%	5.860000	0.453000	5.887250	45.450000	2.188100	4.000000	284.000000	17.600000	7.835000
50%	9.900000	0.538000	6.167000	76.600000	3.361800	5.000000	332.500000	19.100000	12.200000
75%	18.100000	0.621500	6.484750	93.800000	5.226975	24.000000	666.000000	20.200000	17.142500
max	27.740000	0.871000	7.691000	100.000000	9.222900	24.000000	711.000000	21.200000	30.810000

图 12-8 各个属性的分布情况

一个相近的区间，则值很大的属性变相地拥有了一个很大的权重，这样在进行梯度下降优化参数的过程中，会出现不收敛的问题。

将不同数据的取值区间进行统一的过程叫做归一化。常见的归一化方法有多种，比如离差归一化是将所有的值映射到[0, 1]区间；小数定标归一化是将所有值映射到[-1, 1]区间；标准差归一化是每个属性都被处理成平均值为 0、标准差为 1 的样本集合。标准差归一化的变换函数很简单，如下所示，其中 x 为变换前的数据，μ 为原始数据的平均值，σ 为原始数据的标准差，x' 为变换后的数据。

$$x' = \frac{x - \mu}{\sigma}$$

使用标准差归一化的好处是所有数据都会被映射为正态分布，很多算法在正态分布的数据上都有较好的表现。这里将采用 sklearn 的预处理库中提供的标准差归一化方法进行归一化变换，代码如下：

```
from sklearn.preprocessing import StandardScaler


# 归一化 x
std_x = StandardScaler()
x_train_std = std_x.fit_transform(x_train)

# 归一化 y
std_y = StandardScaler()
y_train_std = std_y.fit_transform(y_train)
```

12.3 建立线性回归模型

sklearn 的 linear_model 库中提供了很多线性回归的算法，这里采用最基础的梯度下降回归器 SGDRegressor。(linear_model 里面提供的 LinearRegression 是使用矩阵计算最小二乘算法，在模型简单、数据量不大的情况下更快，但是梯度下降数值优化的算法通用性更强。)

```
from sklearn.linear_model import SGDRegressor


sgd = SGDRegressor()
sgd.fit(x_train_std, y_train_std)
print(sgd.coef_, sgd.intercept_)
```

SGDRegressor 算法有很多的参数，如图 12-9 所示。该算法定义了学习率、最大迭代次数等重要的超参数。但幸运的是这些超参数都有默认值，在大多数情况下只需要使用默认参数就可以了。限于篇幅和每个参数背后所涉及的前置知识，这里就不展开说明这些参数的意义以及如何设置这些参数了，感兴趣的读者可以自行查看相关文档进行了解。

```
SGDRegressor(
    loss='squared_loss',
    penalty='l2',
    alpha=0.0001,
    l1_ratio=0.15,
    fit_intercept=True,
    max_iter=None,
    tol=None,
    shuffle=True,
    verbose=0,
    epsilon=0.1,
    random_state=None,
    learning_rate='invscaling',
    eta0=0.01,
    power_t=0.25,
    early_stopping=False,
    validation_fraction=0.1,
    n_iter_no_change=5,
    warm_start=False,
    average=False,
    n_iter=None,
)
```

图 12-9　SGDRegressor 的参数及默认值

在使用训练集的 x 和 y(归一化以后的)进行训练(术语为 fit)后，就可以输出每个属性的权重(sgd.coef_)和一个截距(sgd.intercept_)了，这就是优化得到的线性回归模型。这里一共有 9 个属性，那么权重也就有 9 个。其中第 3 个权重为正，其他都为负，说明只有第 3 个属性与房价正相关，其他都是负相关。读者可以对照图 12-10 查看哪个属性与房价正相关。

```
from sklearn.linear_model import SGDRegressor

sgd = SGDRegressor()
sgd.fit(x_train_std, y_train_std)
print(sgd.coef_, sgd.intercept_)
```

```
[-0.04286318 -0.09046907  0.30744767 -0.13185937 -0.10266034 -0.04275069
 -0.13324354 -0.16667106 -0.35733859] [-0.00148406]
```

图 12-10　线性回归的训练以及获得的模型参数

12.4　模 型 评 估

现在模型已经通过训练集数据拟合出来了，但是这个模型是否好用呢？这就涉及模型的评估问题。首先看看 SGDRegressor 提供的打分函数(score)，使用 score 函数需要提供一

系列样本的 x 和对应的 y，返回线性回归模型对这些样本预测值的判定系数 r^2。判定系数是相关系数的平方，取值区间也是[0, 1]，越接近于 1 说明模型对样本的预测就越准确。下面分别对训练集和测试集进行模型评估。

12.4.1 训练集评估

```
print(sgd.score(x_train_std,y_train_std))
```

上述代码的输出为 0.741，意味着对于训练集来说，74.1%的房价可以被 9 个属性所解释。但是要想知道具体的误差有多少，就需要获得模型的预测房价。这可以由 SGDRegressor 的预测函数(predict)获得，代码如下：

```
y_train_pred=sgd.predict(x_train_std)
```

但是当检测前 5 个预测值时，发现这些数据都是非常小的数，如图 12-11 所示。

```
y_train_pred=sgd.predict(x_train_std)
y_train_pred[0:5]
```

```
array([0.23972015, 0.86375322, 1.25137952, 1.42644982, 0.41667708])
```

图 12-11 训练集的房价预测值

这是因为训练时使用的是标准差归一化后的 x 和 y 来进行拟合训练的，那么预测的 y 也同样是归一化后的值。这就需要使用前面生成的 y 值的归一化器(std_y)来进行逆运算，以获得原始值域下的预测房价，代码如下：

```
y_train_pred=std_y.inverse_transform(y_train_pred)
y_train['predict']=y_train_pred
print(y_train.head())
```

逆归一化后的房价预测值与实际值的对比如图 12-12 所示。

	MEDV	predict
45	19.3	22.281045
308	22.8	26.191501
4	36.2	28.620532
276	33.2	29.717596
501	22.4	23.389932

图 12-12 逆归一化后的房价预测值与实际值的对比

从图 12-12 中可以看到，逆归一化后的前 5 个房价就比较合理了，也比较接近于实际值。有了预测值，就可以求出均方误差和平均绝对误差了。sklearn 也提供了这些误差评估函数，不用手动去按公式计算。

```
from sklearn.metrics import r2_score, mean_squared_error, mean_absolute_error

# 使用 r2_score 模块并输出结果
print('r2:', r2_score(y_train.MEDV,y_train.predict))

# 使用 mean_squared_error 模块并输出评估结果
print('MSE:', mean_squared_error(y_train.MEDV,y_train.predict))

# 使用 meam_absolute_error 模块并输出评估结果
print('MAE:', mean_absolute_error(y_train.MEDV,y_train.predict ))
```

这里输出的 r2 和前面 score 函数输出的是一致的。均方误差(MSE)为 10.17，对应的均方根误差为 10.17 的平方根，即 3.19。平均绝对误差(MAE)为 2.54。均方根误差要比平均绝对误差偏大，这是因为有一个平方项会放大误差较大的项。

由于模型的参数是根据训练集的数据拟合的，因此一般来说训练集的判定系数会比较高，而误差会比较小，所以应该进一步使用未参与训练的测试集数据来检测模型的真实预测能力。

12.4.2 测试集评估

对测试集的数据也需要进行标准差归一化处理，但是不应该重新训练(Fit)归一化参数，应该直接使用训练集已经训练好的参数进行数据变换，所以请读者注意下面的归一化代码和训练集归一化代码的异同。

```
x_test_std=std_x.transform(x_test)
y_test_pred=std_y.inverse_transform(sgd.predict(x_test_std))

y_test['predict']=y_test_pred

# 使用 r2_score 模块并输出结果
print('r2:', r2_score(y_test.MEDV, y_test.predict))
```

```
# 使用 mean_squared_error 模块并输出评估结果
print('MSE:', mean_squared_error(y_test.MEDV, y_test.predict))

# 使用 meam_absolute_error 模块并输出评估结果
print('MAE:', mean_absolute_error(y_test.MEDV, y_test.predict))
```

测试集的判定系数 r^2 为 0.71，比训练集略低，这是合理的。均方误差 MSE 为 10.0，平均绝对误差为 2.31，都比训练集略低，说明随机选择的测试集比较适合该模型。

将测试集的实际房价与预测房价的对比关系画成散点图，如图 12-13 所示，可以直观地看到模型对测试集的预测能力，代码如下：

```
y_test.plot(x='MEDV', y='predict',kind='scatter')
plt.show()
```

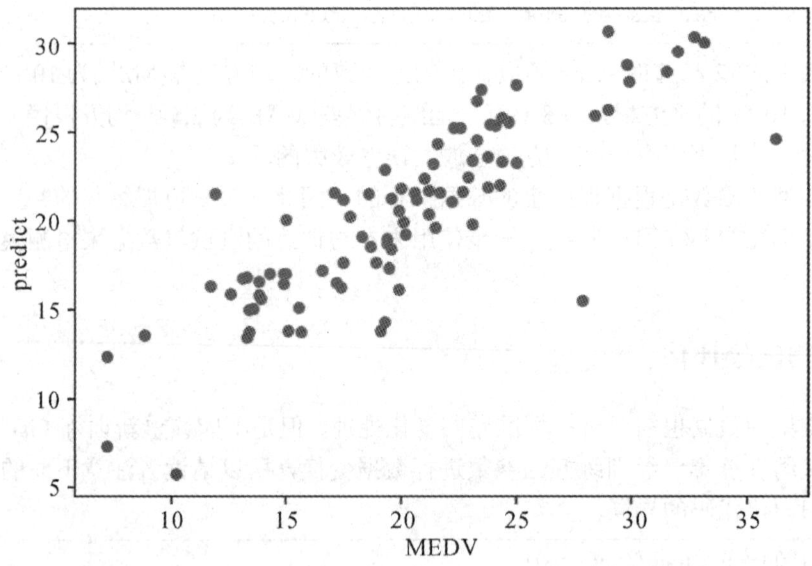

图 12-13　测试集房价的预测值与实际值的对比关系图

从图 12-13 中可以看到，除了少数几个偏离较大的值，大部分的房价预测值与实际值的线性相关性是比较好的，模型的预测能力也是比较强的。再看看训练集的房价预测值与实际值对比关系的散点图，如图 12-14 所示，实现代码如下：

```
y_train.plot(x='MEDV', y='predict',kind='scatter')
plt.show()
```

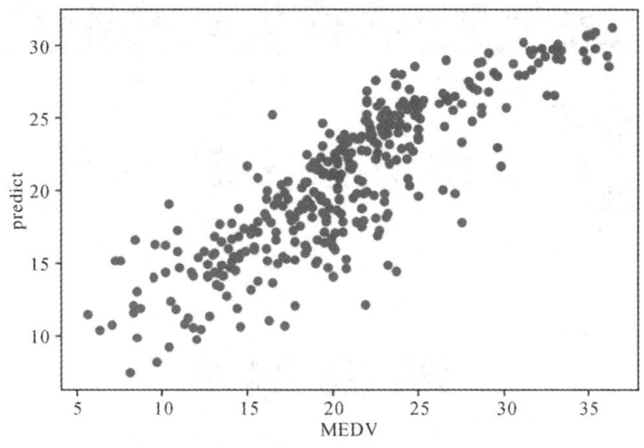

图 12-14　训练集房价的预测值与实际值的对比关系图

12.5　项 目 结 论

本章我们对于波士顿房价数据，选择了 13 列属性数据中的 9 列作为 x，MEDV 列作为 y，使用箱形图法去除 68 个异常值后，按照 8∶2 的比例划分了训练集和测试集。使用 350 个训练集样本进行标准差归一化以后，再进行线性回归模型拟合。采用了梯度下降法进行模型参数优化，获得的判定系数为 0.74，平均绝对误差为 2.54。使用该模型对未参与拟合的 88 个训练集样本进行房价预测，获得的判定系数为 0.71，平均绝对误差为 2.31。这说明建立的房价模型的预测正确率较高，模型的泛化能力较强，能推广到未知的测试集中去。

本 章 小 结

本章以 19 世纪 70 年代波士顿地区的房价数据为例，详细介绍了线性回归模型搭建和评估的全过程。在人工智能数据分析的过程中，数据的清洗和整理是非常重要的步骤，其重要程度并不在具体的模型搭建之下。清洗完的数据往往需要进行归一化变换，才能适用于梯度下降法。为了正确评估模型的质量，需要将样本数据划分为训练集和测试集。在模型拟合过程中只使用训练集，而将测试集用作模型的检测。当测试集的判定系数和误差与训练集的判定系数和误差相差不大时，认为模型不存在过拟合现象，模型对未知数据的预测能力与对训练数据的预测能力相当，可以认为模型的泛化能力较强。

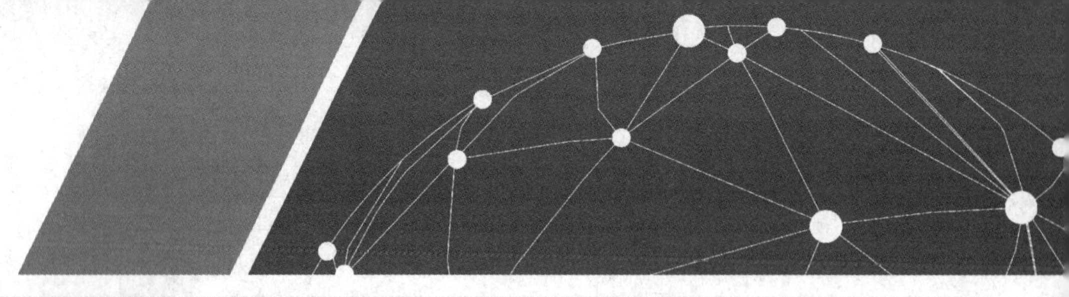

第13章 人脸识别系统的设计与实现

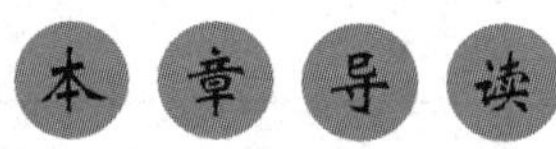

本章导读

本章综合了前面所讲的卷积神经网络模型的基本知识。针对非结构型数据集人脸图片，进行了从图片的获取、图片数据的清洗和准备、图片识别模型的建立以及模型评估的完整过程的学习。

知识要点

通过本章内容的学习，读者应该掌握以下知识：

- 非结构型数据集的数据处理过程；
- 机器学习相关项目的基本流程。

人脸识别是基于人的脸部特征信息，通过摄像机或者镜头采集含有人脸的图像或视频流进行身份识别的一种生物识别技术。人脸识别系统集成了人工智能、机器识别、机器学习、模型理论等多学科专业技术。人脸识别系统主要分为人脸图像采集及检测、人脸图像的预处理、人脸图像特征提取以及匹配与识别这四个阶段。

(1) 人脸图像采集及检测阶段主要是通过摄像头、镜头等采集数据，采集到的数据有静态图像、动态图像等。

(2) 人脸图像的预处理阶段就是从采集阶段得到的图像着手，对图片进行统一化处理的过程，将图片进行大小相同、类型相同的归类处理。

(3) 人脸图像特征提取阶段主要是通过模型将人脸的特征进行学习，进而训练模型。

(4) 匹配与识别阶段主要是将上一个阶段已经训练好的模型投入到新的数据集，对投入后的数据集进行识别。

13.1 目标与计划

13.1.1 目标图像集的大小和类别

在本项目中，选取了网络上公共的数据集 PubFig，由于版权等多方面的原因，获取了该数据集中的 288 张有效图片，其中包含了 8 位人物的不同照片。部分原始图片如图 13-1 所示。

图 13-1　部分原始图片

在原始数据集中包含了人物图片以及相应的人物名称标签信息，人物图片的类型均为.jpg。

13.1.2 机器学习模型的选择

当前做人脸识别的模型有很多种，每种模型都有自己的特点，本项目选用 CNN 模型来进行人脸识别。

13.1.3 制订机器学习计划

在本次机器学习过程中，计划将数据集按照 70%的训练集和 30%的测试集来进行随机地选取分配。总共训练 100 次，每次训练分 5 个批次，每批训练数据量的大小为 20 张图片。

13.2 获取数据集

13.2.1 下载数据集

可以通过网址 http://www.cs.columbia.edu/CAVE/databases/pubfig/download/下载数据集。下载得到的数据集的相关信息存放在 filename.txt 文件内。通过脚本对 filename.txt 文件内对应的每张图片的 url 地址进行访问下载。

13.2.2 数据的清洗和准备

将原始数据中的图像部分进行分割，先从原始图片中检测人脸位置，再根据人脸位置及尺寸裁剪出人脸图片并进行保存，代码如下：

```
import cv2
import os
import numpy as np

CASE_PATH="D:\\Anaconda3\\envs\\OpenCV\\Library\\etc\\haarcascades\\haarcascade_ frontalface_
default.xml"
RAM_IMAGE_DIR ='me/'
DATASET_DIR='images/'

face_cascade=cv2.CascadeClassifier(CASE_PATH)
```

```
def save_faces(img,name,x,y,width,height):
    image=img[y:y+height,x:x+width]
    cv2.imwrite(name,image)

image_list=os.listdir(RAM_IMAGE_DIR)      #获取文件夹中所有的文件
count=166

for image_path in image_list:
    fullpath=RAM_IMAGE_DIR+image_path
    image=cv2.imread(fullpath)

    gray=cv2.cvtColor(image,cv2.COLOR_BGR2GRAY)
    faces=face_cascade.detectMultiScale(gray,scaleFactor=1.2,minNeighbors=5,minSize=(5,5))

    for(x,y,width,height)in faces:
        save_faces(image,DATASET_DIR+image_path,x,y-30,width,height+30)
    count+=1
```

裁剪后的图片如图 13-2 所示。

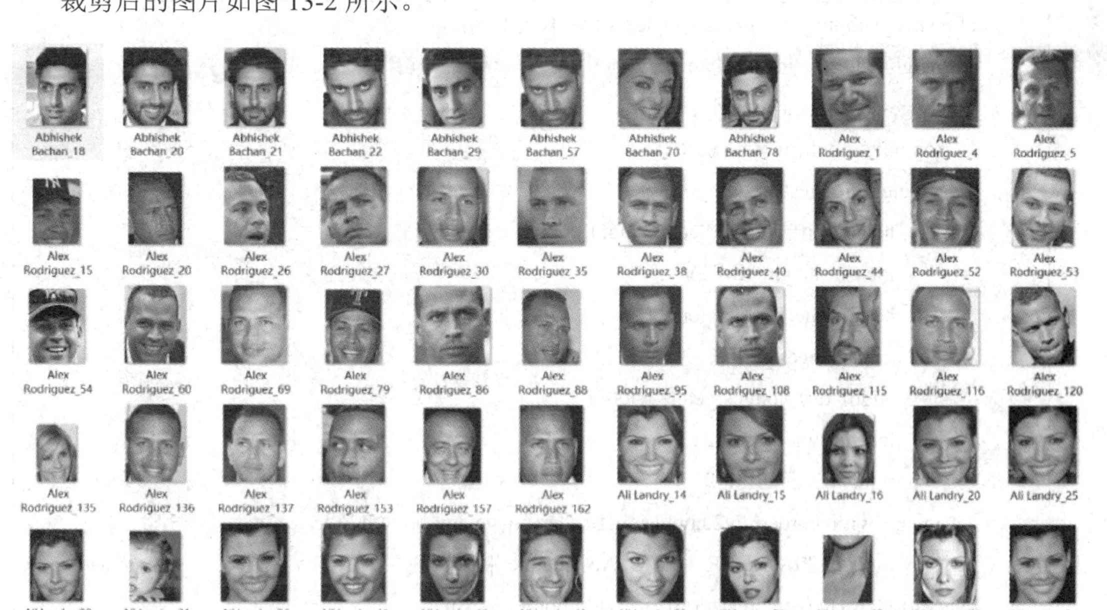

图 13-2　根据人脸位置裁剪出来的图片

对于裁剪出来的图片，稍加检查就会发现里面有正确的数据，也有如图 13-3 所示的不正确的离散点（异常点），为了避免影响后期模型训练的准确度，需要将这些异常点进行排除整理。

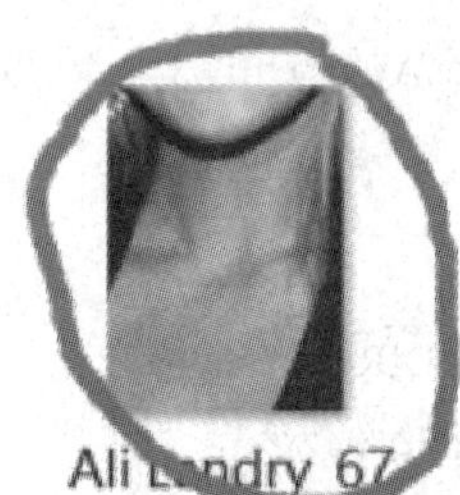

图 13-3　异常点

由于对脸部的裁剪是根据脸部的大小进行的，因此裁剪出来的图片大小也是不一致的。为了方便后期卷积数据的统一输入，现在需要对裁剪出来的图片的尺寸进行调整，如果单纯地对小图片进行强行拉伸，则会造成图片的失真。采取的方案是为小的图片填充纯色背景，以保障每张图片的尺寸大小为 100 × 100。具体代码如下：

```
def resize_without_deformation(image,size=(100, 100)):
    height,width,_=image.shape
    longest_edge=max(height, width)
    top,bottom,left,right=0, 0, 0, 0
    if height<longest_edge:
        height_diff=longest_edge.height
        top=int(height_diff/2)
        bottom=height_diff.top
    elif width<longest_edge:
        width_diff=longest_edge.width
        left=int(width_diff/2)
        right=width_diff.left
    image_with_border=cv2.copyMakeBorder(image, top,bottom,left,\
        right, cv2.BORDER_CONSTANT, value=[0, 0, 0])
    resized_image=cv2.resize(image_with_border, size)
    return resized_image
```

13.2.3 划分训练集与测试集

先从文件夹中读取图片，读取图片的代码如下：

```
def read_image(size=None):
    data_x,data_y=[],[]

    image_list=os.listdir(DATASET_DIR)          #列出文件夹中所有的文件

    name=''
    number=-1
    for image_path in image_list:
        fullpath=DATASET_DIR+image_path

        myName=image_path.split('_')[0]
        if myName != name:
            name=myName
            number+=1


        try:
            im=cv2.imread(fullpath)

        except IOError as e:
            print(e)
        except:
            print('Unknown Error!')
        else:
            if size is None:
                size=(100,100)
            im=resize_without_deformation(im,size)
            data_x.append(np.asarray(im,dtype=np.int8))
            data_y.append(number)

    return data_x,data_y
```

接下来，读取图像及图像的标签信息并将图像转换为 float 类型，代码如下：

```
IMAGE_SIZE=100
raw_images,raw_labels=read_image(size=(IMAGE_SIZE, IMAGE_SIZE))
#把图像转换为 float 类型
raw_images, raw_labels=np.asarray(raw_images, dtype=np.float32),
                              np.asarray(raw_labels, dtype=np.int32)
```

为每位人物打上 one_hot 标签。

```
from keras.utils import np_utils
one_hot_labels=np_utils.to_categorical(raw_labels)
```

one_hot 标签相当于为图片打上标签，即在本次数据集中包含了 8 个人物，那么在总共的 250 张图片中，如果某张图片对应某个人，则所对应位置上输出为 1。例如：

```
one_hot_labels.shape
```

输出结果如下：

```
(250, 8)
```

根据机器学习计划，将整理好的数据随机分配，70%的数据为训练集，30%的数据为测试集，代码如下：

```
from sklearn.model_selection import train_test_split
train_input, valid_input, train_output,valid_output=train_test_split(raw_images, ont_hot_labels,
                                                                      test_size=0.3)
# 实现数字归一化
train_input/=255.0
valid_input/=255.0
```

13.3 建立图像识别模型

13.3.1 确定损失函数

损失函数有很多种，本次使用到的损失函数是交叉熵函数，该函数随着输出和期望的差距越来越大，其曲线就会越来越陡峭，对权值的惩罚力度也会越来越大。定义的损失函数代码如下：

```
#引入 SGD(梯度下降优化器)来使损失函数最小化
from keras.optimizers import SGD
learning_rate=0.01
decay=1e-6     #学习率衰减因子，随着迭代次数的减小而不断地降低学习率，以防止出现震荡
momentum=0.8    #引入冲量，可以在学习率较小时加速学习，又可以在学习率较大时减速
nesterov=True
sgd_optimizer=SGD(lr=learning_rate,decay=decay,momentum=momentum,nesterov=nesterov)
face_recongnition_model.compile(loss='categorical_crossentropy',
                                optimizer=sgd_optimizer, metrics=['accuracy'])
```

13.3.2 卷积层的设置

首先要引入卷积层、池化层、全连接层、Dropout 和 Flatten，代码如下：

```
from keras.layers import Conv2D,MaxPooling2D
from keras.layers import Dense,Dropout,Flatten
```

接下来就可以开始构建卷积核了，代码如下：

```
import keras
face_recongnition_model=keras.Sequential()
face_recongnition_model.add(Conv2D(32, (3, 3), padding='valid', strides=(1, 1), dim_ordering='tf',
                            input_shape=(IMAGE_SIZE, IMAGE_SIZE, 3), activation='relu'))
face_recongnition_model.add(Conv2D(32, (3, 3), padding='valid',strides=(1, 1), dim_ordering='tf',
                            activation='relu'))
```

构建池化层、Dropout 层，代码如下：

```
face_recongnition_model.add(MaxPooling2D(pool_size=(3, 3)))
face_recongnition_model.add(Dropout(0.2))    #Dropout 在这里的作用就是防止过拟合现象的出现
face_recongnition_model.add(Conv2D(64, (3, 3), padding='valid', strides=(1, 1), dim_ordering='tf',
                        activation='relu'))
face_recongnition_model.add(Conv2D(64, (3, 3), padding='valid', strides=(1, 1), dim_ordering='tf',
                        activation='relu'))
```

```
face_recongnition_model.add(MaxPooling2D(pool_size=(3, 3)))
face_recongnition_model.add(Dropout(0.2))
```

构建 Flatten 层，Flatten 层起到的作用是将图片的卷积输出压扁成一个一维向量，Flatten 层处于卷积层与 Dense(全连接层)之间，代码如下：

```
face_recongnition_model.add(Flatten())
```

接下来要构造全连接层，代码如下：

```
face_recongnition_model.add(Dense(128, activation='relu'))


face_recongnition_model.add(Dropout(0.4))
face_recongnition_model.add(Dense(len(ont_hot_labels[0]), activation='sigmoid'))
```

这时卷积网络就已经构造完成了，现在我们查看一下构造出来的神经网络，如图 13-4 所示。

Layer (type)	Output Shape	Param #
conv2d_7 (Conv2D)	(None, 98, 98, 32)	896
conv2d_8 (Conv2D)	(None, 96, 96, 32)	9248
max_pooling2d_3 (MaxPooling2	(None, 32, 32, 32)	0
dropout_4 (Dropout)	(None, 32, 32, 32)	0
conv2d_9 (Conv2D)	(None, 30, 30, 64)	18496
conv2d_10 (Conv2D)	(None, 28, 28, 64)	36928
max_pooling2d_4 (MaxPooling2	(None, 9, 9, 64)	0
dropout_5 (Dropout)	(None, 9, 9, 64)	0
flatten_2 (Flatten)	(None, 5184)	0
dense_3 (Dense)	(None, 128)	663680
dropout_6 (Dropout)	(None, 128)	0
dense_4 (Dense)	(None, 8)	1032

Total params: 730,280
Trainable params: 730,280
Non-trainable params: 0

图 13-4　构造出来的神经网络

13.3.3　激活函数的选择

在本次模型构建中，卷积层和全连接层采用的激活函数均为 relu，而最后的输出层采用的激活函数是 sigmoid。

13.3.4　池化的类型

这里的池化选择的是最大值池化，即在给定的 3 × 3 区域内选取最大值，对卷积后的图片像素进行步长为 1 的遍历，从而形成新的图片像素进行输出，代码如下：

```
face_recongnition_model.add(MaxPooling2D(pool_size=(3, 3)))
```

13.3.5　模型的训练

按照设定的训练计划，设定训练步骤，代码如下：

```
batch_size=20                    #每批训练数据量的大小
epochs=100
face_recongnition_model.fit(train_input, train_output,epochs=epochs, batch_size=batch_size,
                            shuffle=True, validation_data=(valid_input, valid_output))
```

13.4　模 型 评 估

13.4.1　中间结果的可视化

通过前面的过程，开展模型训练，训练结果如图 13-5 所示。

```
Epoch 44/100
177/177 [==============================] - 3s 15ms/step - loss: 0.3304 - acc: 0.8701 - val_loss: 2.3780 - val_
acc: 0.4211
Epoch 45/100
177/177 [==============================] - 3s 15ms/step - loss: 0.3366 - acc: 0.8814 - val_loss: 2.4611 - val_
acc: 0.4342
Epoch 46/100
177/177 [==============================] - 3s 16ms/step - loss: 0.2370 - acc: 0.9266 - val_loss: 2.5020 - val_
acc: 0.3684
Epoch 47/100
177/177 [==============================] - 3s 16ms/step - loss: 0.4177 - acc: 0.8757 - val_loss: 2.6343 - val_
acc: 0.4605
Epoch 48/100
177/177 [==============================] - 3s 16ms/step - loss: 0.2943 - acc: 0.9040 - val_loss: 2.3631 - val_
acc: 0.3947
Epoch 49/100
177/177 [==============================] - 3s 16ms/step - loss: 0.2997 - acc: 0.9040 - val_loss: 2.1405 - val_
acc: 0.5000
Epoch 50/100
177/177 [==============================] - 3s 15ms/step - loss: 0.2293 - acc: 0.9096 - val_loss: 2.4114 - val_
```

图 13-5　训练结果

13.4.2　收敛的判定

从图 13-5 模型的训练数据上可以看出，训练集中的准确度-acc 基本上是逐步增加的，但在这个过程中也会有一些回弹，这是正常的，在第 49 次的时候准确度能达到 0.9040，但是测试集在第 49 次的时候准确度-val_acc 才能达到 0.5，说明模型的泛化能力并不是很强。这主要是因为输入的数据集太少了，模型不能很好地学习出来人物的特征。

13.4.3　交叉验证

当完成训练后，先将训练出来的结果保存在 face_model.h5 文件中，代码如下：

```
print(face_recongnition_model.evaluate(valid_input,valid_output,verbose=0))
MODEL_PATH='face_model.h5'
face_recongnition_model.save(MODEL_PATH)
```

接下来就开始识别的过程了，代码如下：

```
#识别程序
import cv2
import numpy as np
import keras
from keras.models import load_model
#加载级联分类器
CASE_PATH="D:\\Anaconda3\\envs\\OpenCV\\Library\\etc\\haarcascades\\haarcascade_frontalface
_default.xml"
face_cascade=cv2.CascadeClassifier(CASE_PATH)

#加载卷积神经网络模型
face_recognition_model=keras.Sequential()
MODEL_PATH='face_model.h5'
face_recognition_model=load_model(MODEL_PATH)

#打开摄像头，获取图片并灰度化
"""cap=cv2.VideoCapture(0)
```

```
ret,image=cap.read()
cap.release()
gray=cv2.cvtColor(image, cv2.COLOR_BGR2GRAY)"""

image=cv2.imread("me//Abhishek Bachan_20.jpg", 1)
gray=cv2.cvtColor(image, cv2.COLOR_BGR2GRAY)

#人脸检测：
faces=face_cascade.detectMultiScale(gray, scaleFactor=1.1, minNeighbors=5, minSize=(30, 30))

for(x, y, width, height) in faces:
    img =image[y:y+height,x:x+width]
    img =resize_without_deformation(img)

    img=img.reshape((1, 100, 100, 3))
    img =np.asarray(img, dtype=np.float32)
    img /=255.0

    result =face_recognition_model.predict_classes(img)

    cv2.rectangle(image, (x, y), (x+width,y+height), (0, 255, 0), 2)
    font=cv2.FONT_HERSHEY_SIMPLEX

    if result[0]==8:
        cv2.putText(image, '头像', (x, y-2), font, 0.7, (0, 255, 0), 2)
    else:
        cv2.putText(image, 'No.%d' % result[0], (x, y-2), font, 0.7, (0, 255, 0), 2)

cv2.imshow('', image)
cv2.waitKey(0)
```

最终输出的结果展示如图 13-6 所示。

图 13-6　结果展示

本章小结

本章通过一个实践项目，介绍了机器学习模型 CNN，并通过训练集对模型进行训练。由于数据比较小这个客观原因，使得模型还不算太好，读者朋友们可以尝试修改模型中的参数，最终得到终极版最优模型。

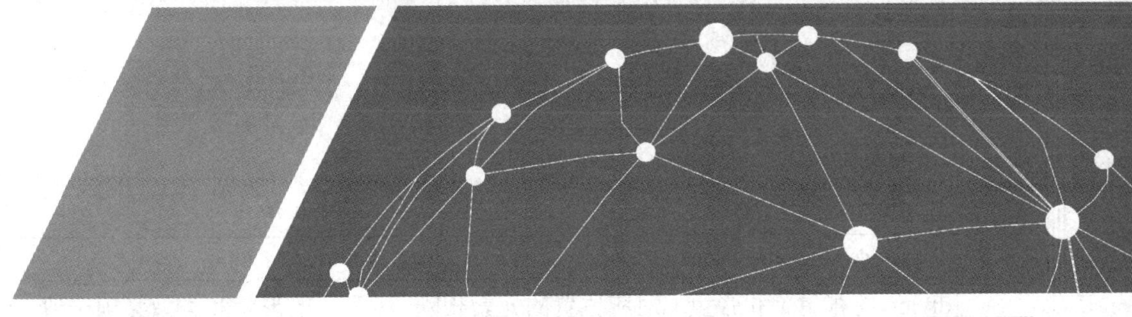

附录　TensorFlow常用函数

TensorFlow 用运算图实现张量之间的相互运算。下面列出 TensorFlow 常用的各种张量运算函数。

一、基本算术运算

这里所说的基本运算，是指常见的加、减、乘、除运算，需要注意的是要区分矩阵的乘法(也叫叉乘)和点乘。矩阵的乘法就是矩阵 ***a*** 的第一行乘以矩阵 ***b*** 的第一列，各个对应元素相乘然后求和作为第一元素的值。只有当左边矩阵的列数等于右边矩阵的行数时，矩阵才可以相乘，乘积矩阵的行数等于左边矩阵的行数，乘积矩阵的列数等于右边矩阵的列数。矩阵的点乘就是矩阵各个对应元素相乘，这个时候要求和加、减、除法一样，两个矩阵必须有同样的大小和类型。

基本的算术运算符都进行了操作符重载，使我们可以快速使用 +、−、*、/ 运算符来代替函数调用，但是与使用 TensorFlow 函数的不同之处在于使用重载操作符后就不能为每个操作命名了。

1. add

```
tf.add(x, y, name=None)
```

add 将张量 x 和张量 y 对应位置的元素相加，x 和 y 的形状和类型必须一致。返回的张量形状和类型也与它们一致。最后一个参数 name 是可选的，用于给这个操作命名。如果 x 或 y 其中一个是标量，则会将这个标量广播(Broadcasting)到另一个张量的每一个元素上相加。

2. substract

```
tf.subtract(x, y, name=None)
```

substract 将张量 x 和张量 y 对应位置的元素相减，x 和 y 的形状和类型必须一致。返回的张量形状和类型也与它们一致。最后一个参数 name 是可选的，用于给这个操作命名。如果 x 或 y 其中一个是标量，则会将这个标量广播到另一个张量的每一个元素上相减。

3. divide

```
tf.divide(x, y, name=None)
```

divide 将张量 x 和张量 y 对应位置的元素相除，x 和 y 的形状和类型必须一致。返回的张量形状和类型也与它们一致。最后一个参数 name 是可选的，用于给这个操作命名。如果 x 或 y 其中一个是标量，则会将这个标量广播到另一个张量的每一个元素上相除。

TensorFlow 过去还有一个 div 函数，按照 Python 2.7 的除法原则进行张量除法，但是这个函数已经废弃，尽量不要使用。divide 函数会按照 Python 3 的除法原则进行张量除法。

4. multiply

```
tf.multiply(x, y, name=None)
```

multiply 将张量 x 和张量 y 对应位置的元素相乘，x 和 y 的形状和类型必须一致。返回的张量形状和类型也与它们一致。最后一个参数 name 是可选的，用于给这个操作命名。如果 x 或 y 其中一个是标量，则会将这个标量广播到另一个张量的每一个元素上相乘。

multiply 函数就是数学中矩阵的点乘。

二、常用矩阵运算

1. matmul

```
tf.matmul(
    a,
    b,
    transpose_a=False,
    transpose_b=False,
    adjoint_a=False,
    adjoint_b=False,
    a_is_sparse=False,
    b_is_sparse=False,
    name=None,
)
```

matmul 执行的是数学中矩阵的叉乘。张量 a 和张量 b 必须是二阶或二阶以上的张量，它们的类型必须一致。其中一个张量在转置以后必须和另外一个张量的形状一致。返回的张量最内层的矩阵遵循矩阵叉乘的定义，比如二阶张量的叉乘，返回的张量具有 a 的行数和 b 的列数。各参数的含义如下：

- a：一个类型为 float16、float32、float64、int32、complex64 或 complex128 的秩大

于 1 的张量。

- b：一个类型与张量 a 相同的张量。
- transpose_a：如果为真，则 a 在乘法计算前进行转置。
- transpose_b：如果为真，则 b 在乘法计算前进行转置。
- adjoint_a：如果为真，则 a 在乘法计算前进行共轭和转置。
- adjoint_b：如果为真，则 b 在乘法计算前进行共轭和转置。
- a_is_sparse：如果为真，则 a 会按照稀疏矩阵处理。
- b_is_sparse：如果为真，则 b 会按照稀疏矩阵处理。
- name：操作的名字(可选)。

在 Python 3.5 以后，matmul 函数也有了一个重载操作符@，即 a@b 和 tf.matmul(a,b) 是一样的。

2. transpose

```
tf.transpose(
    a,
    perm=None,
    name='transpose',
    conjugate=False
)
```

transpose 求张量 a 的转置张量，根据 perm 重新排列尺寸。返回的张量的维度 i 将对应于输入维度 perm[i]。如果 perm 没有给出，则它被设置为 $n-1$、…、0，其中 n 是输入张量的秩。因此默认情况下，此操作在二维输入张量上执行常规矩阵转置。如果共轭 conjugate 为 True，并且 a.dtype 是 complex64 或 complex128，那么返回 a 的共轭转置。各参数的含义如下：

- a：一个类型为 float16、float32、float64、int32、complex64 或 complex128 的秩大于 1 的张量。
- perm：a 的维数的排列。
- name：操作的名字(可选)。
- conjugate：为 True 则返回共轭转置，否则返回转置，默认为 False。

3. matrix_determinant

```
tf.matrix_determinant(input, name=None)
```

matrix_determinant 是求张量 input 的行列式的值，类型必须为 float32、float64、complex64 或 complex128。name 为操作的名字。

4. matrix_inverse

```
tf. matrix_inverse(
      input,
      adjoint=None,
      name=None
  )
```

matrix_inverse 是求张量 *input* 的逆矩阵张量，*input* 是一个形状为 [⋯, M, M] 的张量，其最内部的 2 维构成方形矩阵，其输出是与包含所有输入子矩阵[⋯, :, :] 的逆输入具有相同形状的张量。如果矩阵不是可逆的，则不能保证函数的返回值。它可以检测到条件并引发异常，或者可能只是返回垃圾结果。各参数的含义如下：

- input：一个类型为 float32、float64、complex64 或 complex128，形状为[⋯, M, M]的张量。
- adjoint：复数的共轭计算，布尔值，默认为 False。
- name：操作的名字(可选)。

三、常用数学运算

下面是一些常用的 TensorFlow 数学运算函数，这些函数都是对张量的每一个元素依次进行计算的，要注意的是其中很多函数不支持整数，只支持浮点数或者复数。

1. abs

```
tf.abs(x, y, name=None)
```

abs 对张量 *x* 的每一个元素求绝对值，如果每一个元素都是复数，则按照 Python 对复数求 abs 的同样算法，求每一个元素的模。返回的张量形状和类型与 *x* 一致。最后一个参数 name 是可选的，用于给这个操作命名。

2. negative

```
tf.negative(x, name=None)
```

negative 对张量 *x* 的每一个元素求负值。返回的张量形状和类型与 *x* 一致。最后一个参数 name 是可选的，用于给这个操作命名。

3. reciprocal

```
tf. reciprocal(x, name=None)
```

reciprocal 对张量 *x* 的每一个元素求倒数。返回的张量形状和类型与 *x* 一致。最后一个参数 name 是可选的，用于给这个操作命名。

4. mod

```
tf. mod(x, y, name=None)
```

mod 将张量 x 和 y 的每一个元素对应取余。要求 x 和 y 的形状和类型一致，返回的张量形状和类型与 x 一致。最后一个参数 name 是可选的，用于给这个操作命名。

5. sqrt

```
tf. sqrt(x, name=None)
```

sqrt 对张量 x 的每一个元素求平方根，元素不能为负值。返回的张量形状和类型与 x 一致。最后一个参数 name 是可选的，用于给这个操作命名。

6. square

```
tf. square(x, name=None)
```

square 对张量 x 的每一个元素求平方。返回的张量形状和类型与 x 一致。最后一个参数 name 是可选的，用于给这个操作命名。

7. pow

```
tf. pow(x, y, name=None)
```

pow 对张量 x 的每一个元素求幂，幂为张量 y 对应的元素。要求 x 和 y 的形状一致，返回的张量形状和类型与 x 一致。最后一个参数 name 是可选的，用于给这个操作命名。

8. exp

```
tf. exp(x, name=None)
```

exp 求 e 的 n 次方，n 为张量 x 的每一个元素。返回的张量形状和类型与 x 一致。最后一个参数 name 是可选的，用于给这个操作命名。

9. log

```
tf. log(x, name=None)
```

log 求张量 x 的每一个元素的自然对数。返回的张量形状和类型与 x 一致。最后一个参数 name 是可选的，用于给这个操作命名。

10. sin

```
tf.sin(x, name=None)
```

sin 求张量 x 的每一个元素的 sine 函数。返回的张量形状和类型与 x 一致。最后一个参数 name 是可选的，用于给这个操作命名。

11. cos

```
tf.cos(x, name=None)
```

cos 求张量 x 的每一个元素的 cosine 函数。返回的张量形状和类型与 x 一致。最后一个参数 name 是可选的，用于给这个操作命名。

12. tan

```
tf.tan(x, name=None)
```

tan 求张量 x 的每一个元素的 tan 函数。返回的张量形状和类型与 x 一致。最后一个参数 name 是可选的，用于给这个操作命名。

13. atan

```
tf.atan(x, name=None)
```

atan 求张量 x 的每一个元素的反正切函数 arctan 函数。返回的张量形状和类型与 x 一致。最后一个参数 name 是可选的，用于给这个操作命名。

四、常用归约计算

归约计算用于将张量沿某个轴进行合并统计。0 表示按行的方向进行归约，最终只剩一行；1 表示按列的方向进行归约，最终只剩一列。如果不提供轴参数，则对整个张量进行归约。可以进行最大值归约、最小值归约、平均值归约、求和归约等。归约计算中的 keepdims 参数为 True 表示保存原来的维度，比如按列归约时，如果 keepdims 为 False，则返回一个行数组，而当 keepdims 为 True 时，会返回一个列数组。

1. reduce_min

```
tf.reduce_min(
    input_tensor,
    axis=None,
    keepdims=None,
    name=None,
    reduction_indices=None,
    keep_dims=None,
)
```

reduce_min 对张量进行最小值归约，如果不给定 axis 参数，则会求整个张量的最小值，否则按行或按列求最小值。各参数的含义如下：

(1) input_tensor：输入张量。

(2) axis：归约轴 0 为行，1 为列，按行归约即最终只剩一行，相当于求各列的最小值。

(3) keepdims：如果为真，则保持原有的维度。

(4) name：操作的名字(可选)。

(5) reduction_indices：和 axis 同义，旧参数名，已废弃。

(6) keep_dims：和 keepdims 同义，旧参数名，已废弃。

2. reduce_max

```
tf.reduce_max(
    input_tensor,
    axis=None,
    keepdims=None,
    name=None,
    reduction_indices=None,
    keep_dims=None,
)
```

reduce_max 对张量进行最大值归约，如果不给定 axis 参数，则会求整个张量的最大值，否则按行或按列求最大值。各参数的含义如下：

(1) input_tensor：输入张量。

(2) axis：归约轴 0 为行，1 为列，按行归约即最终只剩一行，相当于求各列的最大值。

(3) keepdims：如果为真，则保持原有的维度。

(4) name：操作的名字(可选)。

(5) reduction_indices：和 axis 同义，旧参数名，已废弃。

(6) keep_dims：和 keepdims 同义，旧参数名，已废弃。

3. reduce_mean

```
tf.reduce_mean(
    input_tensor,
    axis=None,
    keepdims=None,
    name=None,
    reduction_indices=None,
    keep_dims=None,
)
```

reduce_mean 对张量进行平均值归约，如果不给定 axis 参数，则会求整个张量的平均值，否则按行或按列求平均值。各参数的含义如下：

(1) input_tensor：输入张量。

(2) axis：归约轴 0 为行，1 为列，按行归约即最终只剩一行，相当于求各列的平均值。
(3) keepdims：如果为真，则保持原有的维度。
(4) name：操作的名字(可选)。
(5) reduction_indices：和 axis 同义，旧参数名，已废弃。
(6) keep_dims：和 keepdims 同义，旧参数名，已废弃。

4. reduce_sum

```
tf.reduce_sum(
    input_tensor,
    axis=None,
    keepdims=None,
    name=None,
    reduction_indices=None,
    keep_dims=None,
)
```

reduce_sum 对张量进行求和归约，如果不给定 axis 参数，则会求整个张量各元素的和，否则按行或按列求和。各参数的含义如下：

(1) input_tensor：输入张量。
(2) axis：归约轴 0 为行，1 为列，按行归约即最终只剩一行，相当于求各列的和。
(3) keepdims：如果为真，则保持原有的维度。
(4) name：操作的名字(可选)。
(5) reduction_indices：和 axis 同义，旧参数名，已废弃。
(6) keep_dims：和 keepdims 同义，旧参数名，已废弃。

5. reduce_prod

```
tf.reduce_prod(
    input_tensor,
    axis=None,
    keepdims=None,
    name=None,
    reduction_indices=None,
    keep_dims=None,
)
```

reduce_prod 对张量进行求积归约，如果不给定 axis 参数，则会求整个张量各元素的乘积，否则按行或按列求积。各参数的含义如下：

(1) input_tensor：输入张量。

(2) axis：归约轴 0 为行，1 为列，按行归约即最终只剩一行，相当于求各列的积。

(3) keepdims：如果为真，则保持原有的维度。

(4) name：操作的名字(可选)。

(5) reduction_indices：和 axis 同义，旧参数名，已废弃。

(6) keep_dims：和 keepdims 同义，旧参数名，已废弃。

五、常用张量初始化函数

在计算图的构造过程中，常常需要初始化一些张量，可能是固定值，也可能是随机数。比如梯度下降的初始参数需要使用下面提到的初始化函数：

1. zeros

```
tf.zeros(
    shape,
    dtype=tf.float32,
    name=None
)
```

zeros 产生全零张量。各参数的含义如下：

(1) shape：张量的形状，[2, 3]表示产生一个[2, 3]的全零张量。

(2) dtype：张量元素的数据类型，默认为 32 位浮点。

(3) name：操作的名字(可选)。

2. ones

```
tf.ones(
    shape,
    dtype=tf.float32,
    name=None
)
```

ones 产生全 1 张量。各参数的含义如下：

(1) shape：张量的形状，[2, 3]表示产生一个[2, 3]的全 1 张量。

(2) dtype：张量元素的数据类型，默认为 32 位浮点。

(3) name：操作的名字(可选)。

3. fill

```
tf.fill(
    dims,
    value,
    name=None
)
```

fill 产生形状为 dims，值全为 value 的张量。各参数的含义如下：

(1) dims：张量的形状，[2, 3]表示产生一个[2, 3]的张量。

(2) value：张量元素的值。

(3) name：操作的名字(可选)。

4. random_normal

```
tf.random_normal(
        shape,
        mean=0.0,
        stddev=1.0,
        dtype=tf.float32,
        seed=None,
        name=None,
)
```

random_normal 产生形状为 shape，值为正态分布的随机值的张量。各参数的含义如下：

(1) shape：张量的形状，[2, 3]表示产生一个[2, 3]的张量。

(2) mean：随机数的平均值，默认为 0。

(3) stdev：随机数的标准偏差，默认为 1。

(4) dtype：张量元素的数据类型，默认为 32 位浮点。

(5) seed：随机函数的种子。

(6) name：操作的名字(可选)。

5. truncated_normal

```
tf.truncated_normal(
        shape,
        mean=0.0,
        stddev=1.0,
        dtype=tf.float32,
```

```
        seed=None,
        name=None,
    )
```

truncated_normal 产生形状为 shape，值为正态分布的截断随机值的张量。与普通的正态分布不同，如果有随机数的值与平均值的偏差超过 2 倍标准差，则这个随机数会被重新生成。也就是说最终的随机数的值与平均值的偏差不会超过 2 倍标准差。各参数的含义如下：

(1) shape：张量的形状，[2, 3]表示产生一个[2, 3]的张量。

(2) mean：随机数的平均值，默认为 0。

(3) stdev：随机数的标准偏差，默认为 1。

(4) dtype：张量元素的数据类型，默认为 32 位浮点。

(5) seed：随机函数的种子。

(6) name：操作的名字(可选)。

6. random_uniform

```
tf.random_uniform(
        shape,
        minval=0,
        maxval=None,
        dtype=tf.float32,
        seed=None,
        name=None,
    )
```

radom_uniform 产生形状为 shape，值为在[minval, maxval]区间均匀分布的随机数的张量。各参数的含义如下：

(1) shape：张量的形状，[2, 3]表示产生一个[2, 3]的张量。

(2) minval：区间的最小值。

(3) maxval：区间的最大值。

(4) dtype：张量元素的数据类型，默认为 32 位浮点。

(5) seed：随机函数的种子。

(6) name：操作的名字(可选)。

参 考 文 献

[1] 李航. 统计学习方法. 北京：清华大学出版社，2012.

[2] 周志华. 机器学习. 北京：清华大学出版社，2016.

[3] GOODFELLOW L，BENGIO Y，COURVILLE A. 深度学习. 赵申剑，黎彧君，符天凡，译. 北京：人民邮电出版社，2017.

[4] 史蒂芬 • 卢奇，丹尼 • 科佩克. 人工智能. 北京：人民邮电出版社，2018.

[5] 郑泽宇. TensorFlow：实战 Google 深度学习框架. 北京：电子工业出版社，2018.

[6] https://www.cnblogs.com/pinard/.

[7] https://tensorflow.google.cn/tutorials/.